Guideline for Limnological Research

新編 湖沼調査法 第2版

Saijo Yatsuka　Mitamura Osamu
西條八束　三田村緒佐武 [著]

講談社

序　文

　"みずうみ"という水面の下に隠された世界のしくみがどのようになっているのか，それをどのようにして調べていったらよいか．そのようなことをまとめてみたのが，この書物である．

　西條が，1957年に初めて『湖沼調査法』（古今書院）を執筆してから60年を経てしまった．当時，日本の湖沼の大部分はまだ自然の面影をとどめていたが，一方で，湖沼の調査・研究に携わる者の数はわずかであり，内外の文献の数もきわめて限られていた．

　1960年代から事情は一変した．人為的富栄養化による湖沼の水質汚濁は，世界的に大きな社会問題になり，その基礎的ならびに応用的研究は急速に発展し，関連する学術誌，書物は，とても目を通しきれないほど増加した．日本でも経済の高度成長に伴い，各地の湖沼の大部分で汚濁が進み，政府，各自治体の水質調査にかかわる要因は急増し，膨大な設備も設けられるようになった．国内でも水質汚濁の調査法に関する書物が多数刊行され，それには，初心者に適当なものから，高いレベルのものまで含まれている．

　以上のような現状で気づいたことは，湖沼における個別事象に関する水質や水生生物の調査などの調査法に類する書物は多く刊行されているが，湖沼学の基点になる総合湖沼学の知識に基づいて，湖沼生態系の構造と機能をどのような視点で調べればよいかをわかりやすく述べた書物がほとんどないことである．そのような立場から湖沼を調査することにより，はじめて湖沼のしくみを的確に解明し，湖沼環境の復元と保全にも寄与することができると思う．そんな考え方からこの書物を執筆してみた．

この書物の特色

(1) 内容は大きく2つに分かれている．前半は，湖沼の構造と機能を解説した「湖沼学入門」というべき内容であり，後半は，それを調べるための方法を具体的に解説した「湖沼調査法」といえる内容である．当然，これら2つの部分は有機的に関連している．すなわち，湖沼を研究するには，どのような視点で解き明かしていけばよいか，そのためにはどのような方法を用いればよいのかを記述している．

(2) 内容は湖沼学全般に及んでいるが，湖沼を対象にした個別的科学ではなく，場の科学としての「総合湖沼学」の視点でまとめてある．そのなかでも湖沼生態系の中心課題，すなわち水生生物の活動がかかわる物質の動態である「物質循環」を中心に執筆した．

(3) 湖沼学入門に関しては，「第2章　湖沼の生態系」をまず一読すれば，湖沼という場の構造と機能の特色を一応理解しうる．こうして総合的な概念を得てから，各分野に関してより詳しく知ることができるように配列した．
(4) 湖沼学入門では，湖沼学の基礎から近年の成果まで，できるだけ平易に述べるように努めた．特に筆者らが経験した具体例を多く紹介した．後半の調査法では，湖沼調査で特に注意すべきこと，やりかたのコツを，経験に基づき，なるべく詳しく記した．また，試薬のとり扱いでは，人体の健康と環境に対する影響にも配慮した．
(5) 中学から大学までの学校教育と課外活動，あるいは市民の湖沼調査のための指針として役立つように，水環境測定の目的と結果理解の思いちがいとともに，経費のかからない手づくりの方法や，簡易測定法も含めるようにこころがけた．

『新編　湖沼調査法 第2版』では，原則として既発行の『新編　湖沼調査法』の記載内容とし，近年の湖沼科学で得られている新しい知見を追加しなかった．しかし，読者の理解を容易にするための説明を付記するなど部分的に改訂した．なお，湖沼の水深など湖盆形態に関する値は，湖沼の人為的富栄養化現象や人間活動による改変により近年変化していると考えられるが，本改訂版では原則として日本陸水学会編集の『陸水の事典』に掲載された資料値にしたがった．

　この書物の刊行に際しては，内容に目を通していただくことをはじめ，多くの方からの懇切なご助言，著書の一部の引用，そのほかさまざまなかたちでご援助を受けた．新井　正，石田典子，石橋雅子，一瀬　諭，岩熊敏夫，岡本　巌，沖野外輝夫，奥田節夫，後藤直成，阪口　豊，清家　泰，高橋幹夫，成田哲也，花里孝幸，林　秀剛，福原晴夫，丸尾雅啓，村上哲生，八木明彦，渡辺泰徳（五十音順）らの諸氏，その他お世話になった方々に深く感謝申し上げたい．

　終わりに，前版『新編　湖沼調査法』は話が出てから十数年を要して刊行された．そして，改訂版刊行を共著者の西條八束から託されていたが，本改訂版刊行に至るまでさらに十数年を要した．2007年10月に永眠された故共著者に，本改訂版を墓前に捧げたい．その間，気長に待って下さり，発行までにもいろいろとご配慮くださった講談社サイエンティフィクの関係者の方々に感謝したい．

2016年6月

三田村緒佐武・西條八束

[目次]

序文 iii

Part 1 湖沼の科学 1

Chapter 1
湖沼調査の一般的注意 2
1.1 総合湖沼学の視点からの湖沼調査の必要性 2
1.2 計画するにあたって 2
1.3 観測の回数，場所，深さ 6
1.4 湖の特性を理解することの重要さ 8
1.5 意外な現象が出てきたとき 9
1.6 観測の際の注意 9
1.7 湖沼調査のプロセス 11

Chapter 2
湖沼の生態系 13
2.1 湖沼生態系を構成する生物 13
2.2 湖沼生態系の物質循環 22
2.3 湖における炭素の循環 29
2.4 物質循環系の実験的解析 31
2.5 湖におけるエネルギーの流れ 32

Chapter 3
湖の成因と湖盆形態の特性 34
3.1 成因と湖盆形態 34
3.2 湖盆形態の変化 41

Chapter 4
湖水の水理 43
4.1 湖水の水収支 43
4.2 湖水の滞留と交換 44
4.3 湖水面の変化 47
4.4 湖水の流れ 50

Chapter 5
湖水中の光条件 ... 53
- 5.1 太陽からの放射エネルギー ... 53
- 5.2 光の測定 ... 54
- 5.3 太陽光の湖水中での変化 ... 55
- 5.4 透明度の測定と重要性 ... 58
- 5.5 湖水の色 ... 59

Chapter 6
水温 ... 61
- 6.1 水温に関する水の特性 ... 61
- 6.2 表面水温の変化と気温への影響 ... 62
- 6.3 水温の鉛直分布と季節変化 ... 62

Chapter 7
湖水の主要化学成分 ... 70
- 7.1 淡水湖と塩湖と汽水湖 ... 70
- 7.2 化学物質の存在状態 ... 70
- 7.3 日本の降水と河川水 ... 71
- 7.4 主要無機成分 ... 72
- 7.5 電気伝導度 ... 76
- 7.6 蒸発残留物 ... 77
- 7.7 BOD, COD ... 77

Chapter 8
炭酸, pH, アルカリ度 ... 79
- 8.1 炭酸 ... 79
- 8.2 pH ... 80
- 8.3 アルカリ度 ... 83

Chapter 9
溶存酸度 ... 85
- 9.1 湖水の溶存酸素測定の意義 ... 85
- 9.2 溶存酸素の測定法 ... 85
- 9.3 溶存酸素の鉛直分布と季節変化 ... 86
- 9.4 溶存酸素の鉛直分布の考察 ... 88
- 9.5 溶存酸度量の飽和度 ... 91

Chapter 10
光合成生産 ... 92
- 10.1 植物プランクトンの現存量 ... 92
- 10.2 光合成と呼吸 ... 94
- 10.3 バクテリアによる光合成と化学合成 ... 99
- 10.4 光合成量と呼吸量の測定 ... 100
- 10.5 湖水の鉛直混合の一次生産への影響 ... 102

Chapter 11
窒素とリン ... 105
- 11.1 藻体の窒素とリンの比と湖水中の窒素とリン化合物の季節変化 ... 105
- 11.2 全窒素と全リン ... 108
- 11.3 湖水における窒素の収支 ... 109
- 11.4 有機窒素と有機リン ... 109
- 11.5 窒素の循環の諸過程 ... 110
- 11.6 リンの循環の諸過程 ... 116

Chapter 12
湖底堆積物 ... 119
- 12.1 湖底堆積物研究の意義 ... 119
- 12.2 生産層から湖底への物質の沈降 ... 120
- 12.3 湖底堆積物の分布 ... 121
- 11.4 堆積物からの窒素, リンの溶出 ... 124

Part 2 湖沼の調査法 ... 131

Chapter 13
湖沼の形態調査 ... 132
- 13.1 湖沼の位置, 平面図, 深度図 ... 132
- 13.2 湖盆の計測 ... 133

Chapter 14
湖沼の物理調査 ... 138
- 14.1 水温(WT) ... 138
- 14.2 光学的調査 ... 140

Chapter 15
湖沼の化学調査 ... 145
15.1 採水と試料の保存 ... 145
15.2 水の分析の基本 ... 150
15.3 一般項目 ... 155
15.4 無機成分 ... 163
15.5 溶存ガス ... 177
15.6 栄養塩 ... 183
15.7 有機物 ... 194

Chapter 16
湖沼の生物調査 ... 213
16.1 植物プランクトン ... 213
16.2 大型水生植物 ... 219
16.3 動物プランクトン ... 220
16.4 底生動物 ... 221

Chapter 17
湖底堆積物の調査 ... 223
17.1 堆積物 ... 223
17.2 間隙水 ... 232

Chapter 18
生産と分解 ... 234
18.1 一次生産量 ... 234
18.2 呼吸量と分解量 ... 237

Chapter 19
粒子の沈降 ... 239
19.1 沈降物の採取 ... 239
19.2 沈降量と沈降物の化学成分 ... 241

Chapter 20
湖底堆積物からの回帰 ... 242
20.1 擬似現場法 ... 242
20.2 ふりだし法 ... 243

Appendix 付録 ... 244
Index 索引 ... 257

Guideline for Limnological Research

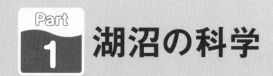

Part 1 湖沼の科学

第1部では，湖沼を対象にした個別科学ではなく，湖沼をひとつの総合体の場としてその謎を探る方法を記載している．フォーブスの論文にあるように，湖におけるある生物種の動態を理解するためには，その生物種のみに焦点を当てるのではなく，他種との関係，湖からの影響の程度，そして，その生物種がいかに湖に影響を及ぼしているかを明らかにする必要がある．すなわち，個別科学の視点で湖をみるのではなく，湖沼学の基点となる「総合湖沼学」の視点から湖を理解し，湖を構成する物理，化学，生物的要素等の動態を解明しなければならない．内容は湖沼学全般に及ぶが，生物活動により駆動する湖沼生態系の「物質循環」を中心に記載している．湖沼学を学び研究する学徒，ならびに湖沼環境の保全と復元に活動する読者にとって，その目標に到達するための指針としてきわめて有為である．

湖沼調査の一般的注意

1.1 総合湖沼学の視点からの湖沼調査の必要性

　湖沼の生態系で生じることは，相互に密接にかかわり合っている．19世紀末に「小宇宙としての湖」という有名な講演をしたフォーブスによると，「湖という生態系のどこか一部に外部から与えられた作用は，必ず何らかのかたちで全生態系に及ぶ」と述べている．

　湖で生じる現象のメカニズムを解明しようとするならば，湖の諸現象をできるだけ幅広くみるようにこころがけることが大切である．例えば，物理的な興味から湖水の濁りを調べる際も，濁りを大きく支配している植物プランクトンの分布変動についての理解がなかったら，正しい解析はできない．

　また，植物プランクトンの種類や量の季節的変化を調べようとする場合，水中の光条件，水温，栄養塩量などの基本的データが必要であるが，動物プランクトンによる捕食も大きな影響を与えていることを見逃してはならない．この「食う・食われる」の関係から，植物プランクトンの種によるサイズのちがいと，動物プランクトンの種によるサイズのちがいも考慮しなければならない．

　このように，湖沼の姿を明らかにするためには，総合湖沼学の視点から調査する必要がある．いいかえれば，湖沼生態系（生物活動が関与する物質循環とエネルギーの流れの系）の調査が重要である．

1.2 計画するにあたって

A．何を目的に調査するか

　湖沼調査といっても，その目的はさまざまである．中学・高校のクラブ活動や野外実習としての，環境あるいは生態系理解のための調査，湖沼の汚濁状態を知り，環境改善をするための市民による調査，自治体などによる水環境の調査，研究者が行う生態系の調査，また，近くの湖沼や池を対象にしてじっくりとりくむ場合もあれば，外

国の奥地を訪れる機会を得たときに予察的にせよ，最小限のデータや試料をとってくる場合もある．

　研究者が湖沼調査を行う場合でも，その内容はきわめて多様である．しかし，どのような調査を行うにしても，湖沼における諸現象は各学問分野を総合したものとして初めて正しく理解できる．したがって，調査の対象とする湖沼の総合的な特性についての知識，あるいはそれを知るための基本的調査というものが常に必要である．

B. 湖沼の基本的データ

　日本の主な湖沼の形態，深度などについては，国土地理院が深度図を製作中で，その一部は1万分の1の湖沼図として発売されている．また，国土地理院のホームページでも閲覧できる．しかし，湖の集水域の地形などの情報が必要な場合は，5万分の1と2万5千分の1の地形図が便利であり，データはホームページでも入手できる．これまで湖沼図がつくられた約60の湖は，5万分の1で一冊にまとめ，『湖沼アトラス』として発売されている．最近は環境問題に関連して各地の湖沼が自治体などにより調査されているが，その調査結果は一般的には入手しがたく，その存在さえわからないものもあった．しかし，幸いにも1992年に刊行された『日本湖沼誌』など，いくつかの出版物には文献のリストが湖沼ごとに記載されている．またこれには，湖の深度図，水質，主要プランクトンなども記載されているものがあり，個々の湖沼の概念を得るのに便利である．

　指定水域の湖沼の水質については，河川，内湾などとともに『公共用水域，水質年鑑』が発行されている．これには，COD（化学的酸素消費量），リン酸態リン，全リン，アンモニア態窒素，亜硝酸態窒素，硝酸態窒素，ケルダール窒素，全窒素などの値が記されている．

　また，測定結果を解析する際に，観測以前の気温，日照時間，降水量などの気象条件を知る必要がある．これは，各県ごとにある日本気象協会に問い合わせて気象月報を参考にすればよい．

　ダム湖だけではなく，普通の湖沼でもその多くが水力発電や農・工業用水などの利水のための貯水池として使われていることがある．その湖のどこで水位の観測が行われているかを調べておくとよい．水位観測のデータは一般に公表されていないが，観測時の水位は湖で生じる現象の解析に重要である．湖岸の適当な場所を決め，水位変化を調べておいてもよい．

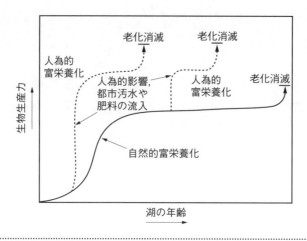

[図1-1] 湖沼の自然的富栄養化と人為的富栄養化のちがい
〔坂本 充,生態遷移Ⅱ,共立出版（1976）より一部改変〕

C. 集水域の状況

　湖沼の環境問題で特に注目されているのは，1960年代中頃の経済の高度成長期からの日本のみならず世界的にも重大な社会問題になっている，湖沼の人為的富栄養化現象である．これは経済活動の活発化に伴い，各種の排水に含まれる窒素，リンなどが多量に湖沼へ流入するようになり，これを栄養源とする植物プランクトンが異常に増殖したために生じた水質汚濁がもたらす湖沼の自然的富栄養化の遷移過程の加速現象である．3.1節（34ページ）で述べるように，湖はいくつかの成因で誕生する．その後，湖は陸域からの栄養物質の流入負荷などに伴い水生生物が増殖して湖内で分解しきれない水生生物の残渣や，陸域から流入した懸濁物が湖底に沈積して湖の水深が浅くなる．そして，湖は沼沢化して，ついに湖はその一生を閉じる．この湖沼の遷移過程が富栄養化（自然的富栄養化）である（**図1-1**）．したがって，人間活動による人為的富栄養化の問題を解明するには，湖内の状況の調査とともに，窒素，リンなどの供給源となっている流入河川の水質，さらに河川の水質を支配している集水域の自然ならびに社会的条件についての詳しい調査が必要である．日本のような狭い国では，ほとんどの湖沼が少なからず人間活動の影響を受けており，湖内で観察した諸現象を解析するためにも集水域の状況について十分な理解をしておくことが重要である．

D. 観測許可について

　一般に湖沼には管理者がおり，調査をする場合には，あらかじめ許可を得ておく必要がある．管理者が地方自治体，個人など単独の場合もあるが，漁業，農業，遊覧船の航路などの障害になることもあり，管理者が複数の場合も少なくない．ダム湖の場合は，国土交通省，水資源機構，電力会社，水道局などが厳重に管理している．このため，あらかじめ届け出て承認を得ておく必要がある．特に舟の係留用のブイや自動観測機器などを設置する際には，設置場所の許可を得ることが大切である．これらの手続きは時間がかかるので，時間の余裕をみて，現地の関係機関と連絡しておくとよい．

E. 高価な器具がなくても調査はできる

　湖沼の調査というと，高価な器具や手間のかかる化学分析法を使わなければできないと考えるのは誤りである．透明度測定のための透明度板（セッキ板）をはじめ，いろいろな深さの水を採取するための採水器も手づくりで十分である．プランクトンネットも適当な布地でつくれる．水温は棒状の温度計で十分であり，数十mまでであれば深い層の水温も最高最低温度計で測定できる．溶存酸素の測定は複雑にみえるが，少し慣れれば容易に測定できる．電気伝導度も現在では手頃な測定器が安く購入できるようになり，窒素，リン，CODなどもパックテストなどの簡易分析である程度のデータが得られる．近くの小湖や池などを調べる場合は，その調査を地味に根気よく続けることで専門家でなくても貴重なデータが得られる．

F. 観測の準備

　観測には，目的に応じてなるべく簡単で確実な方法を用意しなければならない．器材を現地まで自動車で運搬できない場合は，小型で破損しにくく携帯に便利なものがよい．

　精度の高い方法は，熟練と手間を要し，かえって思わぬ誤差が出ることが少なくない．逆に簡便な方法でも，その精度を十分に認識してくり返し使えば，誤差が少なく大きな成果を得ることができる．例えば，プランクトンの鉛直分布を調べる際には，サーミスター温度計（電気水温計）がなくても，せめて採水器でとった湖水の水温を棒状温度計で測っておくべきである．

　過去に大規模な化学的調査が行われた場合でも，透明度の測定が行われなかったことがある．しかし，透明度から観測当時の植物プランクトンの発生状況，湖水中の光

条件の見当をつけることができる．簡単な測定であるため，かえってその意義が低く評価され，測定されなかったのは残念である．

G. 複数の測定法を用意する

　調査に行く前に，観測器材が完全に作動するか十分点検しておくことが必要である．破損あるいは故障を起こしやすい部品は必ず予備を用意しておく．採水器や採泥器のメッセンジャーなども予備を用意する．また，水温の測定もサーミスター温度計のほかに，溶存酸素計，電気伝導度計，pHメーターなどでも水温を読みとったり，採水器で採取した湖水の水温を棒状温度計で測定できるように準備しておく．あるひとつの方法でうまくいかない場合に，現地ですぐ代わりの手段を使えるようにしておくことは，すべての調査項目にわたって重要である．

　そのほかに，特に問題になるのは，窒素，リン化合物などの栄養物質（栄養塩）測定用の試水の保存と運搬であるが，これについては15.1節（148ページ）で述べる．

1.3 観測の回数，場所，深さ

　湖沼ではいろいろな現象が，1年を基本周期として季節的に変化していることがしばしばある．一方で，昼夜の日射，気温，風向，風速などの変化あるいは人間の社会活動の影響などにより，時間ごとの変化も著しい．

A. 1回だけの調査の意義

　一般にいえば，ただ1回だけの調査の意義は小さいといえる．しかし，海外の調査なども含め，行く機会が少ない湖沼については，どのような特性をもった湖（例えば，富栄養湖，貧栄養湖，部分循環湖，腐植酸性湖，塩湖，汽水湖など）であるかの概略を知っておくことは，今後のより詳しい調査の基礎として大きな意義がある．そのような場合でも，集水域の土地利用，湖盆形態，水理，湖岸の改変状況などとともに主要な大型水生植物などを記載しておくべきである．

　海外や山間部や離島の湖に出かける機会があれば，金属ケース入り水温計，携帯用のpHメーター，電気伝導度計，透明度板，小型のプランクトンネット，中性ホルマリン，試料ビン，簡易分析器具（パックテストなど），小型簡易採水器を用意すれば，一応のデータが得られる．湖底堆積物も付着藻類や珪藻類の殻など，多くの情報を含んでいる．これらは1回の調査だけでも，その湖の特性をよく教えてくれる．

B. 観測の回数

　1年を周期とした現象を扱う場合，毎月1回の観測を行うことが多いが，月1回の観測で把握できる現象とできない現象があることを十分理解しておく必要がある．1日の観測を2時間（あるいは3時間）ごとに実施すると，興味ある結果が得られる可能性が高い．例えば，水温，pH，溶存酸素などの基本的な項目でも，夏季の晴天の日に鉛直分布の1日の変化を測定すれば，湖沼の物質循環系の理解が著しく深まる．また，浅い富栄養湖で数日から半月にわたり毎日観測を実施できれば，湖の動態を理解するうえで収穫はきわめて大きい．日射，降水，風などの気象条件の変化に伴う湖水の成層，循環の実態，あるいはそれに伴う植物プランクトン現存量の水平，鉛直分布の変化や現存量の増減などのメカニズムの解明に大いに役立つはずである．

　数年あるいはそれ以上の長期にわたる観測は，年ごとの気象条件の変化，湖周辺と集水域への人間活動の変化の影響を明らかにできることで価値がある．

　また，特定の現象に注目して観測する場合は，その現象が出現する時期に詳しい観測を行うのは当然である．しかし，目的とする現象が観測時以前の湖の状況と密接に関係している場合もある．例えば，夏の植物プランクトンの種類と成育状況が，春季循環期の水質と関連している場合がある．

　プランクトンや堆積物表層の試料など，観測ごとに採取した試料を長期間保存しておくことは，湖沼の性状の長期変動を考えるうえできわめて有意義である．後になって生物の種や化学物質などが問題になったとき，いつごろからそれが出現したかを明らかにすることができるからである．

C. 観測点の数と深度

　湖沼の形態はさまざまである．その水質や動植物の性状も湖心部と沿岸部とでは異なる．また，複雑に入りくんだ湖では，湖盆ごとに性状が異なっているのが普通である．

　湖内の観測場所の数は，目的と人員によって決まる．例えば，いくつかの湖盆の性状を比較したい場合には，それぞれの湖盆の中央近く，あるいは最深点を観測点とすべきである．1か所を選ぶときは最深点で調べる．しかし最深点が一方に偏っている場合には，湖心（湖の中央）で調べることもある．深さ数m以下の，水が鉛直に混合している湖沼で，湖全体の水質や生物相の分布などを知ろうとする場合には，多くの深度ごとの観測をする必要はない．

　一方，深い湖では，多くの深度ごとに調べることが必要になる．例えば，深さ

29 mの木崎湖を調べる場合，水温成層がはっきりする春の終わりから秋の初めまでは，従来の観測では，表水層の生産層と深水層の深部で密に，0 m，2.5 m，5 m，7.5 m，10 m，15 m，20 m，25 m，27.5 mおよび28.5 mという10層の水についてそれぞれ調べていた．もっとも，秋の循環がはじまれば，混合層の水質は均一になるから，観測層の数を減らすことができる．

研究の目的によっては，水温躍層（変水層）の付近，あるいは湖底直上の部分を詳しく調べることがある．そのような場合には，観測深度を1 mごと，あるいは0.5 m，0.25 mごとなどと短くする必要がある．採水方法も特殊な採水器やポンプによる採水法を利用する．特に，風により撹拌されにくい山間の小湖などの薄い水温躍層では，水温のみならず化学的・生物学的項目の鉛直変化が著しいため，密な観測が必要となる．注意深く観測すれば興味ある現象を把握できる可能性は高い．

1.4 湖の特性を理解することの重要さ

前述したように，湖沼はその地理的位置をはじめとして，湖盆形態，周辺の地形，集水域などの性状がさまざまである．その結果として，それぞれの湖沼生態系などの構造も異なってくる．どの湖も，その生態系の基本的なしくみは同じであるはずだが，湖を比較してみると，それぞれの湖はそれぞれの特性をもっている．

例えば，木崎湖は，長さ約2 km，幅約0.8 km，面積1.4 km^2，最大水深29 mの湖である．夏季は深度4 mから8 m付近まで水温躍層が形成され，水温は20℃から5℃くらいまで急に変化する．4月下旬に水温が成層しはじめると，深水層の溶存酸素量は次第に低下し，8月下旬になると湖底直上では無酸素状態になることがある．この湖では，深さによる水温，溶存酸素などの分布が春から秋にかけてゆっくりと大きく変化するから，そのような変化に関係する現象の研究の場として好適である．

諏訪湖は，面積13.3 km^2，最大水深約6 mの富栄養湖である．夏季に数日から1週間程度の風の弱い平穏な日が続く間に水温成層が形成され，深層水の溶存酸素は減少してなくなる．少し強い風が吹けば，全層混合される．この湖は富栄養湖，あるいは過栄養湖の動態を理解するのに好適である．

長野県飯田市の南部に深見池という面積は0.02 km^{2}にすぎないが，水深5 m以上の深い天然の小湖がある．周辺が丘陵地に囲まれているため，風の影響を受けにくく，湖水は顕著な水温成層をする．3月に成層がはじまり，11月までは深度4 m以深は無酸素状態になり，多量の硫化水素の発生も認められる．

1.5 意外な現象が出てきたとき

　湖沼を調査していると，意外な測定結果が得られることが少なくない．水温やpHのように現場で測定しているものであれば，もう一度測定しなおして確認する．そして，意外な測定値の分布範囲を調べるようにする．その場合，測定器具が正しく機能しているかどうか，しっかりチェックする必要がある．実験室で試料を処理して，意外なデータが得られたら，近い湖であれば翌日にでも観測しなおすべきである．

　意外な現象というのは，今まで自分では知らなかった現象であったり，これまでにあまり報告されていなかった現象のことである．いずれにしても，その測定値が信頼できるものであることが前提である．信頼できるデータの場合は，意外な現象は新しい発見，研究の発展に通じる．その意味でデータの信頼性には，常に十分な注意を払う必要がある．

　簡単な測定法でも，その測定の精度を考慮すべきである．複雑な測定法の場合は，とり扱いを誤るととんでもない値が出ることがあるので，標準試料などにより慎重にチェックする必要がある．

1.6 観測の際の注意

A. 野帳に記入すること

　野帳は，方眼紙のものや防水紙を使ったものなど，便利なものが市販されているが，ポケットに入る小型のノートでも十分である．野帳の裏表紙には，氏名，所属，住所，電話番号などを書き，拾った人は教えてくれるように依頼する文章を書いておく．

　記入する際は必ず鉛筆を用いる．間違って記載したときは線を引いて別に書く．消しゴムで消してはならない．また，データに関係する簡単な計算は野帳の上で行い，後でわかるようにしておく．観測に用いた器具の種類と番号も記しておく．

　観測の前後に，日時，天候，雲量，風向，風速，水位，波浪などをわかる範囲で記しておく．また，観測の前の数日間の天気の概略を記しておくとデータを解析するのに好都合である．いずれにしても，気づいた事柄はすべて野帳に書きとどめるようにしたい．

　観測者全員の氏名と担当者の調査項目を野帳に記録しておく．データ解析とまとめるときに担当者に問い合わせることができるなど必要になることがある．なお，野帳への記載事項は，観測終了後，速やかに複写して別に保存しておく．

B. 必ず錨を用いる

　湖上の波風は，朝方は静かでも午後に高くなることが多い．観測は朝のうちに主要なものから，手早く行うようにする．
　錨は，舟を係留するブイでもないかぎり，必ず必要である．錨がないと，微風でも舟はたちどころに押し流されてしまう．錨で係留してあれば，波が少し高くなっても舟は安定した状態を保っている．

C. 安全の確保

　湖が荒れてきたとき，注意しなければならないのは，錨を引き上げるときである．錨を上げる前に舟のエンジンをかけておき，上げはじめたら，船首を波のくる方向に向けて横波を受けないようにすると，かなり荒れてきても危険は少ない．舟の走行中に横波を受けるときわめて危険である．手漕ぎボートの場合でも同様である．舟が思う方向に行かず，湖岸に漂着しても，小さな湖なら問題は小さいだろう．なお，乗船しているときは，救命胴衣を身につけていることを習慣づける．
　調査に使う舟はしばしば小型の不安定なものが多く，観測に気をとられて全員が舟の一方に偏り，舟が転覆してしまうことがある．観測者の動きに注意し，他の者がバランスをとるように体の位置を変え，舟の安定を保つように常にこころがける．また舟のなかで姿勢を低くして舟の重心を下げるよう努める．
　近年は観測器材が増え，舟のなかに積み重ねるくらい多く載せることがある．観測の手順を考えて，使用ずみのものは舟の隅に移すなど，常に整理しておく．足元を広くしておくことは，観測の効率や安全上でも大切なことである．
　温度計などの測定器具を直射日光にさらすことは故障の原因となる．pHの比色管，試薬なども日光で変質しやすい．日差しの強いときは，観測者は帽子を風でとばされないようにしたり，手首などもおおうなどして直射日光を受けないようにすると，疲労が少ない．
　冬季，氷上の観測は特に注意を要する．著名な湖沼学者の吉村信吉は，1947年1月に諏訪湖（長野県）で観測中，氷が破れてわずか39歳の若さで殉職した．氷上に出るときは，2人以上ではしご，長い竿などをもって行き，互いにある距離をおいて歩く．万一落ちた場合は，救助するほうもされるほうも，氷に腹ばいになるような姿勢をとることが大切である．氷が透明なときは，下の水が見えて不安であるが，氷はかたい．氷上に降った雪で下が見えないときは，見かけは厚くても弱くて危険なことが多い．また諏訪湖などでは，湖底から噴出するガスの気泡で結氷しにくい場所があり，氷が

薄くて非常に危険である．

1.7 湖沼調査のプロセス

　湖沼調査の骨子は前述したとおりであるが，湖沼研究は実験室のそれと異なり，湖沼の現地に出かけたときに調査がはじまっている．したがって，**表1-1**の湖沼調査のプロセスに示すように，あらかじめ十分に調査計画を立てなければならない．湖沼における現地観測や採取した試料の測定・分析と結果の解析，そしてそれらのまとめは，普通，調査にかかわった多くの者の活動と総意で行われ，個人で行われることはまれである．湖沼調査の計画から現地調査を含め，参加者全員によるブレインストーミングが湖沼調査を成功させるか否かの基点になることを心得ておく．

［表1-1］　**湖沼調査のプロセス**

1）概要
　①手順の概要：受講者がステップごとに指導者を交えて対話形式でブレインストーミングを行い，調査計画を立案・実行する．
　〈調査目的→計画立案→測定項目選定→現地調査準備→現場視察と予備調査→本調査→結果の整理と考察→発表と報告〉
2）調査目的
　①調査目的：湖沼環境は因子が複雑に絡み合っている．目的を絞り込んで明確にする．
　②調査目的の再確認：目的を達成するために調査手順を再確認する．
3）計画の立案
　①資料検索：必要な基礎知識，先行研究成果を収集する．
　②調査方法：場の選定（沿岸調査か湖中調査か）を行う．調査季節を選定する．
　③測定項目：測定者の実力に合わせる．野外調査では簡便性を重視して多項目を選定する．必須項目は測定依頼もする．
　④計画の再確認：案は調査の成功の可否を決める．ブレインストーミングで再確認する．
　《目的達成のための予備知識》
　　1）調査地点の選定：湖心，最深地点，湖流中心，側線，沿岸地点，河口域
　　2）調査時刻の選定：生態系変動を気温と水中照度の日内変化から判断する．
　　3）調査深度の選定：季節，水温鉛直分布，水中照度から判断する．
　　4）人間活動の影響：生産活動（農漁業，工業），観光，流域住民の生活を考慮する．季節，曜日，時刻で異なる．
4）測定項目の選定
　①必須項目：日時，天候，気温，風向，風力，波浪，湖面状況，湖岸景観，陸域の土地利用
　②一般項目：湖盆形態，外観，水温，水色，透明度，pH，電気伝導度，懸濁物質
　③無機成分：無機イオン成分（主要6イオン成分），酸化還元成分（鉄・マンガン），アルカリ度
　④ガス成分：溶存酸素，全炭酸
　⑤栄養塩：窒素化合物（アンモニア態窒素，亜硝酸態窒素，硝酸態窒素），リン酸態リン，ケイ酸態ケイ素
　⑥有機物：溶存有機物（炭素・窒素・リン），懸濁有機物（炭素・窒素・リン），COD，BOD，クロロフィル

表1-1のつづき

　⑦水生生物：植物プランクトン，付着藻類，大型水生植物，動物プランクトン，底生動物，など
　⑧現場でただちに測定する．常温・冷暗所・凍結状態で持ち帰って測定する．現場で前処理が必要な測定項目がある．

5) **現地調査の準備**
　①個人準備物：衣類の選択（長袖衣類），帽子，カッパ類，運動靴，医薬類，飲料水
　②一般準備物：救命胴衣，参加者連絡簿，携帯電話，拡声器，ティッシュ，プラスチック袋，紙コップ
　③文具：野帳，鉛筆（インクペンは不可），ハサミ，油性マーカーペン，ビニールテープ，輪ゴム，電卓
　④資料：地形図，水系図，深度図，調査指針図書，文献コピー
　⑤調査工具類：ドライバー，ナイフ，ヤスリ，カッター，テーブルタップ
　⑥調査一般器材：双眼鏡，距離計，温度計，懐中電灯，巻尺，カメラ，メジャー，ロープ，電池，軍手
　⑦調査器材：GPS測定器，測深器，水温計，溶存酸素計，電気伝導度計，採水器，採泥器，採水バケツ
　⑧試薬と簡易測定器：現地測定試薬，試料保存容器，純水，ビーカー，ビューレット，洗浄ビン，比色計
　⑨実験室における測定：調査計画を立案したら，ただちに準備をはじめ測定可能状態にする．

6) **現場視察と予備調査**
　①野外から学ぶ：可能なかぎり調査現場に行き予備調査を行う．現場を知らなければよい計画を立てられない．
　②予備調査項目：上記の必須項目と一般項目（外観，濁り，水温，pH，電気伝導度）が必要である．
　③調査項目の調整：予備調査の結果から，本調査での追加項目の有無を見直す．

7) **本調査**
　①調査場所の変更：野外の変化は激しい．本調査ができないときは代替案を実行する．
　②調査項目の変更：興味深い自然・環境現象を観察したら，これを優先する．
　③データの記録：測定結果は確認し合い，野帳に記録する．生データを写し確認する．記録データは複写保存する．
　④気づいたこと思わぬ結果が出たときすべてを野帳に記載する．複雑な環境解析の手助けになることが多い．
　⑤野外調査は危険と背中合わせである．無理をしないで安全第一をこころがける．

8) **結果の整理と考察**
　①実験室測定：野外調査から持ち帰った試料は速やかに測定する．
　②結果の記録：測定した結果は記憶が薄れない間に表にして記載する．生データも消去せずに複写する．
　③分析化から総合化：生データ表から討論を経て総合化した図表を作成する．
　④調査の評価：当初の目的に対して実行できたことと実行できなかったことを総括する．
　⑤調査の総括：次回の水環境調査のために調査反省を行い改善点を抽出する．

9) **発表と報告**
　①発表会：水環境調査から生態系が明らかになったか，円卓対話方式で発表会を開催し，目的の達成度を評価する．
　②報告書：実習調査成果報告書を失敗例を含めて作成する．

〔三田村緒佐武，陸水研究，1 (2014) より一部改変〕

Chapter 2 湖沼の生態系

2.1 湖沼生態系を構成する生物

　ある程度の大きさと深さをもつ湖沼を湖岸から眺め，水域を沿岸部と沖部の2つに，そして湖底境界付近を深底部と区分する．これらを沿岸帯，沖帯，そして深底帯ということがあるが，湖沼を3部分に区分したものであるから，沿岸部，沖部，深底部と表現することが正しい．沿岸部は，およそ大型水生植物が生育する光エネルギーが到達する深さまでと考えられている．これより沖の沖部では植物プランクトンが主な光合成植物として機能し，それを餌にする動物プランクトンや魚が棲む．そして湖底堆積物付近の深底帯では，ユスリカ幼虫や貝類が成育している．これら沿岸部，沖部，そして深底部には，植物，動物，バクテリアなどさまざまな生物が生活している．なお，湖心付近まで水草が繁茂する浅い湖沼などでは，沿岸部と沖部の境界をあいまいに区分して，これらをおよその部分として分けることがしばしばある．このタイプのものを「沼」といい，沿岸部，沖部に明瞭に区分可能なものを「湖」といっている．「池」は人造の水域をさすことが多い．これらの場の生物群集と無機環境からなるひとつの物質系（生態系）には，生物活動に伴って物質の循環とエネルギーの流れがある．これら沿岸部，沖部そして深底帯生態系を構成する生物群集の多くは系内で生活しているが，鳥類や昆虫のように湖と外界を出入りしているものもある．

A. 沿岸部の生物

　湖の最大透明度の深さの湖域から湖岸までの部分（沿岸部）に近づくと，まず目に入るのは，湖岸にびっしりと生えている背の高いヨシ，マコモ，ガマなどの大型水生植物（図2-1）である．このような植物が生えているあたりを抽水植物帯と呼ぶ．ヨシの生えている水の深さは0.2 m以浅，マコモとヒメガマが0.2〜0.5 m，そしてハスが1〜1.5 mというように岸から水が深くなるにつれて異なった植物が帯状に生育している．

　ヨシは多いものでは1 m^{2}当たり数百本の茎があり，水中にはさらに同じ数くらい

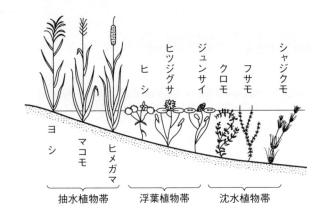

[図2-1] 沿岸部の水草帯

の前の年の枯れた茎が残っている．ヨシが密生しているあたりは，野鳥その他さまざまな生物が生活している．ヨシなどの茎の水中部分には珪藻などの付着藻類が褐色の膜をつくり，それを餌にするモノアラガイ，ヒメタニシなどの巻貝が生活している．魚やエビが産卵し，稚魚が水生植物への付着生物を餌に育っている．

抽水植物帯に続く，深さ1mから2.5mくらいのところには，ヒシ，ヒツジグサ，スイレン，ジュンサイなどが浮葉植物帯をつくっている．これらの植物には夏に美しい花を咲かせるものが多い．またハスは，若いときには浮葉植物であるが，生育すると葉が水面より高くなり抽水植物とされることもある．

湖岸から沖へ離れると，水中に水生植物を観察できる．浮葉植物帯より少し深いところに生育するクロモ，フサモ，セキショウモなどの沈水植物帯である．さらに深いところには，車軸藻類のシャジクモ，フラスコモなどが生育することがある．これより深くなると水生植物はみられない．車軸藻帯の深さは湖の最大透明度とほぼ一致している．プレヒマラヤにあるプマユムツオという高山湖の水深35mには，シャジクモが生息している．湖の最大透明度はバイカル湖に匹敵する．これより深い湖底に生育しているのはコケ類だけである．十和田湖（青森県，秋田県）でシャジクモが生育している深さの限界が19mだったとき，コケ類は25mまで生育していた．

大型水生植物は一般に春に生長をはじめ，夏に最も繁茂し，秋から冬に枯れるというように，季節とともに陸上の落葉樹と同じような生長をするが，種類によりそれぞれ少しずつ異なった変化を示す．また，各地の湖に大繁殖して問題になっている外来種のコカナダモなどは冬でも枯れない．

沿岸部は，陸域と水域の接点であり，環境条件も複雑に変化している．このため，水生植物を中心としてバクテリアから魚類や鳥類に至るまで，きわめて多くの種類の生物が生活している．いわゆる生物の多様性が保たれている場である．近年，湖沼への人間活動の影響が高まるにつれて，沿岸部の自然が著しく破壊される例が多い．湖の生態系を復元・保全するために，沿岸部（特に水草帯）の果たす役割の重要性が見直されつつある．

B. 沖部の生物

　ある程度以上の深さがある湖では，最大透明度の深さより深い部分で大型水生植物が生育しなくなる．生活している主な生物はプランクトン（バクテリアや魚を含む）である．"プランクトン"とはギリシャ語で「放浪者」の意味で，日本語では「浮遊生物」と訳されている．一般にごく小さな生物で，自分で泳ぐ力がないか，あっても弱く，水の動きとともに移動する．プランクトンには，動物プランクトンと植物プランクトンがある（図2-2）．

　植物は，光合成作用によって無機物から有機物を合成する，いわゆる一次生産者として生態系のすべての生物の生産の基礎になる．しかし海洋や湖沼では，沿岸付近の海藻や水草のような大型の藻類は別として，植物の大部分は数十分の1 mmから千分の1 mmくらいの大きさの，ごく微細な，顕微鏡でなければ見えない藻類（植物プランクトン）である．この植物プランクトンも，陸上の植物と同様にクロロフィル（葉緑素）をもっていて光合成を行い，二酸化炭素と水から有機物を生産して湖の生態系を支えている．

　植物プランクトンのなかには，らん藻類や鞭毛藻類のように，細胞内のガス胞を調節したり，鞭毛を動かしたりして浮き沈みできるものがある．これらの植物プランクトンの定期的な鉛直移動は，表層水の栄養物質（栄養塩）が不足しているときには深層水に蓄積している栄養塩をとり入れ，生産を支えるという大きな役割を果たしていると考えられている．

　夏季に諏訪湖や霞ヶ浦（茨城県）の水面を緑色にびっしりとおおう，通常アオコと呼ばれるらん藻類のミクロキスティスや，ダム湖などにしばしば発生し，湖面をコーヒー色にする渦鞭毛藻類のペリディニウムなども鉛直移動をしている藻類のよい例である．これらの大増殖は「水の華」あるいは「淡水赤潮」と呼ばれる．

　動物プランクトンを代表するものは，甲殻類のミジンコ，カイアシ類のケンミジンコ，ワムシ類である．多くは1 mm足らずの大きさだが，プランクトンネットで集め

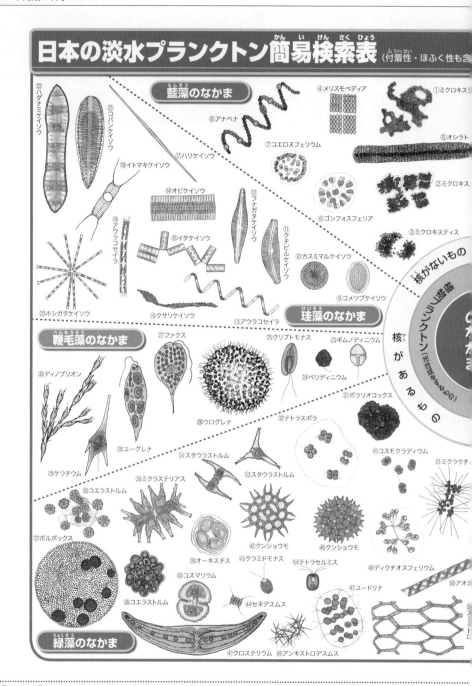

[図2-2] 湖沼でみられるプランクトン

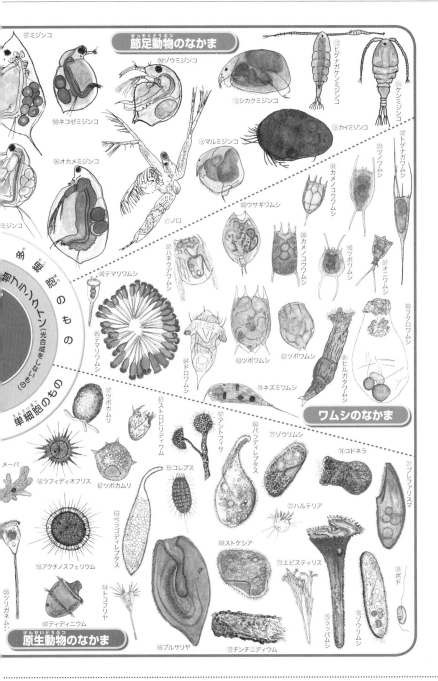

〔滋賀の理科教材研究委員会編，日本の淡水プランクトン，合同出版（2005）より一部改変〕

て透明なビンに入れると，肉眼でもピョコピョコ泳いでいるのが観察できる．ワムシ類は小さいものが多く，微細な植物プランクトンやバクテリアを餌にしている．

　湖の生態系で重要な役割を果たしているものとして，2 μm以下の極微小な「ピコプランクトン」がある．これにはバクテリアも含まれる．2～20 μmのものを「ナノプランクトン」，20～200 μmを「ミクロプランクトン」と呼ぶ．これら小型生物の食物網が「微生物ループ」として注目されている．

　プランクトンは大きな移動力をもっていないが，動物プランクトンのなかで大型のマルミジンコなどは，昼間は光の弱い深水層で生活しており，日没とともに上昇しはじめ，夜間はずっと水面付近にいる．日の出が近づくと，再び深水層に戻っていく．この移動は直接には光の刺激によるものだが，魚に食べられるのを逃れるためとも，夜間に水面付近の植物プランクトンを食べるためとも考えられている．

　湖沼で生活している魚のなかには植物プランクトンを直接食べる植食性のものもいるが，大部分は動物プランクトンを食べて肉食性の生活している．日本の湖沼の特色として，魚を食べる魚（魚食性：例えばナマズ），いわゆる魚食魚が少ない．アメリカ大陸から魚食性のブラックバス（オオクチバス）やブルーギルなどが心ない釣り人により放流され，小型の魚類，稚魚などに大きな被害を出し，湖の魚類組成と生物量，さらには生態系のなかの動的物質循環平衡に大きな影響を与えている．

C．深底部の生物

　深くて透明度の大きな湖の底は，褐色あるいは灰色の厚い泥でおおわれている．夏でも冷たい水温の下で，光もほとんどない静かな世界である．深くて生物が少ない，いわゆる貧栄養湖の湖底堆積物の表面付近には，溶存酸素が十分にないと生活できないユスリカ幼虫やヨコエビなどが生活していることがある．底生動物（動物ベントス，普通，単にベントスという）と呼ばれる仲間である．これらの生物は，湖の有光層で生産された植物プランクトンや動物プランクトンの遺骸や糞などが沈降・堆積した有機性の湖底堆積物を食べて生活している．湖周辺の森林から流れ込んだ枯枝や落葉も大切な餌である．

　浅い湖は，一般に生物の量が多い富栄養湖で，夏季に水温成層が認められるときは，深層水はしばしば無酸素状態になる．このような湖で生活する代表的な底生動物は，赤く太ったオオユスリカ幼虫やアカムシユスリカ幼虫，あるいはイトミミズである．いずれも体液中に血液のヘモグロビンに似た酸素との結合力が強い色素を含んでおり，体液中に酸素分子を蓄えて，ある期間，湖水の溶存酸素が欠乏しても耐えられるよう

［図2-3］**フカサ幼虫**

な機能を備えている．またフサカの幼虫（図2-3）は昼間，溶存酸素のない湖底堆積物中で生活し，夜間，溶存酸素が豊富な表水層まで上昇して呼吸する．

　ユスリカやフサカなどの幼虫と成虫，イトミミズなどは魚の餌として重要である．諏訪湖ではオオユスリカ，アカムシユスリカの多くがワカサギなどの魚に食べられている．また底生動物は，湖底の有機物を分解し栄養塩の水中への回帰を促進している．

　貧栄養湖と富栄養湖の中間にあたる，いわゆる中栄養湖の湖底でも，湖底近くの水中の溶存酸素が減少して無酸素状態になることがある．このような湖では，富栄養湖と同様にフサカ幼虫が多くみられる．硫化水素が発生するような還元的環境でもフサカは生活できる．

D. 食物連鎖

　湖沼の主な植物は珪藻，緑藻，らん藻などの微細な植物プランクトンである．植物プランクトンはミジンコ，ワムシなどの動物プランクトンに食べられ，動物プランクトンは小さい魚に，小さい魚は大きな魚に食べられる．このような関係は「食物連鎖」としてよく知られている．

　しかし，現実の湖沼における「食う・食われる」の関係ははるかに複雑である（図2-4）．食物連鎖の底辺には植物プランクトンのほかに大型の水生植物やバクテリアが含まれている．それらは，動物プランクトン，底生動物や魚（消費者）の餌になる．バクテリアは一般に有機物を無機化する分解者として考えられているが，餌としての有機物を供給することで基礎生産者（一次生産者）の植物と同じ役割を果たしている．

　このような，餌になる生物と，それを食べる生物との関係を，それぞれ順に，いわゆる栄養段階に応じて生物の量として比較したものを「生態的ピラミッド」と呼ぶ（図2-5）．

　ここで注意したいことは，この図は，ある時期にそれぞれの段階に属する生物が湖のなかにどれだけいたか（現存量）を示しているのであって，どれだけの速さで生産されているか（生産量）を示しているのではないこと，第一段目のものが，すべて第

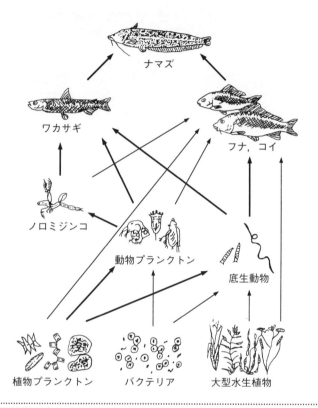

[図2-4] **諏訪湖の食物連鎖** 〔山岸　宏（1973）を一部改変〕

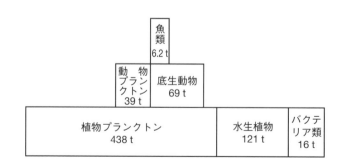

[図2-5] **諏訪湖での生態的ピラミッド**
〔倉沢秀夫ら（1976）より沖野外輝夫作図（1990）を一部改変〕

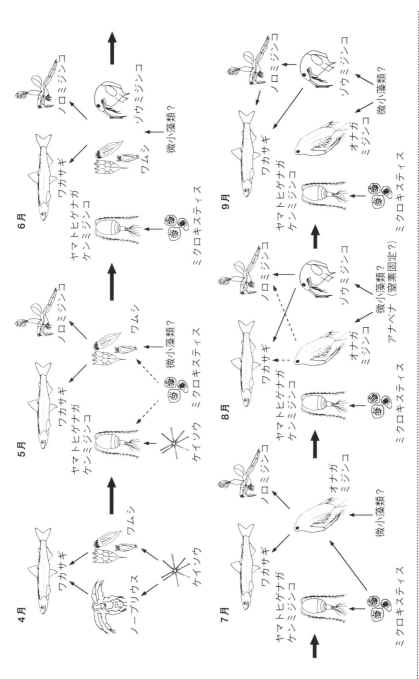

[図2-6] 窒素同位体比より推定されたワカサギの成長に伴う諏訪湖の食物連鎖網の変化

[Yoshioka, T., et al.. Verh. Internat. Verein. Limnol, 23 (1988) より]

二段目の生物に食われるわけではない．生産された生物量は，それぞれの生物個体の生命維持のために呼吸・分解によってエネルギー消費されることや，各個体が死後食われることなく系外へ排出されることなどのため，生産された一部のみが上位の消費者に食われて生物量が移行することになる．したがって，生態的ピラミッドのことを「生物量のピラミッド」と呼ぶことがある．そしてバクテリアが植物とともに一次生産者に加えられることである．また，食物連鎖の関係をさらに複雑にしているものは，魚をはじめいくつかの生物は成長するにしたがって餌の種類が変わってくることである（図2-6）．これに関係して湖水中の餌になっている動物の量も変わり，その変化は他の生物にも影響していく．いわゆるピラミッドのボトムアップ効果とともに，トップダウン効果が複雑に絡み合い湖沼生態系が維持されている．

　実際の湖では，いくつもの食物連鎖が同時に存在し，しかも相互に関連しながら時間的にも変化していく．このような複雑な関係を「食物網」という．

　これまでの食物連鎖とは別に，バクテリアを出発点とする「微生物ループ」が注目されている．バクテリアが水中の有機物などを消費して増殖し，これが渦鞭毛藻類や繊毛虫類などの餌になり，それをワムシなど小型動物プランクトンが食べる過程である．バクテリアが消費する有機物は，植物プランクトンが光合成を行う際に細胞外に出す細胞外生産物のほかに，藻類，例えば，らん藻類のミクロキスティスの分解途上の有機物などがある．

2.2 湖沼生態系の物質循環

　湖沼には，さまざまな生物が生活し，湖というほぼ閉じた生態系，すなわち，あるいい方をすれば小宇宙を構成している．陸上の生態系と湖の生態系とは，本質的には変わらず，同じ法則で支配されている．しかし，その空間的な広がり，四季の変化，主要な生物の構成などは陸上とは異なる．

A. 生産と物質循環

　湖の（実際には湖だけではなく，湖にかかわるあらゆる）生態系では，生物とその環境が相互に密接に関連しており，環境が変化すると生物も変化し，生物の変化に伴って環境も変化する．いいかえれば，湖の物理・化学的環境因子は生物にさまざまな影響を与えるし，生物も物理・化学環境因子のある程度に影響を及ぼす．

　湖の生物生産は，特定の生物のみによって行われるのではなく，いくつかの生活の

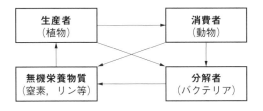

[図2-7] 湖の物質循環

　型が異なる生物が，物質循環のなかのそれぞれの役割を分担している．そのような立場でみると，生物はまず緑色植物とそれ以外の生物に大別される．緑色植物はクロロフィルをもっていて，二酸化炭素と水から太陽の光エネルギーを使って有機物を合成する（光合成作用）独立栄養生物である（バクテリアのなかにも独立栄養生物のものがある）．

　そのほかの生物は，緑色植物のつくった有機物に依存して生活している従属栄養生物である．動物はもちろん従属栄養生物である．菌類やバクテリアもこれに入るが，有機物を分解して無機物に戻す役割（無機化）をしている．したがって，緑色植物は生産者，そのほかの生物はその役割からさらに分けて，動物は消費者，菌類やバクテリアは分解者と呼ぶ．生産者，消費者，分解者ならびに栄養塩の間には図2-7のような簡単な物質循環系を考えることができる．しかし，消費者としての動物は，植物を直接食べるもの（一次消費者），さらにその動物を食べるもの（二次消費者）など，何段階かに分かれていて複雑である．また，動物も呼吸・排出などを通して有機物を無機化する役割を果たしており，バクテリアなども自分の生命維持に図に示す消費者のみならず生産者がつくった有機物にも依存しているため，消費者と分解者の区別ははっきりしたものではない．

B. 生産量と現存量

　生物の生産量という概念は，さまざまな考え方があるが，ここではティーネマンの定義にしたがって，一定時間中に一定の空間のなかでつくられた有機物の総量と考える．これは総生産量（P_g）と呼ばれるもので，緑色植物でいえば，光合成量（あるいは炭酸同化量）に相当する．これに対して純生産量（P_n）は，光合成量から，その間に行われた呼吸作用による有機物の消費量を差し引いた量である．これは一定時間の前後における有機物量の増減で示されるから，負の値になることもある．したがって，総生産量とは生物による同化量であり，純生産量は生物の成長量とみなすことができ

る．呼吸量をRとすれば，短時間の場合には，

$$P_n = P_g - R$$

として表すことができる．しかし，現実の湖の緑色植物は死亡した量（D）と消費者によって食われる量（G）を加えて，

$$P_n = P_g - R - D - G$$

として示される．

　総生産量と純生産量は，生産者である植物ばかりではなく，消費者としての動物，分解者としてのバクテリア，さらに生物群集についても求めることができる．しかし，従属栄養生物の同化量や成長量は，生産者がつくった有機物の一部が変化したものである．したがって，湖全体としての総生産量は，主に緑色植物が行う光合成量である．

　なお，一定面積（あるいは一定容積）のなかに生活する生物の量を現存量という（生物量とも呼ばれる）．生産量と現存量は明らかに異なるものであるが，しばしば混同される．例えば，2つの湖を比較し，一方の湖に魚がたくさんいるとき，魚の現存量は確かに大きいといえるが，必ずしも生産量が大きいとはいえない．生産速度と現存量はさまざまな因子によって変化するからである．

C. 生産と分解

　湖の生物生産の大きな特色は，主な生産者が植物プランクトンから構成されていることだが，浅い沼などでは大型の水生植物が主な生産者であることもある．

　植物プランクトンあるいは水生植物は陸上の植物とまったく同様に，太陽の光エネルギーを使って，二酸化炭素分子と水から炭水化物をつくり，酸素分子を出す．

$$CO_2 + H_2O \xrightarrow{光エネルギー} (CH_2O) + O_2$$

　これが湖における有機物生産の中心となる過程である．そして，水中の窒素，リンなどの栄養塩を利用してタンパク質や脂質などを合成する．それに対して，有機物の分解は，従属栄養生物の呼吸を含め，およそこれと逆の過程であると考えてよい．すなわち，有機物を酸化することにより酸素分子を消費して二酸化炭素をつくり，同時に窒素，リンその他の栄養塩を出している．このように物質循環の立場からみるとき，湖の有機物の生産と分解は，二酸化炭素の消費（減少）と酸素の放出（増加），あるいは酸素の消費（減少）と二酸化炭素の放出（増加）としてとらえることができる．

また，同時に炭素の生産と分解に密接にかかわる窒素，リンなどの栄養塩の循環についても，消費（減少）と放出（増加）としてみることができる．

なお，湖の有機物は，前述のように湖内の植物によって生産される自生性の有機物のほかに，湖外から供給される他生性の有機物がある．これは，しばしば動物やバクテリアの餌となり，湖の物質循環で重要な役割を果たしている．

D．湖という場の特性

物質循環のしくみは，陸上でも湖や海でも変わらないが，それらの過程が行われる場としてみるとき，湖は陸上とだいぶ異なる．陸上では，生産と分解の過程が地表付近の比較的薄い層で行われているが，湖ではかなりの深度をもつ水中でも行われている．すなわち，陸上では平面的に考えることができるが，湖では立体的に考える必要がある．

湖の深さが最も大きく関係してくるのは植物の光合成作用である．光合成は，光が十分にないと行われない．水は，空気に比べて太陽からの放射（熱，光）エネルギーをはるかに強く吸収する．したがって，湖水中では，植物は光が十分な，ある深度までしか生長できない．それより深くなると，光合成量（生産量）より呼吸量（分解量）のほうが大きくなってしまう．

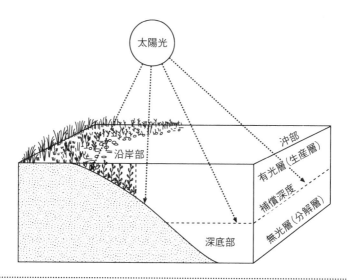

[図2-8] 光からみた湖の構造

〔Schwoerbel, J., *Einfuhrung in die Limnologie*, Gustav Fischer Verlag（1971）より〕

このような光の強さとの関係から、湖は図2-8のように水面から植物が光合成で生長できる深さまでの層を有光層（あるいは生産層）、それより深い光が不足して植物が生長できない層を無光層（あるいは分解層）とに分けられる。その境の深さを補償深度と呼ぶ（生産層、分解層をそれぞれ栄養生成層、栄養分解層と呼ぶこともある）。ただし、生産層といっても、光合成生産と同時に呼吸も含めて活発な分解が行われており、それらを総計してプラスの生産が行われていることを理解すべきである。したがって、有光層と無光層の名称は、光が有る層と光が無い層という意味ではなく、光合成生物にとって純生産が行われる層のことを有光層、これより深く光合成生物の成長にとって光が不足する層を無光層としている。さらに、太陽の光が1日の間に大きく変化するため、このような層の区分の概念は、1日、24時間の変化の総計として考え、（補償点ではなく）日補償点のことであること、光エネルギーにちがいがある季節によっても層の深さが変化することにも注意すべきである。

E. 生産を制限する因子

湖のなかの有機物生産者としての緑色植物の光合成作用はいくつかの因子によって支配されている。この因子には、日照時間、日射量、水温などのように人間活動の影響を大きく受けない因子と、窒素やリンなど栄養塩のように自然のしくみによる影響のほかに人間活動の大小にも関係する因子とがある。

海の動植物プランクトンの平均的な元素組成として、それに貢献した研究者の名前を付した、レッドフィールド比がある。

$$C:N:P = 106:16:1 （原子比）$$
$$C:N:P = 41:7.2:1 （重量比）$$

この比率は生育条件によって変化するが、湖についても、プランクトンを構成している元素の量的関係はほぼ同様と考えてよい。このなかで炭素は大気中の二酸化炭素から水中に供給されるから、湖でも不足することはほとんどない。一方で、窒素は生物のタンパク質の構成元素のひとつであり、リンも核酸などに欠かせない。湖の生物生産においては、リンが最も不足しやすい栄養元素類である。

"植物の生産量は、生育に必要な因子のなかで、供給の最も少ないものに支配される"という法則がある。これはリービッヒの最少律の法則として知られている。例えば、栄養分としての窒素が不足しているときは、他の栄養物質が十分あっても生産量は窒素の量によって支配される。栄養物質としては窒素、リンのほか、ケイ素、硫黄、

鉄をはじめ各種の金属，ビタミンなどがあり，その成分の種類や量は生物によって異なる．一般に，これらのなかで生産の制限因子になりやすいのは，窒素とリンである．珪藻の場合にはケイ素が制限因子になることがあるが，日本の湖水には溶存ケイ素が多いのであまり問題にはならない．

F. 貧栄養湖と富栄養湖

　窒素，リンのような植物生産の制限因子になりやすい栄養分は，湖でも陸上と同様にくり返し使われる．陸上で秋になると樹木の葉が枯れて落ち，それが翌年の春までに分解されて窒素やリンなどの無機栄養塩になり，再び樹木に使われる．これとまったく同様の有機物の生産と分解（物質循環）が，湖のなかでも行われている．その循環の速度は陸上よりも普通速く，同じ窒素やリンが年間に何回も使われている．その効率は，湖の地形と水温の鉛直分布などに支配される．

　温帯では，ある程度以上の深さの湖は，水温成層のために秋（あるいは冬）まで表層水と深層水の混合がない．このため，栄養塩は有光層で植物に消費され，表層水中では不足状態になる．一方，有光層から沈降してきた有機物は，無光層で分解を受け，栄養塩が深層水中で蓄積する．浅い湖では，水の鉛直混合が頻繁に行われるため，分解で生じた栄養塩は再び有光層に運ばれ，植物に利用される．このように，浅い湖では栄養塩が何度も効率よく使われ，有機物生産が高く，富栄養湖になりやすい．逆に，深い湖では，深層水に蓄積された栄養塩が循環期まで再利用されないため，富栄養湖になりにくい．

　また，平地の湖と山地の湖とでは，集水域の状況が異なる．平地では田畑，都市などから流れ込む栄養物質が豊富であるが，山地では岩石が露出している地域はいうまでもなく，森林などから流入する栄養物質も比較的少ない．したがって，平地には富栄養湖が，山地には貧栄養湖が多い．なお，湖を生物生産の立場から，このように類似した型に分類したものを湖沼型と呼ぶ．湖沼型は表2-1に示したように，富栄養湖と貧栄養湖の中間を中栄養湖と分類することもある．これら湖沼型の分類を，湖水中の窒素，リンおよびクロロフィル a 現存量から化学的に判定した例が表2-2である．

G. 調和型湖沼と非調和型湖沼

　前述のように，山地の深い湖には貧栄養湖が多く，平地などの浅い湖には富栄養湖が多い．しかし，このような湖沼は，栄養塩の供給の多い少ない，その利用効率の高い低いはあっても，湖水中の生物生産に関係する，さまざまな栄養物質の調和がとれ

[表2-1] 調和型湖沼の特徴

貧栄養湖（Oligotrophic Lake）
　栄養物質（特に窒素とリン）に乏しく，水生植物も少なく生産量は小さい．透明度の深さはおよそ8ｍ以上である．溶存酸素は年間を通して深層水でも貧酸素になることはない．湖底堆積物中には酸素分子を必要とする底生動物が生息する．水色は藍色または緑色．山間の水深が深い湖の多くがこれに属し，水深が深いカルデラ湖や火山性堰止湖にみられる．
　この湖沼型に属する日本の主な湖は，摩周湖，洞爺湖，支笏湖，田沢湖，十和田湖，中禅寺湖，本栖湖，西湖，青木湖などである．

富栄養湖（Eutrophic Lake）
　栄養物質（特に窒素とリン）に富み，水生植物も多く生産量は大きい．夏季は植物プランクトンの増殖が著しく，水の華を生じることが多い．透明度の深さはおよそ4ｍ以下である．ある程度の水深がある湖沼では夏季に溶存酸素は成層し，湖底ではほとんど消失する．湖底堆積物中にはオオユスリカ幼虫が生息する．水色は緑色または黄色．一般に平地の浅い湖沼の多くはこれに属する．
　この湖沼型に属する日本の主な湖は，網走湖，霞ヶ浦，印旛沼，手賀沼，北浦，芦ノ湖，河口湖，諏訪湖，中海，宍道湖などである．

中栄養湖（Mesotrophic Lake）
　貧栄養湖と富栄養湖の中間に中栄養湖を分けることができる．湖の透明度はおよそ4〜8ｍの深さである．
　この湖沼型に属する日本の主な湖は，檜原湖，山中湖，木崎湖，浜名湖，琵琶湖，池田湖などである．

〔西條八束（1962）より一部改変〕

[表2-2] 湖沼中の全リンおよびクロロフィルa現存量から判定した湖沼型の例

	貧栄養湖	中栄養湖	富栄養湖
全リン（$\mu g\ P \cdot L^{-1}$）	5〜13	15〜50	50〜190
クロロフィルa（$\mu g\ chl.a \cdot L^{-1}$）	0.8〜3.4	3.7〜7.4	6.7〜31

〔OECD, *Eutrophication of waters : Monitoring, Assessment and Control*（1982）より〕

ていて，生産を阻害する物質は含まれていない．このような湖を調和型湖沼と呼んでいる．通常の貧栄養湖や富栄養湖は調和型湖沼である．

　これに対して，湖水に溶けている化学成分の組成が生物の必要とするものと一致せず，生産を阻害するような物質が含まれている場合がある．このような湖では，生物生産はある種の特殊な生物に偏ってくる．このような湖を非調和型湖沼と呼び，その代表的なものを次に述べる．

腐植栄養湖：湖水には泥炭などから供給される腐植質に富み，pH 4〜pH 5 くらいの酸性を示す場合が多い．水色が褐色をしていることが多く，栄養塩に乏しいため，大型水生植物が発達することもあるが，全体として生物生産は低い．高緯度地方や海抜

高度の高い山地に広くみられ，特に泥炭地やミズゴケ湿原に多い．日本では，北海道各地のほか，八甲田山（青森県），霧ヶ峰（長野県），尾瀬ヶ原（群馬県・福島県・新潟県）などの湿原の池塘(ちとう)が代表的なものである．

酸栄養湖：欧米で酸栄養湖という場合は，前述の腐植栄養湖の酸性を示すものであった．しかし最近は，化石燃料の多量な消費に基づく酸性雨によって形成された酸性湖（pH 4〜pH 5）が注目されている．特にノルウェー，スウェーデン，カナダなどでは，酸性雨によって魚が消失した湖が多く報告されている．酸性雨は日本各地でも観測されているが，そのために酸性化した湖沼はまだない．

日本には，火山性の強い酸性湖が多くみられ，火山性無機酸性湖と呼ばれる．以前は無機酸性湖とも呼ばれたが，この名称は現在では酸性雨による酸性湖と区別しにくくなった．火山活動に伴って，温泉などと同様に形成された硫酸，塩酸などを含むため，湖水が強い酸性を示す．現在知られている，最も強い酸性の湖は，群馬県の草津白根の湯釜（およそpH 1）であり，宮城県の潟沼（およそpH 2.5）がこれに次ぐ．潟沼には，強酸性環境に出現する付着性の珪藻類（生産者）やユスリカ（消費者）が多量にみられ，分解者も単純な生態系を形成している．恐山湖（青森県）のpHは低いが魚が生息する．

鉄栄養湖：火山性酸性湖の一種ともいえるが，鉄分を多量に含む湖で，鉄細菌が鉄（II）を鉄（III）に酸化して生育し，沿岸部が鉄の沈殿物で赤茶色をしている．磐梯山の爆裂火口にある赤泥沼などが代表的なものである．

アルカリ栄養湖：日本には存在しないが，代表的なものは，東部アフリカの大地溝帯に連なる多くの湖で，湖水中に炭酸ナトリウムを多量に含むため，pH 9〜pH 11の強いアルカリ性を示す．

このほか，水中にカルシウムを多く含む湖を石灰栄養湖と呼ぶことがある．炭酸カルシウムが多く沈積し，湖岸近くに介殻帯がみられる．これも日本にはない．

2.3 湖における炭素の循環

湖水中で行われている有機物の生産と分解の過程は，その主要成分である炭素の循環からおおまかに把握することができる．その出発点は植物プランクトンを主とした藻類の光合成作用である．最適な光条件における光合成で生産された細胞内の有機物の20〜30％は呼吸によりCO_2として，5〜15％は細胞外生成物として放出されて溶存有機物炭素に加わる．植物プランクトンが死亡すれば，分解して水中の溶存有機炭素

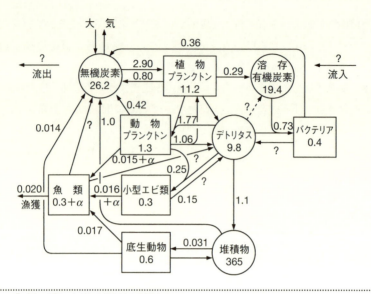

[図2-9] 霞ヶ浦における炭素の循環〔安野正之ら，国立公害研究所報告，R51-'84 (1984) より〕
単位：現存量（枠内），gC·m^{-2}；変化速度（矢印），gC·m^{-2}·day^{-1}

やデトリタス（浮遊残渣）の炭素に加わる．

植物プランクトンは，それを餌にする動物プランクトンが多く存在すれば，捕食されて減少する．動物プランクトンに捕食された炭素は，一部は動物プランクトンの生体構成分となり，一部は呼吸により二酸化炭素として放出され，さらに排出物として懸濁・溶存有機炭素に加わる．糞は懸濁有機物であるが，鉛直方向に急速に沈降するフラックスとして重視されている．

懸濁有機物はバクテリアにより分解され，溶存有機物を経て，一部は無機化され二酸化炭素になる．バクテリアの生体は原生動物，小型の動物プランクトンなどに捕食されて食物連鎖に加わる．

懸濁有機物と湖底に堆積した有機物は，底生動物に捕食され，一部は水中に溶存有機炭素化合物や二酸化炭素として回帰する．図2-9は，霞ヶ浦における炭素循環をまとめたものである．このような循環の過程は，炭素ばかりではなく窒素やリンでもほぼ同様であるが，それぞれの元素の特性に応じて細かい経路は異なる．

2.4 物質循環系の実験的解析

　湖の生態系を構成している生物群集と無機環境との関係，生物群集の個々の生物種の間の関係，生態系の物質循環，そして，現在大きな社会問題となっている人為的富栄養化などを研究していくために，これまで主に2つの方法が使われてきた．

　第一は，第1章で述べた野外における自然観察である．これは大変な時間と手間がかかる．

　第二は，問題となる現象を実験室でできるだけ単純な系として再現し，それを解析していくことである．しかし，野外の現象には同時に多くの因子が働くため，その解析は難しく，一方で，実験室で得た結果を野外で検証することも容易ではない．

　そこで考え出されたのが，湖の一部をプラスチックシートなどで囲い込み，そのなかの環境変化と生物活動を詳しく調べ，解析する方法である．通常，水域の研究の場合には，その容積は$1\,m^3$以上のものを使い，中規模の宇宙という意味で，メソコスムと呼ばれている．これは，ミクロコスム（フラスコ内での微生物の実験系など）に対応した言葉であり，環境条件をできるだけ自然に近く保って実験することを目的にしている．この研究方法は，現在世界でしばしば利用され，成果をあげている．

　最も代表的な例は，人為的富栄養化による水質汚濁の解析のため，メソコスムのなかに天然の湖水を入れ，それに窒素，リンなどの栄養塩を加え，藻類の増殖ならびに水質の変化を追跡する実験である．また農薬の影響なども試みられる．

　1985～1987年に諏訪湖で実施されたメソコスム実験の場合は，魚類を入れることを考えたため，大きな容積が必要となり，$100\,m^3$のメソコスムを6個使用して，それぞれの条件を変えて比較実験が行われた．例えば，遮光ネットを使って太陽光を制限し，植物プランクトンの生産量を低下させると，生態系内のほかの構成生物にどのような影響を与えるかが研究された．

　その結果，光を1％に低下させたときの植物プランクトンの生産への影響は，10％に低下させたときに比べて明らかに大きかった．しかし，植物プランクトンの生産の減少に比べ，動物プランクトンの生産への影響は低く，バクテリアの生産への影響はさらに小さかった．また，4月に孵化して間もないワカサギの子魚を入れ，その成長に伴い，餌となる生物が小さなワムシからミジンコ，ユスリカ幼虫と変わっていくにつれて，水中の他の生物へのどのような波及効果があるのかを調べた（図2-6）．この実験によると，興味深いことに諏訪湖で毎年夏季になると大発生するらん藻類のアオコ（ミクロキスティス）が，ワカサギを入れた場合には，湖水中と同様に著しく増殖

したが，ワカサギを入れないメソコスムでは増えなかった．

しかし，メソコスムによる実験条件は，いろいろな点で自然の湖水中の条件とは異なっている．そのちがいを十分考慮に入れ，メソコスムをうまく活用し，湖水中の現象を解析していくことが重要である．

2.5 湖におけるエネルギーの流れ

湖沼生態系は，水生生物が関与する物質循環とそれに伴うエネルギーの流れがある．そのエネルギーの源は太陽エネルギーである．湖沼生態系におけるエネルギーの流れのはじまりは，このエネルギーを湖沼の有光層で光合成植物などが固定することである．

例えば，湖におけるエネルギーの流れの模式図にみられるように（**図2-10**），アメリカ合衆国・メンドータ湖においてエネルギーの流れを測定した結果は，太陽エネルギーの0.4％がメンドータ湖の植物プランクトンや水草などの基礎生産者の光合成作用に伴って流れていた．これら水生植物が太陽エネルギーを固定したエネルギーの8.7％が，植物食のミジンコなどの動物プランクトンや魚類等の一次消費者に流れていた．そして，一次消費者が固定したエネルギーの5.5％が，一次消費者を食べる動物プランクトンなどや魚類等の二次消費者に流れていた．さらに，二次消費者の13.0％が，二次消費者の水生動物を食べる鳥類等の三次消費者に流れていた．

メンドータ湖で得られたエネルギーの流れのピラミッドは，太陽エネルギーの水生生物によるエネルギー固定を除けば，**図2-5**にみられた諏訪湖の生物量のピラミッド（生態的ピラミッド）と類似しており，第三次消費者を1とすると，第二次消費者は第三次消費者の約10倍，第一次消費者は第三次消費者の約100倍，そして基礎生産者（植物生産者）は第三次消費者の約1,000倍におよそなる．このように，自然界における「食う・食われる」の命の継承のしくみが，10倍，10倍の法則で成り立っていることはきわめて興味深い．

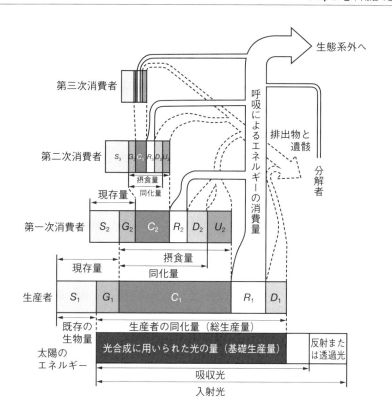

[図2-10] 湖沼生態系における生態的ピラミッドとエネルギーの流れ

〔生物図表, 浜島書店（2002）より一部改変〕

栄養段階が上がるにしたがい成長量（G）に対する呼吸量（R）の割合（R/G）が増加する．捕食に多くのエネルギーを消費するため，利用可能なエネルギーが減少する．普通，栄養段階の高い生物は低い生物よりもエネルギー効率（ある意味での生産効率）が高い．

Chapter 3 湖の成因と湖盆形態の特性

3.1 成因と湖盆形態

　湖沼の成因によって湖盆形態が異なるばかりか，湖沼の生態系を構成する生物群集と物質循環やエネルギーの流れにまで影響を受ける．湖沼の特性と遷移の過程は，その成因によって大きく支配されている．湖沼は，自然に形成されたものと，人工的につくられたものに分けられる．しかし，自然の湖沼も，近年は人為的影響が大きくなり，その特性が著しくゆがめられている場合が多い．

　自然の湖沼の成因は3つに大別される（表3-1）．第一は火山活動や構造運動によるもの，第二は侵食作用や堆積作用によるもの，第三は生物活動によるものである．しかし，湖の形成にはいろいろな作用がかかわっていることが多く，どれを主要な成因とみるかで表現も異なってくる．例えば，滋賀県の琵琶湖はかつて断層湖とされていたが，断層作用を主な成因としないで構造湖としている．箱根の芦ノ湖もカルデラ湖とされていたが，地理学研究者は堰止湖としている．湖盆のくぼみができた原因よりも，河川がせき止められて水がたまった原因を優先して考えるためである．詳しい

[表3-1] 湖沼の成因

湖沼の成因は火山活動や構造運動によるもの，堆積作用や（氷河，風，溶食による）侵食作用によるもの，生物活動によるもの，そして人間がつくったものに大別される．

火山活動による湖（火山湖） 構造運動による湖（構造湖）	カルデラ湖，火口湖，マール 褶曲湖，断層湖，構造湖
堆積作用による湖（堰塞湖など） 氷河作用による湖（氷成湖） 風の作用による湖（風食湖） 岩石・土壌を雨水・地下水が溶かした湖	三日月湖，内湖，海跡湖，堰止湖 氷河湖，フィヨルド湖 パン，風食湖 石灰湖，溶食湖
生物作用による湖	ビーバー湖，池塘
人工湖	ダム湖，ため池

形成の過程がわかっていない場合も少なくない．

A. 火山活動による湖

日本の湖沼を最も特徴づけているのは，火山活動によりつくられた湖である．湖ができるためには地表にくぼ地が形成されなければならない．火山活動はこのようなくぼ地をつくりやすい．火山活動によってできた湖には，爆発あるいはそれに伴う構造運動でできたカルデラ湖，火口湖，マール（1回だけの爆発によってできた火口に水がたまったもの），熔岩や泥流によって河谷がせき止められてつくられた堰止湖，泥流の表面にできるくぼ地の湖などがある．

日本には十数個のカルデラ湖がある．カルデラ湖の湖盆は鍋状で，湖岸から急に深くなり，湖底は平坦で広いのが大きな特徴である．日本の深湖のうち栃木県の中禅寺湖と山梨県の本栖湖（いずれも火山堰止湖），琵琶湖（構造湖）を除くとカルデラ湖である．そのなかで最も深いのは秋田県の田沢湖（図3-1）で，面積26 km^2，最大水深は423 mあり，湖底は海面下174 mに達する（海面下にある湖底を潜窪と呼ぶ）．カルデラ湖の湖底に火山が噴出して火山錐を形成している場合もある．例えば，田沢湖には，水面下30 mと250 mに2つの火山の山頂がある．

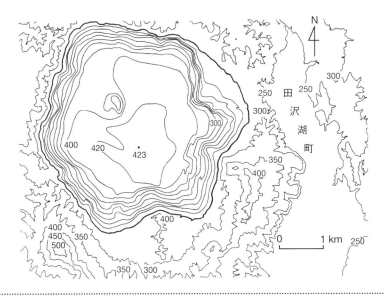

［図3-1］**カルデラ湖（田沢湖）**
日本で最も深い湖で，湖岸から急に深くなり，湖底に2つの火山がある．

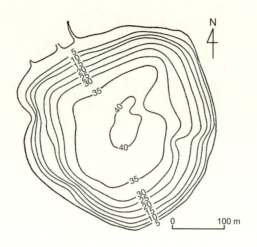

[図3-2] 火口湖（蔵王山の御釜）
火山活動のため，しばしば湖の形状と深度が変わる．近年の最大深度は24 m，pH 3の強酸性の湖である．

このように，カルデラ湖は水深が特に大きいとともに，湖面の面積に比べて集水域が狭く，流入する水と栄養物質などの量が少ないという特徴がある．このため，湖底への堆積作用が小さく，湖盆の形態が長期間変化しないで保存される．また，生物生産が低いため，透明度の大きな貧栄養湖であることが多い．代表的なものが北海道の摩周湖（19 km^2，212 m）で，かつて世界第一の透明度（41.6 m，1931年）が記録されたことがある．

山頂付近にある火口湖は深そうにみえるが意外に浅い．宮城県の蔵王山の御釜（図3-2）の最大水深40 m（1931年）（近年は0.07 km^2，24 m），草津白根（群馬県）山頂の湯釜の40 m（1982年）（近年は0.04 km^2，35 m）の記録のほかは10 m前後のものが多い．周囲の湖岸が急で崩れやすく，火山自体が噴出物の礫や熔岩でできているので，水を通しやすいためと考えられる．一方，山麓にある火口湖には深いものがあり，霧島山の御池（宮崎県）は94 m，男鹿半島の一の目潟（秋田県）は42 mある．蔵王の御釜や草津白根の湯釜のように，現在も活動が続いている火口湖は，しばしば爆発によって湖盆の形状が変化する．

これに対して熔岩流や泥流による堰止湖は，川の侵食堆積作用を直接受けるので短命である．現在残っている堰止湖は中禅寺湖（12 km^2，163 m）（図3-3），本栖湖（4.8 km^2，122 m），北海道の然別湖（3.4 km^2，99 m）のように深い湖か，1888年の磐梯山（福島県）の活動でせき止められてできた檜原湖（11 km^2，31 m），小野川湖

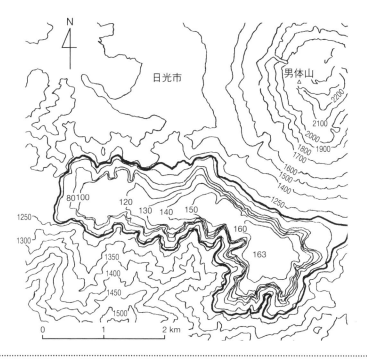

[図3-3] 火山性堰止湖（中禅寺湖）
水深が大きく，典型的な貧栄養湖．

(1.4 km², 21 m)，秋元湖（3.9 km²，33 m）のように形成年代の新しい湖が多い．異様な色で知られる磐梯五色沼は，このときの泥流の表面のくぼ地に水がたまったものである．

B．構造運動，堆積作用などによる湖

　世界の大きな深湖の大部分は，その形成に褶曲運動や断層運動が大きな役割を果たしており，これらを総称して構造湖と呼ぶ．起源が古く古代湖といわれるものがいくつかある．世界で最も古い湖は，2,500〜3,000万年前に誕生したロシアのバイカル湖（31,500 km²，1,620 m で世界最深）であり，湖にはおよそ2,900種の固有種の水生生物が生息している．日本で最も古い湖は琵琶湖（669 km²，104 m）である．琵琶湖は約40万年前に誕生したとされ，60種ほどの固有種が生息している．この湖の成因に関係したとされる古琵琶湖の誕生は約400万年前にさかのぼる．宍道湖（島根県）（79 km²，6 m），中海（島根県，鳥取県）（87 km²，8 m），水月湖（福井県）（4.2 km²，

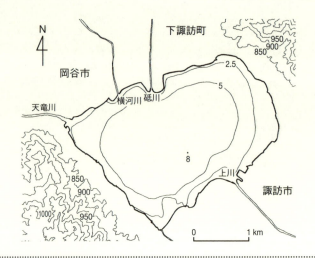

[図3-4] **構造湖（諏訪湖）**
糸魚川-静岡構造線上に位置する断層湖。堆積作用を受け，現在は浅く，代表的な富栄養湖である．

34 m）なども構造湖である．長野県の青木湖（1.9 km^2，58 m），中綱湖（0.14 km^2，12 m），木崎湖（1.4 km^2，29 m），諏訪湖（13 km^2，6 m）（図3-4）は，いずれも本州を南北に縦断する糸魚川-静岡構造線上に位置する湖である．しかし，現在は，青木湖，中綱湖，木崎湖の3つの湖（仁科三湖）の成因は，扇状地の形成による堰止湖とされている．

河川の蛇行によって河川が短絡され，残った部分が三日月湖となることはよく知られている．三日月湖は一般に浅い．しかし，洪水のときに堤防が切れ，流出する水の勢いによって掘り下げられてできたもの（落堀などと呼ばれる）は小さいが深い．利根川中流域の中沼は深さ13 m（面積0.01 km^2）もあり，東京付近で深い小湖として，しばしば湖沼学の研究に使われている．また，河川の本流か支流のいずれかの運搬物質が他よりも多いと，その流れをふさいで湖をつくる．手賀沼（4.1 km^2，3 m），印旛沼（8.9 km^2，2 m）（ともに千葉県）などは利根川の堆積物が支谷の口をふさいでつくったものである．このような平地に形成された湖沼は一般に浅く，また集水域の人間活動が活発なために栄養物質の流入が多く，著しい富栄養湖が多い．

日本は豪雨や地震が頻発するため，山崩れや地滑りによる堰止湖が多い．しかし大きいものは短命で，現存するものはたいてい小湖である．この種の湖は山形県，新潟県，長野県などの第三紀層のやわらかい堆積岩地域に多い．1847年の善光寺地震で起きた山崩れは犀川をせき止め，長さ28 km，幅4 km，深さ40 mの湖を形成した．

この湖は19日目に決壊して消滅したが，長野市南西部の丘陵に柳久保池（0.07 km^2, 38 m），涌池（0.02 km^2, 11 m）などの小湖が残った．神奈川県秦野市の震生湖（0.02 km^2, 10 m）は1923年の関東大地震のときにできた．

　潟または潟湖として分類されている海岸の湖は，海水を含むため淡水湖や塩湖に対して汽水湖と呼ばれている．汽水湖の多くは，海の沿岸域の一部が砂州によって切りはなされたもので，成因的には海跡湖である．海水が混入した原因は，もとの海水に湖水が入った場合，砂州が自然に，または人工的に切れたり，高潮により，あるいは砂州を通して海水が浸入したりするなど，さまざまである．潟湖のなかには，汽水湖から淡水湖へ，そして，また汽水湖へと変化の歴史をくり返している湖もある．なお，現在，宍道湖には海水を多く含む汽水湖中海の水が大橋川を通して多量に入ってくるが，これは1931年に洪水対策のために大橋川の浚渫が行われた結果である．

　日本の大きな湖には汽水湖が多い．特に北海道と本州の東北と日本海側に多い．関東以西の太平洋側には浜名湖（静岡県）（65 km^2, 17 m）以外には大きなものはない．また，日本の主な汽水湖の分布は砂丘帯の分布とよく一致している．これは砂丘の形成条件と砂州の形成条件とが似ているからである．最も湖面積が大きな汽水湖は北海道のサロマ湖（150 km^2, 20 m）である．日本の汽水湖は明らかに完新世の海進の産物である．最終氷期が終わり，海の水位が上昇して海水が陸地に浸入して内湾を形成し（最高海水準は5,000～7,000年前の3～7 m上昇），やがて砂州によって外海と隔離された潟が形成された．北海道のサロマ湖，能取湖（58 km^2, 21 m），網走湖（33 km^2, 17 m）は4,000年前に汽水湖の時代がはじまったとされている．

　かつて内湾の一部であったが，堆積作用が進んで内陸に孤立し，淡水湖になった湖もある．霞ヶ浦（168 km^2, 7 m）や北浦（34 km^2, 10 m）も昔の入江の出口が利根川の堆積物でふさがれ，一方で北西方向への地盤の沈降が湖の奥部の深度を深めた．釧路の北にある塘路湖（6.4 km^2, 7 m）も，霞ヶ浦とともにかつてそこが汽水域だったことを示すイサザアミが生息している．浜名湖も海側が浅く，内陸に向かって深くなる．これは内陸側が沈降し，そのために海水が浸入し，後の湾口が砂州でふさがれたものと考えられている．

　福井県の水月湖や鹿児島県上甑島の貝池（0.16 km^2, 12 m）などは，流入した海水が深層にたまり，その上に淡水がのった汽水湖である．上層と下層の湖水の密度の著しいちがいのために年間を通して全層の鉛直混合は起こらず，深層の塩分の高い水は半永久的に停滞している．このため深層水は無酸素状態になり，海水を由来とした深層水中の硫酸イオンが還元されて多量の硫化水素が含まれている．このような湖を

部分循環湖と呼ばれ，水温の成層，化学成分の成層，一次生産，物質循環などにおいて特殊な性状を示すことが知られている．

C．その他の成因による湖

人間以外の生物活動によってつくられた湖としては，尾瀬ヶ原や霧ヶ峰などの高層湿原の池塘がある．そこではミズゴケが一面に生育し，その遺骸は分解が遅いために泥炭となって上へ上へと堆積し，盛り上がった地形となる．しかし，何らかの理由で水たまりができると，その部分ではミズゴケが生育せず，その周囲が次第に高くなっていくために池がつくられる．高層湿原の池塘は，栄養塩が主に水面への降水のみによって供給されるため，きわめて貧栄養的な条件にある．川幅が狭く流速が緩やかな河川などでは，水生植物が繁茂し，動物が営巣のため塞ぎ止め形態の小湖がみられることがある．ビーバー湖は，ビーバーが営巣のために小木などで川谷を埋めてできた堰塞湖（堰止湖）である．

湖の成因で世界的にはきわめて重要だが，日本ではほとんど問題にならないものがある．氷河の作用がそのひとつで，北ヨーロッパ，南北アメリカ，その他高山などに存在するが，日本では北海道や北アルプスの山頂付近の圏谷（カール）の底にある小湖を除くと，氷河による湖は存在しない．もうひとつは永久凍土に関係したもので，シベリア，アラスカ，カナダ北部に分布する無数の小湖がこれである．

乾燥地域のステップ，半砂漠，砂漠には風などの作用によってできたくぼ地や風成堆積物上のくぼ地に水をたたえた湖が多い．ブラジル・マラニヨン州にあるレンソイス砂丘湖群も主に風成作用によっている．日本では小規模な砂丘湖が新潟などでみられる．石灰岩地域で，雨水が石灰岩を溶かしてつくったくぼ地に湛水してできた湖（溶食湖）が中国雲南省の昆明付近やユーゴスラビアのアドリア海沿岸などに多くみられるが，日本では小規模なものが沖縄にあるのみである．

D．人工の湖沼

人工の湖沼といっても，公園などの池から，灌漑用のため池，上水道や水力発電などのためのダム湖（貯水池）までさまざまである．特に近年，水陸移行帯の治水と水資源確保の利水目的で各河川に多くの人造ダムが建設された．

日本の河川では出水時の埋積作用が大きいから，ダムが建設されてからわずか20〜30年で著しく浅くなってしまったダム湖の例も少なくない．また，ダム湖は利水による水位の変動が著しい．

自然湖沼の多くも，人為的に水位が調節されていることを湖沼の研究で留意しておく必要がある．例えば，日本の琵琶湖や諏訪湖などや，ロシアのバイカル湖など世界の湖の多くは，治水などのため流出河川で湖の水位操作が行われている．その極端な湖の例が青木湖で，水力発電のために冬季の水位は大きく低下し，天然湖沼の生態系は維持できない．

3.2 湖盆形態の変化

湖沼は誕生してから，1.2 節で述べたように自然的富栄養化の遷移過程で湖の一生を閉じる．（図1-1（4ページ））．現存する湖は，波や流入河川の侵食ならびに堆積作用で湖盆は次第に変化していき，その結果としてできた湖盆の形態は**図3-5**のような断面をしている．

A. 湖棚と湖底平原

多くの湖沼では，湖岸に沿って浅い湖底が広がっている．海洋の大陸棚に相当するもので湖棚（こほう）と呼ばれる．小湖では数mの幅しかないが，琵琶湖や網走湖ではおよそ1kmもあって，底曳き網や定置網などの漁法が行われる．湖棚は波浪で岸の一部が侵食され，その土砂が波の引くときや湖流によって湖中に運ばれ，堆積して平坦になったものである．水位が一定で，波や流れが強く，湖岸が緩やかで地質がもろい湖によく発達する．風上よりも風下の湖岸により広くて深い湖棚が発達する．

湖棚から沖に向かって急に深くなる．これが湖棚崖で，傾斜が30°にも及ぶことがある．湖棚崖から沖の湖底は，もとの湖底に凹凸があっても堆積物でおおわれて平坦

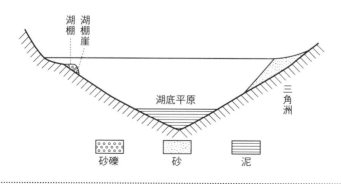

[図3-5] **湖底の地形**〔吉村信吉，湖沼学，三省堂（1937）を一部改変〕

になっている．これが湖底平原である．

B. 三角州，砂嘴，澪

　河川から運ばれてきた土砂が河口付近に堆積して三角形の州をつくる．琵琶湖の安曇川と野州川，宍道湖の斐伊川などがその例である．三角州（デルタ）は一般に土地が肥沃で湿潤なため，水田化されている場合が多い．

　海の沿岸と同様に，岸沿いの流れが岬の先端などにつくる砂礫の突堤を砂嘴という．これは，さらに入江の口を横切って内湖をつくることがある．山中湖（山梨県）や琵琶湖の内湖などがこの例だが，水深は浅く，水生植物が繁茂し，魚の産卵と生育の場となる．日本の内湖の多くは干拓されて少なくなったが，内湖は前述の生態機能のほかに水質浄化，治水・利水，観光，景観，そして水産機能など多くの機能を有する場であるため，内湖の存在の重要性が認識され，これを復元・保全させる機運が高まっている．

　湖流の強い場所，岬の先端および湖と湖を結ぶ水路などは，湖底が侵食されて深く細長い溝になっている．これを澪と呼ぶ．三方五湖の三方湖の水が水月湖へ流れ出る部分がその例で，三方湖の最深部はこの澪の部分である．

Chapter 4 湖水の水理

　地面の大きなくぼみを水が満たして湖沼ができる．湖沼への水の出入り，風などによって起こされる水面のゆれ，波，流れなどの水の動きは，陸上と異なる特異な環境をつくり出している．

4.1 湖水の水収支

A．主な水の出入り

　湖沼はひとつの半ば閉ざされた系としてとり扱われることが多いが，特に水の出入り，いわゆる水収支の立場からみるとき，湖沼は地球上における水循環の一過程を演じる容器として考えなければならない．湖水の主な水収支は，湖面への降水と湖面からの蒸発，河川の流入と流出，地下水としての湧出と漏出，そして人間活動に伴う発電，水道，灌漑などへの取水と排水がある．

　湖面降水量は降水量から求める．湖面蒸発量は，温帯では一般に湖面降水量の1/3から1/2に達することが多いが，この値は観測資料または定式から求められる．便宜的に河川からの流入量を推定する間接的方法として，全集水域からの蒸発散量（土壌面からの蒸発と，そこに生育している植物が放出する蒸散との合計）を推定し，それを降水量から差し引いた値を流入量とみなすことができる．

　ここで問題になるのは蒸発散量である．例えば，霞ヶ浦流域での蒸発散量は，年間約700 mmと推定されている．地下水の出入り量は最も推定が困難な数値である．一般に平野の湖沼では地下水の役割は小さいが，山地の湖沼では大きな役割を果たしている．各種の取水量は用水者によって記録されているが，灌漑用水については実態を把握しにくい．図4-1は霞ヶ浦の年間の水収支を求めた例である．

B．各種の湖における水収支

　湖水の供給源としては，集水域からの表面流出や地下水による流入量が大きいが，カルデラ湖や火口湖のように集水域の面積が湖面の面積に対して小さいときには，湖

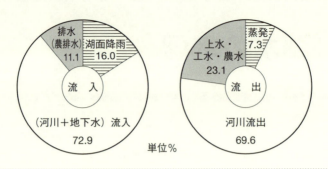

[図4-1] 霞ヶ浦における年間の水収支
〔村岡浩爾, 国立公害研究所発表予稿集, SS OT-4, 80 (1981) より〕

面への直接の降水量が全供給量のなかで大きな比率を占める．また乾燥地域では集水域内での蒸発散量が大きく，湖沼への流入量が著しく減少するため，直接の降雨が湖水の供給源として重要な場合がある．例えば，赤道直下のビクトリア湖では，湖面への降水量と流入量の比が2.3：1である．湖盆の成因に火山活動が関係している湖では，湖底や湖岸付近に地下水が湧出している場合が多く，日光の湯ノ湖では湖水の全供給量の約90％が地下水による．

湖盆からの水の消失は，湖面蒸発，河川流出，地下水としての漏出による．熱帯の乾燥した地域では蒸発量が大きく，湖沼への水の供給は河川に大きく依存していることが多い．例えば，アフリカ東部のタンガニーカ湖は，湖面への年間降水量950 mmに対して湖面からの蒸発量は1,500 mmに達する．

火山地域に分布する火口湖やカルデラ湖には，流入・流出河川がいずれもない，いわゆる閉塞湖が多い．地上に流出河川をもたない閉塞湖では，地下水として入ってくる水量が多くなると水位が上がり，同時に地下水としての漏水量も増加する．そして，水が低下すれば漏水は減少する．このように，その水位は微妙なバランスの上に成り立っており，湖水位の変動は小さい．

4.2 湖水の滞留と交換

湖水の平均滞留時間は，湖の貯水量（容積）を総流入（または総流出）速度で割った値として求められる．しかし，湖が小さくて浅く，地形も単純な場合でなければ，この時間ですべての湖水が入れ替わるわけではない．実際には流れ込んだ水のある部分は湖水中に長時間とどまり，ある部分はより短時間に流れ出てしまうと考えてよい．

湖岸線の出入りが複雑なら，中央の主要な流路となる部分と水が停滞しがちな湾入部とでちがいができる．また，表層水の滞留時間が深層水のそれの1/10以下になることも珍しくない．深い湖で，夏の成層期に流入してきた河川水は，湖水中の河川水と同じ水温の深さまで潜り込み，その層を出口に向かって流れる．

一般に，淡水湖の水の密度は主に水温によって支配されるが，洪水などにより密度の大きい濁流が流入したときは，河口から密度流として湖底に沿って深部に流れ込むことが琵琶湖などで観察されている．

近年，水質汚濁の問題に関係して，湖水の滞留時間が重視されるようになった．湖沼の水の出入りの速さは，湖沼の植物プランクトンの増殖に2つの面から関係してくる．ひとつは，植物プランクトンが十分に増殖する時間があるかどうかである．例えば，湖に栄養塩が流れ込んできても，湖水の交換速度が速く（湖での滞留時間が短く），植物プランクトンが十分生育しないうちに湖から流出してしまえば，植物プランクトン量は少なく一次生産は低い．反対に湖水の交換速度が非常に遅く，植物プランクトンが十分増殖した後も湖水が交換されないと，植物プランクトンは水中の栄養塩を使い果たして生育は低下する．すなわち，一次生産は低下する．したがって，湖水の交換速度が適当であるとき植物プランクトン量は最大になり，一次生産が最も高くなる．植物プランクトンが十分増殖するのに要する期間は，水温などにより異なるが，夏季でおよそ1週間，冬季で2週間程度と考えてよい．

表4-1に示すように，日本の湖沼の滞留時間（交換速度）は，長いものは50年にも達し，短いものは半月程度にすぎない．ダム湖の滞留時間はさらに短い．例えば，日本のダム湖のなかで滞留時間が1年以上のものは数湖だけであり，0.2～0.5年が約10湖，ほかはそれ以下である．なお，これらの値はあくまでも平均値である．また，諏訪湖の湖水の滞留時間は表4-1によると1か月あまりであるが，豪雨が降ると，湖水中の植物プランクトンの大部分が流されてしまい，それまでアオコで濁っていた水が一度に澄んでしまうこともある．

湖に流入してきた河川水が，その量だけ湖水を追い出すのではなく，河川水と湖水の混合水が流出する．したがって，湖の総水量を流出量で割っただけの滞留時間内に湖水が全部入れ替わるわけではなく，もとの湖水が指数関数的に減少する．表4-1は，このような考えから，いわゆる「ところてん方式」で計算した湖水の滞留時間（交換速度）である．湖水が，雨水，地下水および集水域河川水から湖沼へ流入される水により希釈されるとして「希釈方式」で計算した場合は，湖水の滞留時間はかなり長くなる．例えば，琵琶湖の湖水は，ところてん方式で計算すると約5年間で湖水は完全

[表4-1] 日本の湖沼の湖水の滞留時間あるいは交換速度

湖　沼	容積（×10^6 m^3）	平均水深（m）	滞留時間（年）
池田湖	1,300	120.0	53.0
屈斜路湖	2,200	28.4	(12.0)
洞爺湖	8,200	117.8	(9.3)
十和田湖	4,190	71.0	8.5
田沢湖	7,200	280.0	7.9
中禅寺湖	1,100	94.7	6.5
本栖湖	320	49.0	6.5
琵琶湖	27,500	41.2	4.85
阿寒湖	210	17.8	1.2
野尻湖	25.6	5.6	1.01
桧原湖	128	12.0	0.87
沼沢沼	85	27.0	0.84
霞ヶ浦	800	4.0	0.70
大沼	32.8	6.4	0.60
湖山池	19	2.8	0.24
宍道湖	344	4.2	0.24
中海	533	5.5	0.16
網走湖	233	7.2	0.15
諏訪湖	64	4.6	0.12
湯ノ湖	1.7	5.2	(0.11)
秋元湖	32.8	9.9	0.09
河北潟	14.7	1.8	0.057
印旛沼	19.7	1.5	0.044

〔環境庁（1980）より一部改変〕

に入れ替わることになるが，希釈方式で計算すると琵琶湖水の95％が19年で入れ替わることになる．したがって，**表4-2**に示すように，琵琶湖の湖水の平均滞留時間とされる5年が経っても39％の水は残っており，湖水をひとたび汚濁させてしまうと，その回復は容易ではないことがわかる．いいかえれば，汚れにくい湖（滞留時間の長い湖）ほど湖の汚濁回復が困難であることを意味している．なお，湖水の滞留時間は，湖水の鉛直循環の季節変化や湖盆形態，そして人間活動による利水状況により変動する．

[表4-2] 琵琶湖の湖水の残留率

経過時間（年）	0	5	10	15	20
残留率（%）	100	39	15	5.9	2.3
残留量（億t）	275	107	42	16	6

〔岡本 巌，びわ湖ノート，人文書院（1992）より〕

4.3 湖水面の変化

A. 波

　海洋と異なり，湖沼では月の引力の影響で生じる潮汐は，バイカル湖のような広大な湖を除けば小さいので無視できる．風による波の流れやその乱れなどへの影響は，一般に波長の1/2の深さまで到達すると考えられている．風波は，吹送距離が長いほど，また吹送時間が長くなるほど高くなる．したがって，風上の岸近くでは湖面にさざ波が立っているくらいでも，風下のほうでは小舟では危険なほどの大波になることが琵琶湖などでしばしば経験されている．諏訪湖では，春と秋には北西風が，夏は南西風が卓越する．そして，午前中弱く午後に強く吹く（平均して毎秒2～3 m）．月に数日は毎秒10 m以上の風で，波長6～7 mの波が立ち，湖底付近まで全層の水が混合される．

B. 湖水の静振

　風による影響が波よりも大きいのは吹き寄せである．例えば，琵琶湖では，1961年9月の室戸台風のとき，南よりの強風により，琵琶湖の南端では16日14時から水位は急速に70 cm低下し，17時には80 cm低下して最低水位となった．その後は，水位は湖面の振動により変化し，19時頃に最高水位となり，最低と最高の水位差は135 cmに達した．

　一般に，湖の水面は，風，気圧の変動，豪雨，出水などで発生した水の振動（上下運動）が，その後長期にわたって継続する．このような振動を静振というが，これはレマン湖地方の漁民が，湖岸の土が一定時間ごとに乾く現象に名づけた方言「セーシュ」（フランス語で乾いたという意味）を，湖沼学の創始者であるフォーレルが用いたのが語源である．これを日本語で「静振」と訳したのは名訳である．

　湖の表面の静振（表面静振）を調べるには，湖の一方の端で，水位を自動水位計で

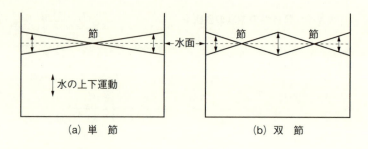

[図4-2] 表面静振の模式図

連続的に測定し，水位曲線を描かせ，振幅，周期を求める．細長い湖では，**図4-2**のような，両端に腹（振幅が最大の場所），中間に節がある単節波のある静振のほかに，中央にもうひとつの腹ができ，節の2つある双節波が生じる．また，湖の短軸のほうの両岸の間などにも静振を生じる．

琵琶湖の全域にわたる主軸方向の振動の周期は約4時間，水位の振幅は通常数cm程度であり，霞ヶ浦では140分の周期のものが卓越し，振幅は約1cmで，風の強いときには5cmくらいになる．静振は小さい湖では重要な現象ではないが，大きい湖では水位の変化を大きくし，浸水などの被害を与える場合も出てくるが，水の交換を促進させる効果もある．

C. 内部静振

湖面の静振は，湖水と，それに接する大気との間の密度が大きく異なることにより水面に生じる振動であるが，湖の水中でも密度が異なる水層の境（水温躍層，汽水湖では塩分躍層）で同様な定常波がみられる．ガラスの容器中に油と水を入れ，それぞれを異なった色で着色しておくと，その境界面がゆっくりと大きく振動する玩具がある．それと同様に，**図4-3**に示した琵琶湖の例のように，強い風が長時間吹いた後は，水温躍層も傾斜し，これがきっかけとなって長周期の振動が起こる．この振動は，表面の静振に比べると上層と下層の密度差が小さく復元力が弱いので，周期が数時間から数日と長く，振幅（深度の変化）も数mから十数mにも及ぶ．これが**図4-4**に示す内部静振である．

水温躍層の深さの時間的変化から求めた内部静振の測定例を**表4-3**に示す．琵琶湖では内部静振に伴って，しばしば毎秒10cm，ときには20cmに及ぶ流れが観測されている．中禅寺湖では，いったん風によって内部静振が生じると，数日間振動が続く．

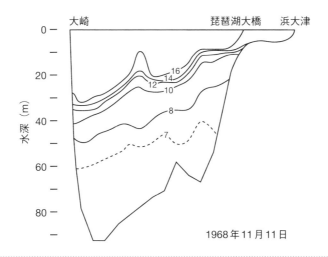

[図4-3] 琵琶湖における，強い南風で生じた水温の傾斜

〔岡本　巖，びわ湖調査ノート，人文書院（1992）より〕

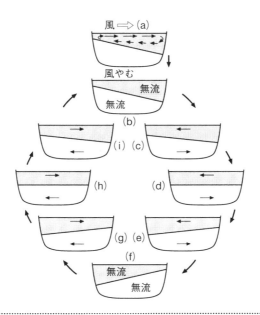

[図4-4] 内部静振の模式図

[表4-3] 内部静振の測定例

湖	湖の長さ	湖の幅	湖の深度	振動周期	振幅	観測者
ネ ス 湖	38.6 km	1.5 km	230 m	14日	18 m	ウェダーバーン (1907)
琵 琶 湖	68.0 km	22.6 km	104 m	約43時間	約10 m	岡本 (1971)
中禅寺湖	7.0 km	3.7 km	163 m	14～16時間	約5 m	村岡 (1984)

その際，東西の湖岸の近くで水粒子の5 mの鉛直往復流，湖心部では500 mの水平往復流が発生し，水温躍層付近では同じ周期で水温が5～6℃変わることがある．

内部静振には，コリオリの力（偏向力：地球自転の効果）の影響があることが知られている．例えば，琵琶湖北湖の内部静振がコリオリの力の影響を受けて，振動面が反時計回りに回転することが数値実験で求められている．

富栄養湖で夏季に深水層に低酸素あるいは無酸素層が形成されている場合，強風などで生じた内部静振により，あるいは表水層の水が一方の湖岸に吹き寄せられたため，反対側では深層水が上昇し，魚が硫化水素あるいは溶存酸素欠乏のために斃死することがある．海で青潮または苦潮と呼ばれている現象である．

4.4 湖水の流れ

A. 湖流発生の要因と湖流が物質分布へ及ぼす影響

湖水の流れは，風，河川水の流入・流出，水の密度差などで起こり，同じ場所でも，絶えず水が入れ替わっている．海とつながっている汽水湖では，これに潮汐の影響が加わる．

風が吹くと波や表面水に流れが生じ，発達した流れは水平方向ばかりではなく，鉛直方向にも及ぶ．日射，放射冷却，大気との熱交換による湖面を通じての熱の出入りによって表面付近の水温が変化するため，水塊の密度差が生じて鉛直・水平方向の流れが起きる．河川水の流入・流出は，勢いのある流れをつくり，近くの湖水の水平方向の流れに影響する．

流入する河川水の水温や化学成分は湖水と異なるため，密度差による流れ（密度流）も引き起こされる．図4-5に示すように，河川水の水温が湖水の水温より高い場合は表水層に流入する．湖水の表面水温より低い場合は下層に流入し，停滞期では水温躍層のなかの同じ温度の層に流入する．流入水が多量の土砂などを含んでいる場合は，

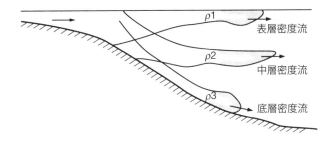

[図4-5] 河川からの流入水の密度流の型
〔村岡浩爾, 国立公害研究所発表予稿集, SS OT-4, 80 (1981) より〕

土砂などを沈降させながら湖底に沿って底層に流入していく.

琵琶湖では，湖水は南湖の南端から瀬田川を通じて流出しているから，湖水は北湖から南湖へ，さらに瀬田川へと流れていると考えがちである．しかし，琵琶湖の南湖の東岸の埋め立て工事で発生した大量の濁水は南湖全域に広がり，さらに北湖へも波及して，まもなく北湖全域に広がった．この事件は，南湖から北湖への流れも存在し，溶存物質や懸濁物質が湖水とともに遠方に輸送される事実を示している．南湖と北湖の水の交換に関しては，いくつかの結果からも新しい知見が得られた．

湖流は物質を拡散させるばかりではなく，特異な収斂（ラングミュアー渦など）がみられる場では，逆に物質を集積させる役割を果たすこともある．例えば，琵琶湖では，松林から風で散った花粉が湖流により湖面に集積して連なるなど，この現象が淡水赤潮の発生にも関係している．

B. 環流

日本の湖沼で湖流が本格的に研究されたのは，琵琶湖が最初である．1925年に神戸海洋気象台が観測を実施し，北から第一，第二，第三の環流があることを指摘した．古典的な流速計により測定し，大変な手間と時間をかけて得られた成果である．1960年に漂流ビンを流した実験で，北湖の北部に反時計回りの第一環流が存在することが再確認された．さらに，同年に水温と電気伝導度の観測から，第一，第三の環流の存在が認められた．その後，反射板をつけた浮標を流してレーダーで観測し，第一環流とともに時計回りの第二環流が認められた（図4-6）．

1980年代にADCP（ドップラー効果を利用した超音波流速計）が実用化され，調査船にとりつけて移動しながら精密な流速分布を測定することが可能になった．

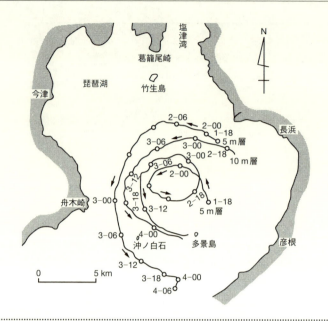

[図4-6] **第一環流の実測例** 〔遠藤修一ほか,滋賀大学教育学部紀要,37 (1987) より〕
多景島に設置したレーダーによって追跡された浮標の流跡で,数字は日-時を示す(1983年9月1日から4日).

Chapter 5 湖水中の光条件

5.1 太陽からの放射エネルギー

太陽から地球に絶えまなく注いでいる放射線（電磁波）は，地球上の生物に光と熱を与え，その生活を支えている．地表に多く達する放射線の波長の範囲は，**図5-1**のように，約300〜2,600 nmときわめて広く，紫外部から赤外部に及んでいる．このうちのおよそ400〜700 nmの範囲が人間の目に明るく感じる（人によってその範囲は異なり360〜830 nmともいわれる）可視光線で，全放射エネルギーの約1/2に相当する．可視光線より長い波長の部分が赤外線である．一方，短い波長の部分が紫外線であり，これを紫外線A（315〜380 nm），紫外線B（280〜315 nm），そして紫外線C（200

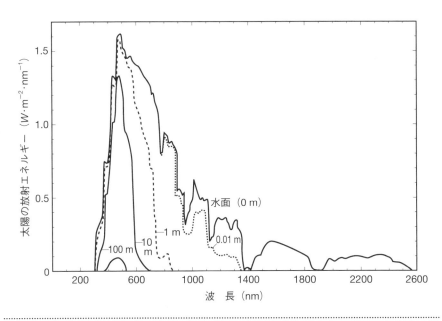

[図5-1] **地表に達した太陽放射エネルギーの波長分布と純水中に透入した場合の深度による変化**〔Jerlov, N. G., *Marine Optics*, Elsevier（1976）より〕

〜280 nm）などと分けている．地球環境問題になっているオゾン層の破壊で紫外線が地表（湖面）に到達して，植物の光合成などに影響をもたらすと懸念されているのは紫外線Bである．

5.2 光の測定

A. 放射線の総量を測定する

　光あるいは放射線の量を測定するとき，目的に応じて異なった単位が使われている．太陽から地表に達する全放射エネルギーを知ることは，湖の光と温度条件を知る基礎として重要である．通常は日射計を用いて，地表に達する全放射エネルギーを測定し，年間を通じて自記されている．1時間ごとの積算値を記録する装置も広く使われている．

　太陽からの放射エネルギーは，季節により異なり，夏至が高く冬至が低い．しかし，放射エネルギーが地表（湖面）に達する量は天候により大きく左右されるため，日本のおよそ北緯35°の地域では，月平均日射量は5月に最も高く，1日1 cm^{2}当たり約600 calである．一般に春夏の晴天の日では500 cal・cm^{-2}・day^{-1}程度で，冬季の月平均日射量は春夏の約半分（250〜300 cal・cm^{-2}・day^{-1}）である．植物が光合成に利用できる光の波長範囲はおよそ400〜700 nmで，前述の可視光線とほとんど同じ範囲の波長である．しかしそのなかで，湖水中で実際に植物の光合成に利用されている光エネルギーは0.5%以下にすぎない．

B. 肉眼への明るさとして測定する（照度）

　肉眼で見たときの明るさを測定することを目的にした光の測定方法として照度がある．照度の単位はlx（ルクス）である．1 m^{2}の面積に1ルーメンの光束が一様に分布しているときの表面の照度（1 lx＝1 lm・m^{-2}）である．

　以前は，ほかに水中の光の強さを測定するための測器がなかったため，セレニウム光電池を用いた照度計でルクスを単位として測定する場合が多く，現在でもしばしば使われている．この光電池は図5-2のように，人間の眼に近い感度特性をもっていて，550 nm付近で最も感度が高く，それより長い波長でも短い波長でも感度が低下する．一般に植物プランクトンの光合成が最も高くなる照度は約20,000 lxで，比較的明るい曇天の日の戸外の明るさと考えればよい．北海道と東北地域を除くと，日本の夏季，快晴の日の昼頃には80,000 lxを超える．

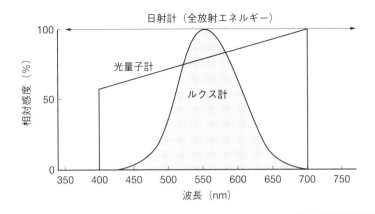

[図5-2] **各種放射照度計の相対感度曲線**
〔岸野元彰,沼岸環境調査マニュアル,Ⅱ,恒星社厚生閣（1990）より一部改変〕

C. 光合成に役立つ光の測定

　近年，植物の光合成に利用される放射量（光合成有効放射：PAR）を測定する光量子計が広く使われるようになった．この測定器で光合成に利用できる波長400～700 nmの全光量子数を測定することができる．光合成に関係した水中照度（明るさではなくエネルギーに類するため，水中光度の表現が好ましい）を測定するには，これを用いたほうがよい．実際，ルクスを測定する照度計と光量子計の波長別の感度は図5-2のように異なっているが，光合成測定の目的などで可視光線の範囲で水中の光の強さを，水面における光の強さの相対的な割合（%）として求めるときは，どちらの測器で測定しても大きなちがいはない．なお，センサーには，表面が水平のコサイン型と球形のスカラー型とがある．後者はあらゆる方向からくる光を測定でき，コサイン型の1.2倍くらいの値が得られるが，表面水の光量に対する各深度の光量を求める場合は，両者の差はほとんどない．なお，光合成に利用される放射量は，光量子（quantum・$m^{-2}\cdot sec^{-1}$）のほかに，アインシュタイン（Einst・$m^{-2}\cdot sec^{-1}$）などでも表される．

5.3 太陽光の湖水中での変化

A. 水面で反射により失われる光

　水面に達する太陽光には，太陽から直接くる光（直達日射）と青空や雲などからくる散乱光（天空放射）が含まれている．直接光の一部は太陽高度に関係して水面で反

射により失われるが，その量は朝夕の光の弱いときに大きく，日中はわずかである．散乱光の一部も反射される（平均して6％程度）．反射される量は波の状況などで異なるので，例えば，海洋では水面での反射による光の全損失量として便宜的に15％という値が用いられている．

B. 深度による光の弱まり

水中に透入した光の一部は散乱され，一部は吸収されて熱に変わり，全体とすれば，深度とともに急速に減衰する．純水で満たされた湖があると仮定した場合，表面から入った太陽の光の量を100％とすると，深さ120 mに達する光の量は，その約1％にすぎない．

太陽から地表に達する放射線は広い波長の範囲にわたっている（**図5-1**）．しかし，純水中をわずか1 cm通過するだけで1,400 nm以上の放射エネルギーのすべてと，1,000〜1,400 nmの部分の半分くらいが吸収されてしまう．深さ1 mの純水の層では赤外線のほぼすべてと，長波長のかなりの部分を含め，全放射エネルギーの53％が吸収されて熱に変わる．すなわち，太陽から湖面に達した放射エネルギーの約半分は，湖面付近で吸収されて湖水を温めるのに使われる．

水中に透入した光の弱まり方は，いわゆる指数曲線を示す．水面付近では深さとともに急激に弱くなるが，深くなるとその弱まり方が緩やかになる．これは純水中で異なった波長（色）の光が，深さとともにどのように減衰していくかを示した**図5-3**からも理解できる．この減衰の度合いは，次のランベルト・ベールの式における吸光係数（消散係数ともいう）によって決められる．

$$I_z = I_0 \, e^{-\alpha z}$$

ここでI_0とI_zは表面水（1〜10 cmの深さ）と深さz mにおける放射エネルギー量であり，eは自然対数の底，αは湖水の吸光係数であり，この式の関係は，水中に透入する各波長ごとに成立する．**図5-3**に示すように，赤外線に次いで，赤，橙，黄，緑の順に，水による吸収が減少し，青色光が最もよく透入する．純水は波長480 nmの光（青色光）を選択的に透過するガラスフィルターのようなものだとさえいわれる．青よりもさらに短波長の紫，紫外線では，水による吸収が次第に増加するが，紫外線は赤外線と異なり，意外なほどよく透過する．なお，実験の際に注意を要するのは，普通のガラスビンは紫外線を吸収してしまうが，石英ガラスは紫外線をよく透過する．

前述した吸光係数（α）には3つの因子が影響している．水自体による吸収，水中

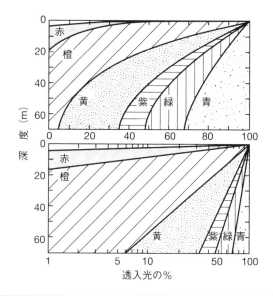

[図5-3] 純水中に透入した太陽光の，異なった波長の光の深度の増加による減衰のちがい〔Wetzel, R. G., *Limnology*（2nd ed.），Saunders College Publ（1983）より一部改変〕

透入光の強さを上図は普通の数値，下図は対数で示してある．図中の赤，橙，黄，緑，青，紫で示した波長は，およそ赤（640〜700 nm），橙（590〜640 nm），黄（550〜590 nm），緑（490〜550 nm），青（430〜490 nm），紫（380〜430 nm）である．

の懸濁物質による吸収，そして溶存物質と水の色による吸収である．透明度が30 m以上ある湖や海の波長別の光の透入は，純水中とほぼ同じ傾向を示す．

近年，水中の波長別の光量を短時間に測定できる装置が市販されており，その測定結果はそれぞれの湖の特性をよく示している．例えば，北アメリカの世界第6位の深湖，クレーター湖（最大水深610 m）では，青（430〜490 nm 中の480 nm 付近）が最もよく透入している．図5-4に示した木崎湖では緑〜黄（490〜590 nm 中の565 nm 付近）が，諏訪湖では黄（550〜590 nm 中の585 nm 付近）が最もよく透入している．

湖水中で光の減衰にどのような因子がどの程度作用しているかは，湖沼の特性は季節などにより異なるが，おおまかにいって，水分子全体が10％，溶存有機物が20％，植物プランクトンが30％，残りを懸濁物（セストン）が40％を占める．洪水時や小湖などでは陸域から負荷される外来性の無機懸濁物の寄与が大きくなる．植物プランクトンの量が異常に多いときには，これによる比率が高くなる．一方，湿原の池のよ

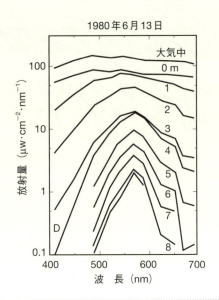

[図5-4] 木崎湖における波長別照度の深度による減衰

〔Kishino, M. et al., Limnology and Oceanography, 29（1984）より〕

うに腐植質で茶色をしている水では溶存有機物の比率が大きくなる．一般的に湖の濁りが増えるにつれて深水層への光の透過量は減少するが，同時に透入する光の波長分布は次第に長波長（赤）へ移行していく．

なお，湖沼における光の強さの変化と植物プランクトンによる光合成生産の関係は，湖沼生態系を考えるうえで重要かつ基本的であるが，これについては第10章で述べる．

5.4 透明度の測定と重要性

湖水の濁りの程度，光条件の概要を簡便に知る方法として，昔から透明度の測定が広く行われている．透明度の測定は，1865年，海軍の従軍僧であったイタリアのセッキ神父により考案された．

透明度は測定方法があまりに簡単なため，一見，頼りないようにみえる．しかし，その簡単さゆえに100年前の測定値でも現在の測定値と安心して比較できる大きな利点がある．湖の人為的富栄養化による水質汚濁の進行状況を最も明快に示してくれるのは透明度の低下である．透明度の大小と水中の懸濁物量とは逆の関係がある．降水時には集水域から供給される懸濁物の影響も受けるが，一般的には植物プランクトン

量と密接に関係している．したがって，透明度の測定値からその湖の植物プランクトンの多少，さらには貧栄養湖であるか富栄養湖であるかの見当をつけることができる．透明度は季節により変化するが，夏季に透明度が10 m以上もあるような湖は貧栄養湖であるし，2 m以下であったら富栄養湖であろう．特に同じ湖で観測を続けていると，透明度の変化と植物プランクトンの増減の関係が明瞭になる．ここで留意しておきたいことがある．透明度は水中照度の減衰と密接に関係しているため，透明度の値は湖水中の溶存有機物，植物プランクトンおよびセストン量の大小に反映される．したがって，透明度の値から植物プランクトンのおよその増減を推察することが可能であるが，同じ湖でも沿岸部と沖部といった性状の異なる水域間，あるいは異なった湖沼間（特に湿地湖沼や濁水湖沼などとの間）で，透明度の大小から植物プランクトン量を比較してはならない．

透明度の値から1日の光合成量と呼吸量が等しくなる深さ（補償深度）の見当をつけることができる．湖沼における水面直下の相対照度を100%としたとき，透明度の深さでは12〜20%（平均して15%）程度に低下する．光は水中で指数曲線を示して低下するから，透明度の2〜2.5倍の深さが相対照度の約1%に相当することを意味する．この照度は補償深度の照度に近い．具体的には，透明度が5 mあったとしたら，補償深度は10〜12 mくらいだろうと推定される．

5.5 湖水の色

湖を訪れたときに湖水の色と感じているのは，多くの場合水そのものの色だけではなく，水面に反射している空の色や，対岸の山や森の色の影響を大きく受けた結果である．晴れた日に青く，曇った日に灰色に見えるのはそのためである．本当の湖水の色（水色）は，湖面をほぼ真上から見下ろしたときの色で，舟べりや湖岸の急崖から見下ろしたときの色がこれに近い．

水色の測定には，青から黄色までの水色にはフォーレルの水色標準液とウーレの水色標準液が一般に使われている．

前述のように，澄んだ湖水は，光が選択的に吸収されて青色光が最もよく透入し，その光が水分子で散乱されて，水面により多く戻ってくるので青く見える．摩周湖のように透明度の高い湖の色が濃い青色を示すのはこのためである．海洋での「黒潮」の語源も，その濃い青色に由来する．海洋学では「青は海の砂漠」といわれる．これは，青い海はプランクトンが少なく，生物生産が低いことを示している．同じことは

湖についてもいえる．

　また，光は水中でプランクトンや粘土などの懸濁物によって散乱されるが，懸濁粒子のサイズが大きくなるほど光の選択性がなくなっていく．懸濁粒子の量が増えるにつれて，水深の浅いところで散乱されて戻ってくる光が増し，長い波長の光を多く含むようになる．よって，富栄養湖では，湖水の色は緑，黄，褐色などを示す．

　一方，湖水中の溶存有機物は可視光中の短波長の部分を選択的に吸収する．腐植質を多く含む湿原の沼や，熱帯の湖沼が褐色（コーヒー色）を示すのはこのためである．例えば，尾瀬ヶ原の池塘も腐植質により褐色を示す．

　湖水の色とは異なるが，植物プランクトンが水面付近に著しく増殖し，いわゆる"水の華"をつくり，湖面の色を変えることがある．らん藻のミクロキスティスやアナベナの大増殖によるアオコはその代表的な例であり，水面が緑の絨毯でおおわれたようになることもある．ダム湖で発生する渦鞭毛藻のペリジニウムや，琵琶湖で発生する黄緑鞭毛藻のウログレナの大増殖は淡水赤潮と呼ばれ，水面が茶褐色（醤油色）になることがある．

Chapter 6 水温

　太陽からの日射量の地域的，季節的な変化は，湖水中の光条件を変化させるばかりではなく，湖沼の水温の変化を生じさせ，そこに生活する生物と物質循環に大きな影響を与える．その影響の仕方は2つに大別される．ひとつは，水温の生物活動への直接の影響である．温度の上昇に伴って生物の活性が高まり，一般に $Q_{10}=2$ として示されるように，温度が10℃上がると（極端な低温または高温の場合は別として），生物の活性がおよそ2倍になることが知られている．例えば，植物プランクトンによる栄養物質のとり込み速度は，$Q_{10}≒2$ で温度と関係している．もうひとつは，水温の季節変化による湖水の停滞（成層）と鉛直循環（混合）による影響である．

6.1 水温に関する水の特性

　湖沼の水温に関係して，いくつかの水自体の物理学的特性が重要な意味をもつ．まず，水の比熱は各種の物質のなかで特に大きい．1gの水を1℃上昇させるのに要する熱量は1気圧の下で1calであるが，これは陸上の岩石を同様に温める場合の約5倍の熱量である．水を冷やす場合も同量の熱を放出する必要があり，水はきわめて温まりにくく，冷えにくい物質である．

　また1気圧の下で，水1gが凝固する際には80calの熱を放出し，1gの氷が融解するときにも同量の熱を必要とする．さらに1gの水が蒸発するときには，25℃のときに583cal，100℃で540calの熱が奪われる．この蒸発による熱の放出は大きく，日本でも春から夏にかけて日射量の1/4程度は蒸発によって失われる．

　水は，1気圧のとき4℃（厳密には3.98℃）で密度が最大になる．水温がそれより高くても低くても密度は小さくなる．凝固するとさらに密度が小さくなる．つまり軽くなり，固体の氷が液体の水に浮かぶようになる．これは水の非常に特異な性質である．ほとんどの物質は，温度が下がれば次第に密度が大きくなり，固体になるとさらに大きな密度を示す．

　水の密度の変化について，もうひとつ注意しなければならないことは，水温が1℃

[表6-1] 水温の変化と水の密度の変化量

水温の変化（℃）	密度の変化量（g・cm^{-3}）
4→5	−0.00001
10→11	−0.00009
20→21	−0.00021
30→31	−0.00031

ちがったときの密度の変化が最大密度（4℃）付近で最も小さく，それから水温が高くなるにしたがって大きくなることである．表6-1に示すように，水温の鉛直変化が大きいの温帯の湖ではあまり問題にならないが，熱帯の湖で表層水と深層水の水温の差が2〜3℃しかないのに安定した成層が保たれているのはこのためである．

6.2 表面水温の変化と気温への影響

湖沼の表面水温は，その地域の気温と関係する．年間の最大値と最小値との差（年較差）は，水温のほうが気温よりもはるかに小さい．例えば，琵琶湖の月平均気温の年較差は25℃ぐらいであるが，水温では20℃ぐらいである．日本中部の湖では，気温の年較差に比べて水温の年較差は2〜6℃小さい．同じ地域では浅い湖は深い湖よりも水温の較差が大きい．表面水温の年変化は，春には気温よりも低く，秋から冬にかけては気温よりも高い．このため大きな湖は沿岸の気温を緩和させる．例えば，バイカル湖では，湖上の気温は周辺の陸上に比べ，夏には6〜8℃低く，晩秋から初冬には10〜15℃高くなる．

6.3 水温の鉛直分布と季節変化

太陽からの放射線のうち，波長の長い部分は湖の表層で多く吸収されて湖水の水温を上昇させる．水面に接している大気あるいは湖底から湖水への熱の伝導によっても温められるが，その量は太陽から水中への放射によるものに比べればわずかである．一方で，湖水からの熱の消失は主に赤外放射，水面での蒸発，大気への熱伝導によって行われる．河川水あるいは地下水の湖への流入と流出も，しばしば湖の熱収支の要因になる．

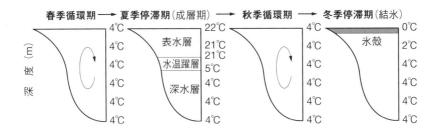

[図6-1] 温帯湖における水温の鉛直分布の季節変化

〔Welch, P. S., *Limnology*, McGraw Hill (1952) より一部改変〕

ある程度以上の深さの湖の水温の鉛直分布は，**図6-1**のように，春と秋に表層から湖底までの水温が均一になる．一方，夏は表層付近で高く，深層まで温まらずに低い．このとき，いわゆる水温成層（正列成層）を形成する．冬に湖面が結氷すると，表面付近の水は0℃，深層水は4℃の水温成層（逆列成層，逆成層）が形成される．このタイプの湖沼を温帯湖（二回循環湖）という．

A. 水温成層の形成

春が近くなると，太陽の日差しは1日ごとに強くなる．温帯の湖では，冬季に湖面をおおっていた氷がとけると，表面から湖底までの湖水が風により混合される．このときの水温は約4℃である．これが春季循環期である．

さらに湖水は表面から次第に温められるが，温められた水は密度が小さいから，表面付近にとどまっている．しかし，表面水は風によって撹拌され，また夜間には表面の水は冷却されて密度が増加して沈降し，同じ密度をもつ層まで混合される．このようにして，**図6-2**に示すような，ある深さまでの水温が均一な層，いわゆる表水層が形成される．なお，この表水層の水を表層水という．

一方，湖の深層には，冬季とあまり異ならない水温の低い水が停滞している．これが深水層（この層の水を深層水という）である．前述の表水層の形成に伴い，この深水層との間に水温の急激に低下する水温躍層（変水層：この層の水を変層水あるいは躍層水という）が発達する．この季節は上下の密度差が大きく，風の影響も及ばないため，安定した層が形成される．これが夏季停滞期（成層期）である．表水層と深水層とは別々の水塊となり，水の鉛直混合がなくなる．なお，水温躍層は，水温の鉛直変化が認められるすべての層としない．水層1m当たり，水温変化がおよそ1℃以上認められる層としている．

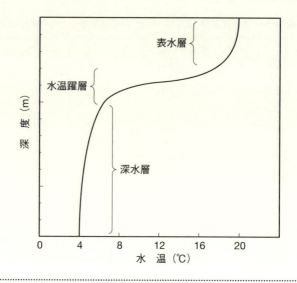

[図6-2] 温帯湖における夏季の水温の鉛直分布

　温帯の湖では，夏季停滞期の水温躍層における水温の低下は，深度1mについて3℃ぐらいから，ときには10℃以上にも達する．一般に風当たりの強い大湖ほど，表水層が厚くなる．逆に，風の影響を受けにくい小湖では，表水層の深度は浅くなる．
　夏季の深水層の水温は，冬季に結氷しない深湖では冬の表面水温に近い．例えば，琵琶湖の夏の深層水の水温は7～8℃で，冬の循環期の水温とほとんど同じである．冬季に結氷する深湖の深水層の水温は4℃に近い．ただし，水が最大密度を示す温度が4℃というのは1気圧の場合であって，深度が100m（約10気圧）増えるごとに最大密度の水温は約0.1℃ずつ低下する．しかし，実際の湖では鉛直混合などのためその影響は小さい．例えば，田沢湖では8月に420mの深度で3.71℃の水温が測定されている．

B．水温成層の消滅

　温帯湖の表面水温は，気温の低下とともに次第に低下しはじめる．秋の冷却がはじまると，冷やされた表面水の密度が大きくなって下降し，次第に深い層まで対流により混合される．この期間に表水層は次第に厚くなり，水温躍層は押し下げられていく．そして，ついに対流が湖底まで達し，全層の水が混合されて等温になる．これが秋季循環期である．湖の水質も表面から湖底までほとんど一様になる．秋季循環期に入る

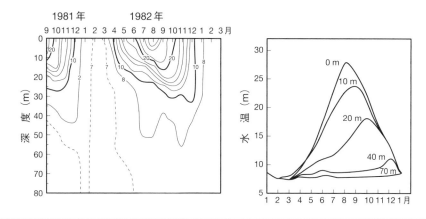

[図6-3] 琵琶湖における等温線で示した水温の鉛直分布の季節変化（左）と，各深度の水温の季節変化（右）〔岡本　巖，びわ湖調査ノート，人文書院（1992）より〕
深層水温は一年中ほとんど変わらないことに注意．

時期は，本州中部の湖でだいたい11月か12月であるが，琵琶湖では12月から1月になる．

　冬季に湖面が結氷する温帯湖では，気温の低下に伴って湖水の冷却が進み，水温が4℃以下になると，寒さが厳しくて風のほとんどない夜に湖面が結氷する．いったん氷が水面をおおうと，水面付近の水は0℃に近くなり，水温は深度が深くなるにつれて上昇し，湖底付近は約4℃になる．このような上層が低く，下層が高い水温の鉛直分布（このときの水温分布を逆成層という）は，春先に表面の氷がとけるまで維持される．この時期を冬の成層期（冬季停滞期）と呼んでいる．

　春になり氷がとけると，表層水が温められて密度が増加し，風の影響も加わって深層水まで混合されて全層が等温になる（春季循環期）．

　気温があまり低下しないか，湖が深くて容積が大きいため冷却に時間がかかるような湖（例：北海道の支笏湖や洞爺湖）では湖面が結氷せず，温帯湖でいう秋季循環期がそのまま春まで継続される．この循環期を夏季停滞期と対比させて冬季循環期と呼ぶことがある．この結氷しない湖の水温の季節変化の例として，亜熱帯湖（温暖一回循環湖）に分類されている．琵琶湖も亜熱帯湖である．琵琶湖における水温の鉛直・季節変化の観測結果を図6-3に示す．

C. 水温の季節変化による湖の分類

このように，表面水温が4℃以下になる湖では，図6-1のように湖水は夏と冬の2回成層し，春と秋の2回全層が循環する．一方，水温が4℃以下にならない琵琶湖などでは夏に成層し，秋から春まで循環するので成層期と循環期は1回しかない．

湖沼学の創始者であるフォーレルは，年間を通して水温が4℃以上の湖を熱帯湖，表面水温の最高が4℃以上で最低が4℃以下の湖を温帯湖，1年中4℃以下の湖を寒帯湖と名づけた．その後，吉村は，熱帯湖をさらに表面水温が年間を通して20℃以上のものを熱帯湖，4℃以上のものを亜熱帯湖に分類した．これらの分類の名称は現実の地理的分布と合わない．

その後，世界の湖の水温データを加え，図6-4のような循環型に基づいた湖の分類が行われている．これには湖の緯度と海抜高度が考慮されている．このうち，高緯度の無循環湖（極地湖）とは一年中氷に閉ざされている湖，寒冷一回循環湖とは夏に短期間だけ氷がとけるが4℃以上にはならない湖である．これらはフォーレルの寒帯湖に相当し，北極・南極地域，氷河や永久凍土の地域，高山などのごく特別な場合しか存在しない．一般に解氷すると，すぐ4℃以上になるからである．温帯地方の二回循環湖は吉村の温帯湖に相当し，温暖一回循環湖は亜熱帯湖に相当する．

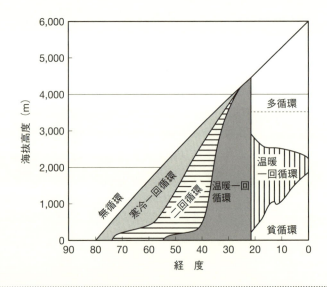

［図6-4］湖水の循環の型を湖の経度，標高に関連して分類したもの
〔Hutchinson, G. E. and Löffler, H., *Proc. Nat. Acad. Sci. USA*, 42 (1956) を Wetzel, R. G., *Limnology* (3rd ed.), Academic Press (2001) が改変したものを一部改変〕

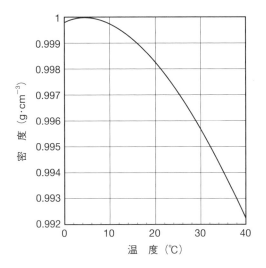

[図6-5] 純水の温度と密度との関係

　多循環湖と名づけられた熱帯湖は，高地で，夜間の強い冷却のため，頻繁に循環する湖で，南アメリカのチチカカ湖などがこれに入る．一方，アフリカのタンガニーカ湖やマラウイ湖で代表される熱帯の深湖は，しばしば一年中深層まで循環しないため貧循環湖と名づけられており，部分循環湖の一種である．また，熱帯の一回循環湖も多く知られており，乾季の低温の期間に循環するものが多い．ただし，熱帯湖の特色として，成層期といっても表水層と深水層の水温の差が2～3℃以下のことが多い．しかし，前述のように水温が高い場合は，水温が1℃異なるだけで密度が大きく変化するため，安定した成層が維持される．

　日本の霞ヶ浦や諏訪湖のように，ある程度の面積があって風の影響を受けやすい浅い湖では，夏季に風の弱い日が続くと水温が成層し，風の強い日に全層が混合される．このような変化を数日あるいは1～2週間ごとにくり返す．さらに，1日の間にも昼間は水面から加熱されるが，夜間は水面から冷却されるため，ある程度の深さまでの水が鉛直混合される．諏訪湖において8月から9月にかけて0.5 mと4 mの1時間ごとの水温を記録した結果では，夜間の顕著な冷却が認められた．

　図6-5にみられるように，水温変化に対する水の密度の変化量は，4℃付近では大きくないが，水温が高くなると密度の変化量が大きくなる．温帯湖の夏季停滞期（正列成層期）においては，水温の鉛直変化による密度変化が大きくなる．このため，水

温成層は,風により壊されにくい.一方,冬季停滞期(逆列成層期)の湖面が結氷していないときは,水温の鉛直変化による密度変化が小さくなるため,風により容易に湖水の鉛直循環が生じる.この安定した夏の水温成層は亜熱帯湖でも同じように観測される.熱帯湖では湖水全層の水温が常に高い.熱帯湖の表層水と深層水の水温の差がわずかにもかかわらず,水温躍層が安定している理由は,水温が高くなると水の密度変化が大きくなるからである.例えば,水温4℃と5℃との密度変化は,30℃と31℃との変化の30倍も大きい(表6-1).

D. 冬季でも湖底まで循環しない場合

水温が4℃以下にならない湖でも,水深の大きな湖あるいは風の影響を受けにくい湖では,冬になっても湖底まで水が循環しない年がある.ある冬に寒さが厳しくて湖水が著しく冷却されると,深水層には特に低温の高密度の水が形成される.もし,次の冬がそれほど寒くないと,秋になって表面で冷却されて沈降する水の水温が,このときの深層水の水温より高いため,鉛直循環が湖底まで達しない.このため,深層の水は循環されることなく,さらに次の冬まで停滞しつづけることになる.例えば,鹿児島県の池田湖では,深水層には寒い冬の水が停滞しており,湖底まで循環される頻度は高くないといわれる.

E. ダム湖の水温

人造のダム湖の特色は,(1)堰堤(ダム)がある,(2)人工的に取水される,(3)水位調節が行われる,などであるが,天然の湖でも取水口を設けて水を利用している場合は水理的にはダム湖に準ずる.

天然の湖とダム湖との水温のちがいは図6-6のように,取水と水位調節の方法,全水量に対する流入・流出水量の割合が大きく関係する.取水は,その量と取水口の深度がダム湖の水温に大きな影響を与える.深層の水が取水されると,その後に中層や上層の水が沈降してくる.表層の水が取水されると,中層以深の水は停滞することになる.またダム湖の水温は水を貯める時期に影響される.例えば,東北地方のダム湖は雪どけ水を貯める場合が多く,冷水を貯め込むことになる.

貯水量に比べて,通過水量が少ないダム湖の水温分布と変動は天然の湖沼に近い.しかし,通過水量が多い場合には,ダム湖に特有の水温分布の特徴がよく現れる.さらに,通過水量が著しく多くなると,ダム湖の水温は河川の水温変動と類似する.例えば,天竜川水系の秋葉調整池は,佐久間ダム湖(静岡県,愛知県)からの放流水を

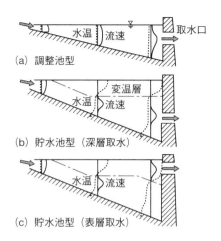

[図6-6] 調整池型と貯水池型のダム湖における水温成層モデル
〔新井 正, 日本の水―その風土の科学, 三省堂（1980）より〕

平均化する役割をしており，その容積に比べて通過水量が多い．このため，水の上下混合が激しく，夏でも水温の鉛直変化はほとんどない．

これに対し，只見川水系の田子倉ダム湖（福島県）のように，有効貯水量が特に大きく，一方で流出水量が小さい場合には，自然の湖と同じような水温躍層ができる．表層水温より低温の流入水は，その比重が大きいために密度流となって，それと等しい水温の層に流入し，その層の上下に変温層をつくる．なお，洪水などの際の濁水は，密度流となってダム湖の深層に流れ込むが，流出量が少ない場合は，その濁水が長期にわたることがある．ダム湖が建設される以前には，数日で川の濁りがなくなっていたのに長期にわたって下流の水道や漁業に影響する場合がある．

取水口より下にある水塊は，夏の成層期には上層の水と混合することなく停滞する．そのため，取水口付近の水が放出されると，次々と上層の水塊が移動してくるので，この位置の変水層の水温の鉛直変化は次第に顕著になる．このように，流入水あるいは取水の影響で何層もの変水層を形成するのがダム湖型水温分布の特色である．しかし，このような水温成層も秋から冬にかけての循環で消える．

Chapter 7 湖水の主要化学成分

7.1 淡水湖と塩湖と汽水湖

海水中には，約 35 g·L^{-1} の塩分（無機塩類の量）が含まれる．湖に関しては，塩分が 0.5 g·L^{-1} より少ない湖を淡水湖と呼び，それ以上の塩分を含む湖を塩湖と呼んでいる．

内陸湖沼の塩湖は，湖水中の塩分をさらに 0.5〜3 g·L^{-1}，3〜20 g·L^{-1}，20〜50 g·L^{-1}，そして 50 g·L^{-1} 以上の 4 タイプに分けた塩湖の名称で表現することがある．死海（230 g·L^{-1}）や南極ドンファン池（390 g·L^{-1}）は海水より塩分がかなり高い．日本には大陸の乾燥地域にあるような塩湖はないが，火山地帯の湖には，塩湖に相当する濃い塩分をもつ湖沼がある．例えば，強酸性湖の草津白根の湯釜は，10.3 g·L^{-1} の塩分（1949 年の観測値）を含んでいる塩湖である．

一方で，海水が流れ込むために湖水の塩分は高いが，塩湖の仲間には入れずに汽水湖と呼んでいるものがある．汽水湖は，砂洲の形態により閉鎖型汽水湖，制限型汽水湖，そして漏出型汽水湖などと分類することがある．同じ汽水湖でも，海水とあまり変わらない高い塩分をもつ汽水湖には，北海道のサロマ湖，厚岸湖，静岡県の浜名湖など制限型あるいは漏出型の汽水湖に多い．これらの汽水湖は，内陸湖沼とせず，海洋の内湾あるいは湾奥部とする研究者もいる．海水の入る量が少ない低塩分の汽水湖には，青森県の小河原湖，十三湖，島根県の宍道湖など閉鎖型あるいは制限型の汽水湖に多くみられる．

7.2 化学物質の存在状態

自然の湖水に含まれる物質をサイズで分けることはきわめて難しい．そこで，化学分野でいうように，真の溶液（半透膜を通過するおよそ 1 nm 以下），コロイド粒子（およそ 1 nm〜0.1 μm），粒子（およそ 0.1 μm 以上）などとせず，溶けているもの（溶存態）と，浮遊している粒状のもの（懸濁態）とに大別している．両者の関係は不連続

なもので，厳密に区別することはできない．一般的には，便宜的に，孔径1 μm程度のろ紙でろ過して，これを通過するものを溶存態，ろ紙の上に残るものを懸濁態としている．したがって，バクテリアなどサイズがおよそ1 μm以下の微生物は，溶存態として扱われることになる．

淡水の主要な構成成分はNa^+，K^+，Mg^{2+}，Ca^{2+}，Cl^-，SO_4^{2-}，HCO_3^-，そしてSiO_2の8つ（主要8成分）であり，ケイ酸の一部分を除き，イオン状で水に溶存している．淡水の主要8成分の炭酸水素イオンとケイ酸を除いた，湖沼，河川水の主要6イオン成分は，海水の主要6イオン成分と同じ組成である．淡水で大気中の二酸化炭素ガスに由来する炭酸水素イオン成分の現存量が多い理由は，陽イオン成分総量（当量）と陰イオン成分総量（当量）とのイオンバランスを炭酸水素イオンが保とうとするからである．

7.3 日本の降水と河川水

雨や雪として降ってくる，いわゆる降水の化学成分は湖水の水質を考えるうえで重要である．近年，酸性雨の問題に関連してこの分野の調査研究が急速に進展している．表7-1に1986〜1988年に環境庁が実施した降水の化学成分の平均濃度を示す．このデータは，常時大気に開放されている降水サンプラーで採取したもので，降水時以外の沈降物の影響も含まれている．降水のpHの平均値は4.7と報告され，大気と平衡にある蒸留水のpHが約5.6であることから考えて，明らかに酸性物質の影響を受けている．塩化物イオンの量から海塩（風送塩）起源の硫酸イオンの量を差し引くと，硫酸イオンの量は2.14 mg·L^{-1}(0.17 mg S·L^{-1})となる．特に注目すべきことは，硝酸イオンが0.96 mg·L^{-1}(0.22 mg N·L^{-1})，アンモニウムイオンが0.39 mg·L^{-1}(0.30 mg N·L^{-1})と，栄養塩としての窒素量が著しく高いことである．これは湖の（人為的）富栄養化問題に対しても無視できない量である．

表7-2にみられるように，河川水は，ケイ酸を除く7イオン成分で，陽イオン成分と陰イオン成分の間のイオンバランスがおよそ保たれている．しかし，陸水でも前述した降水や地下水（温泉水）などは，硝酸イオンやフッ化物イオンなどの現存量の寄与も考慮する必要がある．なお，日本と世界の河川水中の主要な化学成分濃度を比較すると，日本の河川水の特徴は，カルシウムイオンが少なく，ケイ酸が多いことである．

[表7-1] 全国29地点における降水成分の平均濃度（1986年4月〜1988年3月）

(単位：mg·L^{-1})

	pH	NH_4^+	Ca^{2+}	K^+	Mg^{2+}	Na^+	NO_3^-	SO_4^{2-}	Cl^-
平均値	4.7	0.39	0.52	0.18	0.26	1.97	0.96	2.64	3.82
最大/最小値	5.0*	8.0	13.0	29.0	15.0	14.0	7.0	4.1	166.0

＊水素イオン濃度の比

〔原 弘, 季刊化学総説（陸水の化学）, No.14 (1992) より〕

[表7-2] 日本および世界の河川水の主な化学成分の平均値

(単位：mg·L^{-1}, meq·L^{-1})

	Ca^{2+}	Mg^{2+}	Na^+	K^+	4陽イオン	HCO_3^-	SO_4^{2-}	Cl^-	3陰イオン	SiO_2
日本平均	8.8	1.9	6.7	1.2	18.6	31.0	10.6	5.8	47.4	19.0
（ミリ当量）	0.44	0.16	0.26	0.03	0.89	0.51	0.22	0.16	0.89	
世界平均	20.4	3.4	5.8	2.1	31.7	71.5	12.1	5.7	89.3	11.7
（ミリ当量）	1.02	0.28	0.25	0.05	1.60	1.17	0.25	0.16	1.58	

〔小林 純, 農学研究, 48 (1958) より一部改変〕

7.4 主要無機成分

A. ナトリウムイオン，カリウムイオン

　湖水のナトリウムイオンは，塩化物イオンとともに海水と人間による汚染が主な起源である．海水起源のものが風送塩や雨として運ばれてくる．カリウムイオンは，陸上の植物の生長に対して，窒素やリンとともに不足しやすい成分である．しかし，湖水中に含まれている量は比較的少ないが，窒素やリンのように植物の光合成生産の制限因子になることはない．

B. カルシウムイオン，マグネシウムイオン，硬度

　欧米の湖沼の多くは，カルシウムイオンの現存量が高い．このため沿岸部の水生植物が活発に光合成を行い，水中の二酸化炭素を多量に消費すると，溶解度が小さい炭酸カルシウムが水草の葉や茎の上，あるいは湖底に沈積する．日本では，そのような例は少ない．また，日本の淡水湖沼はカルシウムイオンの現存量が低いため貝類の生産が低く，欧米の湖沼で沿岸部から深底部にかけてみられる介殻帯がほとんど存在し

ない．

　自然水を利用するとき，硬度が水質を示す重要な因子とされる．硬度の定義は国により異なり定まっていないが，カルシウムイオンとマグネシウムイオンの総計と定義するのが実際的である．日本では水中のカルシウムイオン（Ca）とマグネシウムイオン（Mg）の現存量をもとに次式から硬度を求めている．

$$\text{硬度}(mg \cdot L^{-1}) = 2.5\, Ca\,(mg \cdot L^{-1}) + 4.1\, Mg\,(mg \cdot L^{-1})$$

　軟水を硬度60 mg・L^{-1}以下，中硬水を硬度60〜120 mg・L^{-1}，硬水を硬度120〜180 mg・L^{-1}，そして高硬水を硬度180 mg・L^{-1}以上の水としていることが多い．カルシウムイオンとマグネシウムイオンの多い水は硬水，少ない水は軟水であり，日本の河川，湖沼の水のほとんどは軟水といえる．このことは，日本のミネラルウォーターは軟水が多く，欧米のものは硬水が多いことからも理解される．

C. 塩化物イオン

　湖沼や河川の塩化物イオン量の測定は，その水の起源や人間による汚染の程度を知るうえで重要である．湖水の塩化物イオンの主な起源に次の3つが考えられる．

海水の影響：海水には塩化物イオンが約19 g・L^{-1}含まれており，この濃度は淡水湖の約1,000倍ある．したがって，湖水の塩化物イオンの量から海水の影響を知ることができる．

　なお，直接に海水が流入しない場合でも，海水のしぶきが大気中に舞い上がったのち雨にとり込まれ，海塩として大気中を運ばれて影響を受ける．全国の河川水には平均3〜4 mg・L^{-1}の塩化物イオンが含まれており，この量は海に近いほど多い．なお，湖と海の距離と湖水の塩化物イオン量との間には直線的な関係があることが見出されている．

人間活動による汚染：人間は毎日10〜20 gの食塩をとり，それを排出している．また，工場の排水にも含まれている．その量は，日本全体で塩化物イオンとして年間150万tに達し，すべて河川に搬入され，その濃度は日本の河川水量で平均すると約3 mg・L^{-1}になる．通常の河川と湖沼で，海の影響と考えられる以上の塩化物イオンが水中に含まれていたら，生活排水や工業排水の影響が考えられる．

温泉と火山の影響：海の影響や人間による汚染が小さい場所で，水中の塩化物イオン濃度が高ければ，温泉や火山の作用を考える必要がある．

D. 硫酸イオンと硫黄の循環

硫酸イオンは,海塩を起源とするものや化石燃料の燃焼で生じたものなどがある.後者は,近年,特に酸性雨に関連して重視されている.この場合,塩化物イオンの量を測定しておけば,海水の硫酸イオンと塩化物イオンの比は一定(重量比0.140,当量比0.103)であるから,それから海塩起源の硫酸イオンの量を推算し,その他の起源の硫酸イオンと量的に区別できる.そのほかに農業排水や工業排水からの硫酸イオンの流入もある.

日本の湖の特色である火山性酸性湖では,硫酸と塩酸を含み,強酸性を示すものがある.最も酸性が強い草津白根の湯釜(pH 0.7)は湖水中に約 $4\,g\cdot L^{-1}$ の硫酸と $5\,g\cdot L^{-1}$ の塩酸,それに次ぐ潟沼(pH 2.0)は,約 $2\,g\cdot L^{-1}$ および $1\,g\cdot L^{-1}$ の硫酸と塩酸を含んでいる.また,鉱山の排水などが流入して硫酸のために酸性になった洞爺湖(北海道)のような例もある.

夏季に湖の深層水の溶存酸素が消失して嫌気的条件になると,硫酸イオンは硫酸還元細菌により硫化物イオンに還元される.この従属栄養細菌は有機物を利用し,一般に湖の湖底堆積物表層付近で硫酸還元を行う.この結果,硫化水素が発生し,ときには黒色の硫化鉄が形成される.下水や湖底の黒色の還元泥(いわゆるヘドロ)はこのためである.

深層水中に硝酸イオンがある場合は,酸化還元電位の関係で脱窒作用のほうが先に進行する.硝酸イオンが使いつくされ,溶存酸素が完全に消失した後で硫酸還元反応が生じる.特に深層に海水が流入する汽水湖の場合は,海水中に多量の硫酸イオンが含まれており,深層水の硫化水素の濃度が高くなる.

なお,部分循環湖あるいは夏季の富栄養湖の深水層下部において,上の溶存酸素のある層と下の無酸素層との間の酸化還元境界層の直上で,しばしば深層から拡散で上昇した硫化水素と微量の溶存酸素が共存しているのがみられる.

硫化物イオンは,酸素分子にふれると単体の硫黄(硫黄粒子または硫黄コロイド)になる.この硫黄は化学的には酸化されにくいが,硫黄を酸化することでエネルギーを得る独立栄養の硫黄細菌によって好気的条件の下で硫酸イオンに酸化される.また,紅色または緑色光合成硫黄細菌も酸化還元境界層において光合成を行うとともに硫化物イオンを硫酸イオンに酸化する.湖の硫黄の循環の詳細を図7-1に示す.

E. ケイ酸態ケイ素

ケイ酸は珪藻の殻を構成する物質として重要である.日本の湖沼水のケイ酸の濃度

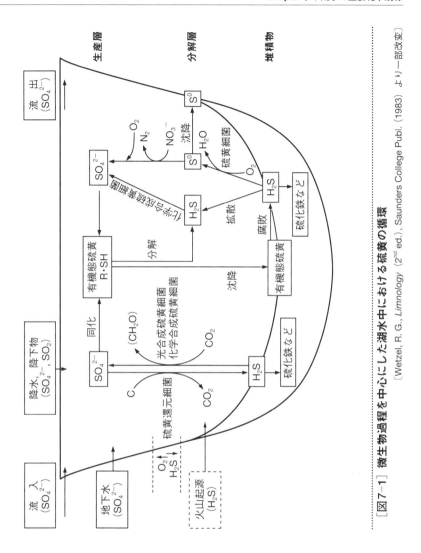

[図7-1] 微生物過程を中心にした湖水中における硫黄の循環
(Wetzel, R. G., *Limnology* (2nd ed.), Saunders College Publ. (1983) より一部改変)

は一般に高く,10〜50 mg $SiO_2 \cdot L^{-1}$ 程度存在する.海洋や欧米の湖沼では,ケイ酸態ケイ素がその濃度によって植物プランクトンの生産の制限因子になることがあるが,日本の湖沼では,琵琶湖など一部の湖を除いて,ケイ酸態ケイ素が制限因子になることは少ないと考えられる.琵琶湖では流入する河川水のケイ酸態ケイ素の濃度は5〜10 mg $SiO_2 \cdot L^{-1}$ であるが,湖水のケイ酸態ケイ素の濃度は1〜2 mg $SiO_2 \cdot L^{-1}$ と低く,珪藻が増殖する季節にはさらに低下する.珪藻に含まれるケイ酸態ケイ素が,湖水の全ケイ素の多くを占める.

近年，治水・利水ダムが多く設置されるようになり，人造ダム湖で珪藻が大増殖するようになった．その結果，ダム湖水中のケイ素の現存量を減少させ，ダム下流域でいわゆるシリカ欠損問題が生じると懸念された．これは，従来とは異なった植物プランクトン種の異常増殖による環境問題として注目されている．

F. 鉄，マンガン

湖水中に溶存酸素が十分あるときは，鉄は3価として，マンガンは4価として存在する．pH 6以下ではないかぎり，ほとんどが不溶性懸濁態であり，次第に沈降して湖底に堆積する．したがって，酸化的環境の水中では溶解している鉄が乏しいため，しばしば鉄が植物プランクトンの生育の制限因子になる．なお，湖水中の鉄の一部は有機物と錯体を形成しており，これが植物プランクトンの栄養源として鉄の不足を緩和していると考えられる．

一方，夏季に富栄養湖の深層水の溶存酸素が消失して還元的な状態になると，湖底表層付近の鉄とマンガンはともに還元されて2価になり，水中に溶出する．しかし，秋に湖水が全層循環されて酸化的環境になると，2価の鉄とマンガンは再び酸化され，微量金属や有機物を吸着して湖底に沈殿・堆積する．年間を通して深層に溶存酸素がある程度残っており，酸化的環境にある湖では，この鉄やマンガンは半永久的に堆積した状態になる．

なお，部分循環湖や富栄養湖の深水層で溶存酸素が消失する場合は，その酸化還元境界層付近に粒子状の鉄とマンガン化合物の集積がしばしば観察される．このとき，前者のほうが後者よりわずかに浅い層にみられる．

7.5 電気伝導度

水中のイオン成分の量をおおまかに知る簡便な方法として，電気伝導度（電気伝導率）が測定される．電気伝導度は水中に溶存しているイオンの量と各イオンの当量電導度と水温に支配される．淡水湖のように希薄な電解質溶液では，電気伝導度はイオン成分の濃度にほぼ比例するが，各イオン成分の当量電導度は異なり，また電荷をもたない成分は電気伝導度に反映されない．したがって，測定した電気伝導度の値は，化学成分の多少の目安である．

電気伝導度とは，面積が$1m^2$の2対の電極を1mの距離に相対しておいたときの電極間にある湖水のもつ電気抵抗の逆数をいい，その単位は，1m当たりのS（ジーメ

ンス）で表す．なお，日本の河川水の電気伝導度の平均値は，13 mS·m^{-1}（水温25°Cのとき）である．

最近は小型の電気伝導度計が安価で市販されており，水質調査において，電気伝導度の測定は次のように役立てることができる．
(1) 湖水のイオン成分の総量の目安を現場で知ることができる．しかし，電気伝導度の値から各イオン成分の構成比とそれらの量の推定ができないことに留意しなければならない．
(2) 大湖や大河川の水のように，イオン構成比が明らかで，かつその比が安定している場合は，電気伝導度の値から試水の主要イオン成分現存量を推定することが可能である．
(3) pH，水温などとともに系統の異なる水塊の判別に役立つ．
(4) 河口付近などでは河川水と湖水の混合状況の程度を知るのに有効であり，調査地点を決定するなどの目的に役立つ．
(5) 水質の成層（化学成層）を水温と電気伝導度の両者から明瞭に把握できる．

7.6 蒸発残留物

湖沼，河川の天然水と水道水などを試験する方法のひとつである．礫サイズ以上（2 mm 以上）の粒子を除いた後，一定量の水の水分を蒸発させたときの残留物質から，水中に含まれている物質の量を知るものである．ただし，溶存ガス成分や低分子の有機酸の大部分は，測定の操作の途上で大気中に除去されるため測れない．

蒸発残留物は，蒸発残留物の総量の「全蒸発残留物」，懸濁物質を除いて測定した「溶解性蒸発残留物」，そしてこれら残留物を強熱で蒸発させて測定する「強熱蒸発残留物」に分けられている．なお，飲料水に対しては溶解性蒸発残留物が 500 mg·L^{-1} 以下とされている．

7.7 BOD，COD

水域の環境基準のうち，有機物による汚濁の程度を示すものとして BOD と COD が使われる．

BOD（生物化学的酸素消費量）とは，「試水中に従属栄養細菌によって消費される有機物がどれだけあるか」を暗所に 20°C で 5 日間放置した試水中の溶存酸素減少量か

ら推定する方法である．

　COD（化学的酸素消費量）とは，「試水に酸化剤を加えて加熱し，酸化分解される有機物がどれだけあるか」を測定するものである．酸化剤としては，過マンガン酸カリウムあるいは二クロム酸カリウムが使われる．有機物量の測定法としては，炭素量として測定することが望ましいが，環境基準との関連や測定装置の関係からCODが使われている．

　なお，河川水の環境基準ではBODが，湖沼や海洋の環境基準ではCODが使われる．これは，湖沼や海洋にはプランクトンが河川水より多く生息しており，その呼吸による酸素消費がBODの測定値に影響するという考えに基づいている．同じ試水についてのBODとCODの測定値は，おおまかにいえば，相互に比較できる関係にあるが，汚濁の程度，生育している生物種などによって異なることがある．なお，試水の有機物濃度が低いときには，BOD，CODのいずれの値も信頼性が低い．

　各種水域の環境の類型とBOD，COD値との関係は**表7-3**のとおりである．

[表7-3] **BOD値とCOD値から判定した河川と湖沼の環境基準**

(1) 河川の環境基準

類型	AA	A	B	C	D	E
BOD（mg O_2·L^{-1}）	<1	<2	<3	<5	<8	<10

AAは上流のきわめてきれいな川．Aがヤマメ，イワナなどが生息する川．Bはサケ科魚類やアユが生息する川．Cはかなり汚濁され，コイ，フナなどが生息する．

(2) 湖沼の環境基準

類型	AA	A	B	C
COD（mg O_2·L^{-1}）	<1	<3	<5	<8

河川の場合と同様にAAはヒメマスなどが生息する，きれいな貧栄養湖．Aもサケ科魚類やアユなどが生息する貧栄養湖．Bはコイ，フナなどが生息する富栄養湖．

Chapter 8 炭酸, pH, アルカリ度

8.1 炭　酸

　炭酸は，植物の光合成による有機物生産の最も主要な原料のひとつである．湖では光合成過程によって消費され，一方で呼吸作用も含め有機物の分解によって放出される．したがって，湖沼における有機物の生産と分解を考えていくとき，溶存酸素とともに炭酸の動態はきわめて重要である．

　炭酸物質は，二酸化炭素（CO_2），炭酸（H_2CO_3），炭酸水素イオン（HCO_3^-），そして炭酸イオン（CO_3^{2-}）の4つの状態で存在している．これらは湖沼の環境条件に対応して，それぞれ化学平衡を保ち，ある程度速やかに次式のように変化する．

$$CO_2 \text{（大気）} \rightleftarrows CO_2 \text{（溶存）} + H_2O \rightleftarrows H_2CO_3 \rightleftarrows H^+ + HCO_3^- \rightleftarrows 2H^+ + CO_3^{2-}$$

　湖水中の炭酸物質の現存量は，基本的に大気中の二酸化炭素の分圧（0℃，1気圧で0.00040）と吸収係数，ならびに湖水の水温や主要イオン成分の現存量によって決定される．そして，それぞれの化学形態の炭酸物質が水中で存在する比率は，pHと水温と塩分によって決まってくる．逆にいえば，四者の存在比が異なるとpHが変化することになる．例えば，植物の炭酸同化（光合成）によって（一部の植物は炭酸水素イオンを利用することが知られているが）二酸化炭素が消費されれば，他のイオンの量的関係が変化してpHも変化する．したがって，植物の光合成と生物の呼吸・分解にかかわる炭素循環という視点からは，炭酸物質の変化に注目せず，すべての無機炭酸化合物（ΣCO_2：全炭酸と呼ぶ）の動態を把握する．なお，近年，大気中の二酸化炭素の分圧が0.00035から約0.00040にまで上昇した．人間活動による化石燃料の燃焼に由来する地球の温暖化として懸念されている．

　ここで，CO_2とH_2CO_3を便宜的に合わせてCO_2として考え，CO_2，HCO_3^-，CO_3^{2-}の存在比とpHとの関係を図8-1に示した．例えば，塩分を含まない淡水湖（水温20℃）では，pH 5では炭酸物質の大部分が$CO_2(H_2CO_3)$で占められ，HCO_3^-はわずか3.8%（モル比）でCO_3^{2-}は存在しない．一方，pH 9ではHCO_3^-が大部分を占め，CO_2は0.3%，

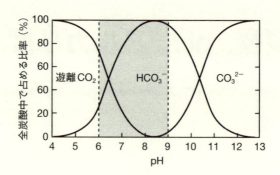

[図8-1] **pHの変化に伴う全炭酸中の各態炭酸の占める比率の変化**
通常の湖水の範囲（pH 6～pH 9）を中央に示す．

CO_3^{2-} は4％にすぎない．

8.2 pH

溶液の水素イオン（H^+）の濃度（正しくは水素イオンの活量）は，広い範囲にわたって変化するため，一般にはこれに代わって水1L中の水素のグラムイオン数（モル数）の逆数の常用対数として計算したpHとして表現し，次のように示される．

$$pH = -\log[H^+]$$

一般に，pH 7を中性，これより低いpHを酸性，高いとアルカリ性と呼ぶが，これは25℃に近い水温のときである（**表8-1**）．水温が高くなればpHは低くなり，水温が低くなればpHは高くなる．例えば，水温35℃のときの中性はpH 6.8を示し，水温5℃の中性はpH 7.4である．測定したpHが7.0よりわずかに低いからといってこの水を弱酸性，あるいはわずかに高いからといってこの水を弱アルカリ性であるというのは早計である．なお，pHメーターなどの測器は，水温25℃で補正した値が表示されていることが多い．

純水（蒸留水）のpHは，本来ならば25℃でpH 7.0である．しかし，しばらく放置しておくと大気中の二酸化炭素を吸収して次のように変化する．

$$CO_2 + H_2O \longrightarrow H_2CO_3$$

$$H_2CO_3 \longrightarrow H^+ + HCO_3^-$$

[表8-1] 純水の温度とpH

温度（℃）	K_w*	pH
0	0.113×10^{-14}	7.47
5	0.185 〃	7.37
10	0.292 〃	7.27
15	0.450 〃	7.17
20	0.681 〃	7.08
25	1.008 〃	7.00
30	1.468 〃	6.92
35	2.089 〃	6.84
40	2.917 〃	6.77

*$K_w = [H^+][OH^-]$

〔半谷高久・小倉紀雄，水質調査法，丸善株式会社（1995）より〕

$$HCO_3^- \longrightarrow H^+ + CO_3^{2-}$$

　この反応式において，二酸化炭素が増加すると化学平衡は右に進む．その結果，H^+ が増加し，pHが低下する．大気中の二酸化炭素の濃度が0.040％であれば，前述の化学反応にしたがって，大気中の二酸化炭素と平衡にある蒸留水のpHはおよそpH 5.6 を示す．したがって，pH 5.6を目安としてこれより低いpHの雨は，地球環境問題となっている酸性雨であるといえる．しかし，実際には，雨には塩分などが含まれているため，厳密にはpH 5.6以下の水を酸性雨とは定義できない．特に海塩の影響がある沿岸域や土壌の巻き上げなどによる大気汚染がある場合は，雨水がpH 5.6より高い値でも酸性雨と考えられている．

　湖水のpHは，湖沼の集水域の地質条件によって支配されるが，近年は人間活動による影響も考慮する必要がある．普通の淡水湖では中性付近であるが，湖の生産層（有光層）では植物プランクトンの活発な光合成作用により二酸化炭素が消費され，その結果，上の化学反応式の平衡が左に移行し，H^+ が減少してpHが上がる．つまりアルカリ性を示す．

　一方，湖の深層水（分解層または無光層）では水中の光が少なくなり，光合成作用が低下して二酸化炭素の消費が減少する．そして沈降してくるプランクトンの遺骸な

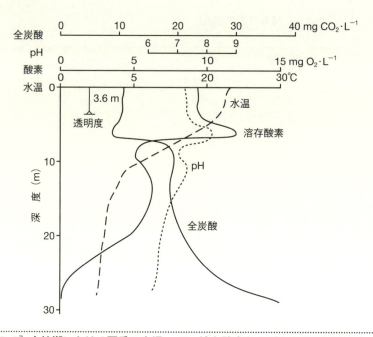

[図8-2] 木崎湖における夏季の水温，pH，溶存酸素および全炭酸の鉛直分布

〔林　秀剛ら（1985）より〕

どの有機物の分解，動物やバクテリアの呼吸によって二酸化炭素が増加する．したがって，深層水では，二酸化炭素の増加に伴って上の化学反応が右に移行し，H^+が増加してpHが低下する．図8-2のように，ある程度の深さのある湖で，夏季の光合成が活発なときに，pHの顕著な化学成層がしばしば観測されるのはこのためである．

非調和型湖沼では，湖水中に酸性物質あるいはアルカリ性物質を多く含むため，特異なpHを示すことが多い．図8-3に示した日本の火山性無機酸性湖では，湖水中の硫酸や塩酸のため，強い酸性を示すものが多い．泥炭地や湿原では，フミン酸（腐植酸）を多く含むpH 4〜pH 6の湖が多い．アフリカ大地溝帯には，炭酸ナトリウムを多量に含むアルカリ性（pH 9〜pH 11）の湖が多数知られている．

汽水湖は海水（約pH 8.4）の影響を受け，アルカリ性を示すものが多い．

地下水（湧水）の影響のある湖水では，地下水が形成される過程で，土壌微生物などの活動で生じた二酸化炭素が過剰に溶け込んでいるため，低いpHを観測することがある．したがって，大気中の二酸化炭素と平衡にある湖水のpH（過飽和あるいは未飽和の二酸化炭素量に支配されないpH），いわゆるRpHを測定することは，その

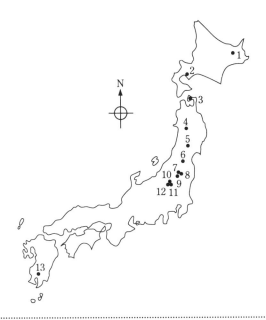

[図8-3] 日本の主な火山性無機酸性湖〔佐竹研一, *Jap. J. Limnol.*, 41 (1980) より〕

1. 屈斜路湖（pH 4.0〜pH 4.4）
2. 洞爺湖（pH 5.0〜pH 7.0）
3. 恐山湖（pH 3.4〜pH 3.6）
4. 田沢湖（pH 5.5）
5. 潟沼（pH 1.8〜pH 2.1）
6. 蔵王御釜（pH 2.9）
7. 赤沼（pH 3.8）と五色沼群
8. 赤泥沼（pH 3.0）
9. 猪苗代湖（pH 5.3〜pH 5.6）
10. 大沼池（志賀高原, pH 4.3）
11. 三角池（pH 4.4）
12. 湯釜（草津白根, pH 0.9〜pH 1.1）
13. 不動池（pH 3.8）と霧島湖沼群

水質を知るうえで重要である．同じ湖でも，異なった深度の湖水のpHを測定し，その値が異なっていてもRpHは等しいことが多い．これはpHのちがいが二酸化炭素などの現存量の差によるものであることを意味する．なお，RpHは次に述べるアルカリ度と密接な関係がある．

8.3 アルカリ度

アルカリ度の内容は複雑で理解しにくいが，自然の水質を知るうえで重要である．アルカリ度とは「水温20°Cの水1L中に存在する，弱酸イオンを遊離するのに必要なイオンのミリ当量数」と定義されている．

アルカリ度にはいくつかの測定方法があり，その方法によって内容と意味が異なる．

一般には，一定量の試水を強酸で滴定し，ある一定のpHに達するまでに要した酸の当量数で示す．例えば，pH 4.8アルカリ度では，水酸イオンと解離定数の小さい弱酸イオン物質が測定される．すなわち，アルカリ度は酸の添加によるpHの低下（pH 4.8まで）に対する緩衝能力の程度を示すことになる．

酸性雨が問題視されるようになり，酸性雨の影響を緩和する因子としてのアルカリ度の役割は大きく，その測定が重要になってきた．

pHが中性付近の普通の湖沼や河川では，弱酸イオン物質のほとんどが炭酸水素イオンで占められているから，測定されたアルカリ度は炭酸水素イオン量を表していると考えてよい．しかし，ケイ酸，リン酸，ホウ酸など無機の弱酸や，有機酸，フミン酸を多量に含む湖水では，これらも測定されるため，アルカリ度から計算された炭酸水素イオン量は過大に評価していることになる．

アルカリ度は，水が岩石や土壌と反応して生成する成分であるため，その値は湖の集水域の地質条件に大きく支配される．二酸化炭素を含む水は，地中の炭酸化合物と反応してカルシウムやマグネシウムなどを炭酸水素塩として溶出させる．また，ケイ酸化合物からケイ酸を溶出させる．したがって，石灰岩のように，炭酸塩を多く含む堆積岩や塩基性の火成岩を集水域にもつ湖水のアルカリ度は高い値を示す傾向にある．なお，土壌における生物学的な二酸化炭素の生成量と，岩石・鉱物との化学反応速度に関係して，アルカリ度は一般に気温の高い夏に高く，冬に低い．また，高緯度地方で低く，低緯度地方で高い傾向がある．

Chapter 9 溶存酸素

9.1 湖水の溶存酸素測定の意義

　湖における物質循環の中心的な過程は，有機物の生産と分解に伴う物質の変化と輸送の過程である．その主体となるのは，植物による有機物の合成と植物も含めたすべての生物の呼吸・分解作用による有機物の分解・無機化である．光合成作用では，植物は二酸化炭素と水から有機物を合成し，酸素分子を放出する．一方，呼吸・分解作用では，酸素を消費して有機物を酸化分解し，二酸化炭素を放出する．これらの過程にかかわって，窒素やリンなどの栄養塩が利用・合成される．そして，合成された有機窒素と有機リンは分解され，再び栄養塩として水中に放出されている．

　したがって，湖における有機物の生産と分解過程の進行状況を理解するためには，水中の溶存酸素濃度あるいは全炭酸濃度の変化を調べるのが最も的確な方法である．ただ，水中の溶存酸素量は，しばしば有機物の分解や生物の呼吸により完全に消費しつくされてしまうのに対し，全炭酸の場合は，溶存酸素がなくなった後でも分解効率は低下するが増加するので，嫌気的な分解の程度まで知ることができる利点がある．しかし，その測定に関しては，全炭酸は現在でも簡便で精度の高い測定法がないのに対し，溶存酸素は1888年にウィンクラーが開発した方法により，容易に高い精度で測定できる．このため，湖の溶存酸素の分布や変化についての知識は，すでに100年を超える蓄積があり，私たちは湖沼の水温や溶存酸素量の鉛直分布と透明度からその湖の生態系の概略を知ることができる．

9.2 溶存酸素の測定法

　湖水中の溶存酸素量は，一般に，体積（mL O_2・L^{-1}），重量（mg O_2・L^{-1}）のほかに，しばしば飽和度（％）で表示する．溶存酸素の飽和量は，大気と水が十分に混合され，大気中の酸素濃度と水中の酸素濃度が平衡状態にあるときの水中の溶存酸素量を100％として表現する．それを超えるときには過飽和，それに足りないときには不飽

和という．**表15-8**（180ページ）に例を示すように，純水（蒸留水）の溶存酸素飽和量は水温が高くなるほど低下する．普通の淡水湖の水もこれとほとんど変わらない．

表面水温が30℃も変化する温帯域の湖沼では，夏は冬の半分ほどしか水中に酸素分子が溶け込むことができない．一方で，生物の呼吸量は，一般に温度の上昇に応じて増加する．養魚池などで夏季の夜間に溶存酸素が不足して魚が死ぬのはこのためである．また，植物プランクトンが多量に発生し，あるいは水草が密生している水域では，日中の活発な光合成により，特に夏季は溶存酸素が著しく過飽和になる．このように溶存酸素の飽和度は，そのときの水中における酸素分子の供給と消費の関係の概略を知るのに便利な指標となる．なお，溶存酸素の飽和量は，塩分が増大すると低下する．高所にある湖も気圧が低いため飽和量は小さい．

9.3 溶存酸素の鉛直分布と季節変化

湖の表面付近の溶存酸素は，植物プランクトンの活発な光合成で過飽和になれば大気中に放出され，有機物の分解などで不飽和になれば大気から補給されるため，一般に飽和量に近い値を保っている．しかし，風のほとんどない晴天の日などは過飽和に相当する酸素分子のすべてが大気に放出されず，表面付近で200％にも達する飽和度が観察されることがある．

循環期には，湖水は表層から湖底まで一様に混合される．この時期に湖水は大気と十分接触し，大気との平衡濃度に相当する酸素分子を溶かし込む．バージの表現を借りれば，「湖水は生物のように酸素をたっぷり吸い込む」ことになる．いわゆる「湖は循環期に大深呼吸をする」ことになる．

夏に向かって次第に日差しが強くなると，水面に近いところでは光合成によって多量の酸素分子が供給されるが，過飽和になった酸素分子は大気中に逃げていき，風が吹くと飽和度100％にかぎりなく近づく．なお，10.2節（94ページ）で述べるように，一般に植物プランクトンの光合成は水面付近のように光が強すぎると，いわゆる強光阻害のため，その活性が低下する傾向がある．

水温成層が形成される夏季の停滞期には，昼間は，水温躍層（変水層）上部において植物プランクトンの光合成が活発に行われる．しかし，水温躍層中では深さによる水の密度のちがいが大きく，溶存酸素が過飽和になっても上下層に拡散しにくいため，高い飽和度が観測されることがある．水温躍層より深い層では植物プランクトン自身により光が遮られることも影響して光の減少により光合成量も減少する．そしてある

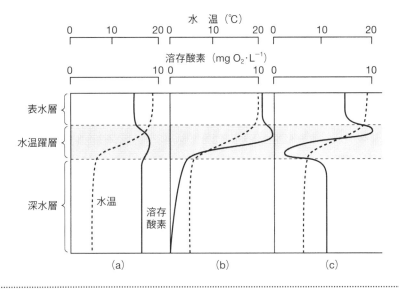

[図9–1] 夏季の溶存酸素の鉛直分布
(a) 代表的な貧栄養湖．深水層で溶存酸素はほとんど減少しない．
(b) 中–富栄養湖の一般的な状況．水温躍層上部で増加，深水層で減少．
(c) 中–富栄養湖の水温躍層中において，光合成量が最大な層の直下に分解の最も活発な層がある場合．

〔Horne, A. J. et al., *Limnology* (2nd ed.), McGraw Hill（1994）より〕

深度（補償深度）に達すると，一日を通じての光合成量と呼吸量が等しくなる．
　これより深くなると，光合成はさらに小さくなり，動植物やバクテリアの呼吸，あるいは上層から沈降してきた生物の遺骸や糞などの有機物の分解のほうが卓越する．この層では，溶存酸素量は，水温成層が形成されてからの時間とともに減少し，さらに著しいときにはほとんど消失し（これを貧酸素層の形成という），ついに無酸素状態になる．溶存酸素量が表層水と深層水とで大きく異なる鉛直分布は，一般に，生物生産の高い富栄養湖や中栄養湖にみられ，特に富栄養湖では深層水がしばしば無酸素状態になることがある．このような深水層での溶存酸素の減少は，多量の有機物が沈積している湖底表層付近からはじまり，次第に上層に移っていく．
　一方，水深が深い貧栄養湖では，表水層の植物プランクトンの光合成生産も少ないため，水温躍層上部でも溶存酸素は顕著な過飽和を示さない．また，沈降してくる有機物も少ないので，深水層でもあまり溶存酸素が減少せず，**図9–1 (a)** のように湖底まで飽和量に近い溶存酸素を含んでいる．
　水深が浅くて，ある程度の広さをもつ温帯の湖では，夏季に表層と深層で数℃の温

度差ができても，夜間の冷却や強い風のために全層の水が混合され，深水層まで十分な溶存酸素が供給される．しかし，そのような浅い湖沼は，一般に富栄養水域で生物が多く，下層でも水温が高いため，下層水と湖底堆積物上で有機物の分解が活発である．数日間，風の弱い日が続くと，下層水の溶存酸素濃度は急減してしばしば無酸素状態になる．

　夏季の水温成層が顕著で，深層の無酸素層が厚くない湖も秋になり表層水が冷却され，対流により次第に深くまで混合されると，大気から供給される酸素分子が次第に深層水まで及ぶようになる．循環期を迎え，表面から湖底付近まで全層の湖水がたっぷり大気中の酸素を吸い込むことになる．

　冬季に結氷する湖では，氷の下で水温は0℃，深層水で4℃になり，水温成層（逆列成層，逆成層）が認められる．水中では，水温が低いため生物の活動は小さいが，溶存酸素の減少がみられることがある．植物プランクトンの多い富栄養湖では（特に氷が雪でおおわれていない透明な氷のとき），氷を透過する光により，植物プランクトンが増殖して氷の直下で溶存酸素が過飽和になることが観測される．諏訪湖はその例である．

　このように，溶存酸素の深度による分布や，その季節変化から湖における植物プランクトン（水草も含め）による有機物生産とさまざまな生物による呼吸を含めての有機物の分解の進行の程度，あるいはその結果としての貧栄養湖，富栄養湖という湖の栄養特性の概略を知ることができる．

9.4 溶存酸素の鉛直分布の考察

A. 表水層に極大が現れる場合

　浅い富栄養湖で風のほとんどない晴れた日には表面水温が高くなる．このような場合，強光阻害を起こしにくいらん藻のミクロキスティス（アオコ）などが水面をおおえば，溶存酸素飽和量の最大値が表面で測定される．

B. 水温躍層に極大が現れる場合

　夏季の水温成層期に，図9-1（b）のような，水温躍層（変水層）に溶存酸素の極大が出現することがある．一般に表水層は風により混合されるため，植物プランクトンの光合成により生産された酸素分子は，水中で過飽和になると大気中に放出される．また表面付近では，光が強すぎるため，光合成がむしろ低下することが多い．このよ

うに，溶存酸素の飽和度の極大は，上下の混合が少なく，適度の光の強さをもつ水温躍層にみられることがある．

C．水温躍層に極小が現れる場合

深さ数十mの中栄養湖では，深水層で溶存酸素量が湖低に向かって低下する傾向を示すが，水温躍層（変水層）でも極小値を示すことがある（図9-1(c)）．この現象はアメリカのウィスコンシンの湖沼で研究されてから，各地でいくつかの報告がある．木崎湖でも，図8-2（82ページ）のような，水温躍層における溶存酸素の極小が，夏季にしばしば観測されている．

木崎湖では，植物プランクトンが最も多かった水温躍層上部の5m付近で溶存酸素飽和量の最大値が測定された．一方，それより1～1.5m深い層に溶存酸素飽和量の極小値が認められ，この深さ付近で有機窒素化合物の初期の分解物のアンモニア態窒素の極大層も見出された．水温躍層は深度4mから8mに形成されているから，5m層付近で植物プランクトンにより生産された有機物とその残渣が水温躍層をゆるやかに沈降し，6～7mの深度で分解量が最も大きくなったと考えられる．

D．深水層に極小が現れる場合

これは中栄養湖や富栄養湖でしばしばみられる現象である（図9-1(b)）．補償深度より深い層は，無光層あるいは分解層と呼ばれるように，光合成は小さく，呼吸・分解など酸素消費の過程が卓越する．また湖底表層には，未分解の生物の遺骸などの有機物が沈積しており，夏季に水温成層が形成されると，この有機物の分解のために湖底直上の湖水中の溶存酸素が減少しはじめ，次第に上層に波及していく．風の影響を受けにくい小湖（例：深見池）では，湖底直上の水が無酸素状態になってしまうことがある．一般的には，秋の鉛直混合が深水層に達する前に，溶存酸素量は極小値を示すことになる．

E．深水層の有機物は減らないのに溶存酸素が減少する場合

木崎湖において夏季の成層期に，深水層上部の10～20mの層での懸濁有機窒素と溶存有機窒素量がともに減少しないのにもかかわらず，この層で溶存酸素の減少と硝酸態窒素の増加が観測された．ひとつの説明として，セジメントトラップで捕捉されるような沈降粒子性の有機物の分解によることが考えられる．

海洋における従来の概念では，植物プランクトンなどが死滅しつつ沈降してもその

速度は1日に2〜3mにすぎないとされていたが，実際には物質によってはかなり速く，動物プランクトンの糞は1日に数百mの速さで沈降する．このことは，海洋の表層における植物プランクトンの生産が，短期間に数千mもの深層に影響を及ぼすことを示しており，これまでの概念を一変させた．同様な現象は湖にも存在していることが明らかになってきている．なお，琵琶湖の夏季停滞期の深水層にセジメントトラップを1日間設置して，これに捕捉された沈降植物プランクトンをガラスビンに詰めて光を与えるとかなりの光合成活性がある．これまで植物プランクトンが活性を失い深水層に沈降していくと考えられていた粒子束が，食物連鎖と物質代謝に質的な影響を与えるため興味深い．

F. 湖底直上水がなかなか無酸素状態にならない現象

ウィンクラー法による溶存酸素の測定で，わずかのちがいを精密に測定するのは難しい．しかし，工夫して精度を上げて測定するか，最新の測器を用いて微量の溶存酸素濃度を測定すると，酸素分子が微量に存在しているか，完全に無酸素状態かを区別することが可能になる．

中栄養湖（例：木崎湖）の湖底直上水中で，溶存酸素量が $0.1\ \mathrm{mL}\ O_2 \cdot L^{-1}$ 以下になると，その減少速度は遅くなり，なかなか無酸素にならないことが見出された．その間，微生物の呼吸などに必要な酸素分子は，水中の硝酸態窒素などから補われていると考えられる．すなわち，脱窒作用の進行に伴って，溶存酸素もゆっくりと減少し，硝酸態窒素がなくなったとき，完全に無酸素状態になる．ただし，湖底堆積物の表層で硫化水素が発生する場合は，このような微妙な溶存酸素の減少はみられない．

G. 深層水の溶存酸素の減少から湖の栄養度を推定する

太陽光が十分に透過する生産層では，植物プランクトンによる活発な有機物生産が行われるが，補償深度より深層では，上層から沈降してきた有機物の分解が主な過程となる．したがって，深層水における溶存酸素の消費量は，一次生産量を反映していると考えてよい．このような立場から，水温の成層期の深層水における溶存酸素の減少量からその湖の一次生産を推定する試みが以前から行われてきた．これは定性的には正しい発想といえる．

一般に，中栄養湖，富栄養湖などでは，夏季に湖底付近の溶存酸素が著しく減少し，しばしば無酸素状態になることが以前から知られていた．図9-2のように，木崎湖では8月下旬における水温躍層下部から深水層上部にかけての溶存酸素量が，年を経る

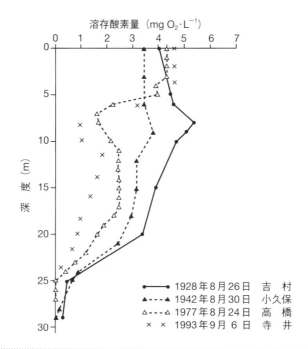

[図9-2] 木崎湖8月下旬における溶存酸素の鉛直分布の長期変化

につれて減少しており，人為的富栄養化の進行をよく示している．

9.5 溶存酸素量の飽和度

　湖水中の溶存酸素の飽和度は，常に湖の湖面の海抜高度に伴う気圧に基づいて計算している．しかし，よく考えてみると，湖水中では深度約10 mごとに1気圧増えるから，深度に応じて飽和量は増大するはずである．それなのに，なぜ湖面の気圧を基準に飽和度を求めているのだろうか．それは湖水中の溶存酸素は大気中の酸素とだけ交換があるということを前提としており，溶存酸素の飽和度は，表面水における飽和（大気中の酸素との平衡状態）を出発点として考察されているためであることを理解しておく必要がある．したがって，湖底から溶存酸素が豊富な地下水の供給がある湖や，酸素が噴出している地域の湖では，停滞期の深層水中に溶存している酸素が過飽和として計算されてしまう．

Chapter 10 光合成生産

　植物プランクトンの生産は，湖沼における有機物生産の大部分を占める．この過程は，湖沼生態系における物質循環の出発点でもあり，これを維持する原動力になっている．このような視点から，植物プランクトンの光合成生産を詳しく述べ，独立栄養細菌などによる生産についてもふれる．

10.1 植物プランクトンの現存量

　湖沼における一次生産が陸上と大きく異なる点のひとつは，湖の沿岸部あるいは沼などに生える大型の水生植物を除くと，生産者である植物の大部分が顕微鏡でなければ見えない微細な藻類で構成されていることである．これは付着藻類と浮遊藻類に分かれる．付着藻類は大型水生植物の表面，岩石や砂礫質の表面などに生育しているが，その量は一般に少ない．浮遊藻類がいわゆる植物プランクトンで，水中で生活し，湖水中の主な微細藻類である．両者を区別しにくいことも多いので，植物プランクトンとして一括して述べる．

　したがって，物質循環を考えるうえで，植物プランクトンの量（現存量）とその光合成生産量（一次生産量）を把握することは重要である．

A. 植物プランクトンの優占種とクロロフィルa量

　まず，網目の細かいプランクトンネットを使い，透明度の3〜4倍の深さから湖の表面まで鉛直にひいて試料を集める．ホルマリンなどで固定せず，生のまま顕微鏡で見ると，動物プランクトンだけではなく，植物プランクトンの多くも鞭毛などにより動いており，眺めているだけでも楽しい．このようにプランクトンに親しんでおくことが大切である．また，網目のサイズの異なったプランクトンネットで採集した試料を比較すると，別の湖の試料かと思うほど異なった様相をしていることがある．そのような認識も重要である．

　植物プランクトンの主要な種類組成，特に観測時の優占種が何であったかを知って

[表10-1] 藻類に含まれるクロロフィル色素の種類

緑　藻　類	……クロロフィルa, クロロフィルb
珪　藻　類	……クロロフィルa, クロロフィルc
渦鞭毛藻類	……クロロフィルa, クロロフィルc
黄金色藻類	……クロロフィルa, クロロフィルc
ら　ん　藻　類	……クロロフィルa

おくことは，きわめて重要である．植物プランクトンの大きさはさまざまであるため，一次生産や物質循環の視点から植物プランクトンの現存量を知るための最も実用的な方法は，植物の光合成において基本的な役割を果たしているクロロフィル（葉緑素）の量を測定することである．植物以外の生物は（光合成を行うバクテリアを例外として），クロロフィルをもっていない．しかし，植物プランクトンに含まれるクロロフィルも種類によって**表10-1**のように若干異なる．

このなかで，クロロフィルa以外の色素（アンテナ色素）も光エネルギーを獲得する役割をしているが，そのエネルギーを使って行われる光合成作用の主体となるのはクロロフィルaである．したがって，クロロフィルa量と光合成量との間には，密接な関係があることが知られている．クロロフィルaからとり込まれた光エネルギーは光合成系の光化学反応に使われる．

湖の透明度とクロロフィルa量（植物プランクトン量）の間には，かなりよい相関があることが見出されている．そして，クロロフィルa量と湖水中の全窒素量，全リン量との間にも一定の関係があることが知られている．

B. クロロフィルa量と主な構成成分との関係

湖水の植物プランクトン量を炭素，窒素，リンの量としてクロロフィルa量から推定することがあるが，その比は**表10-2**に示したように，植物プランクトンの種類や生理状態などで変化する．植物プランクトンを構成する炭素と窒素とリンの比は，海洋で得られたレッドフィールド比（原子比として$C:N:P=106:16:1$）が一般に使われている．

C. フェオ色素測定の意義

普通，使われている吸光法による色素の測定において，抽出液に酸を加えることにより，クロロフィル分子からマグネシウムがとれた分解物であるフェオ色素も測定で

[表10-2] 植物プランクトン中のクロロフィルa量と炭素，窒素，リン量の関係（重量比）

C : Chl. a	30～100
N : Chl. a	5～ 15
P : Chl. a	2～ 4

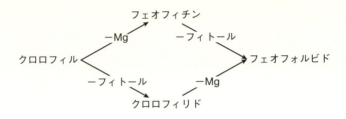

[図10-1] クロロフィルの分解過程とその生成物

きる．クロロフィルの分解過程とその生成物を**図10-1**に示す．これらの生成物の総称がフェオ色素である．

クロロフィルの分解には2つの過程があり，ひとつはマグネシウム（Mg）がとれるもの，もうひとつはフィトールがとれるものである．マグネシウムだけがとれたものがフェオフィチン，フィトールだけがとれたものがクロロフィリド，マグネシウムとフィトールの両方がとれたものがフェオフォルビドである．フェオ色素という場合には，フェオフィチンとフェオフォルビドの両者が含まれていると考えてよい．

これら個々の分解物を正確に測定するためには，クロマトグラフィーなどに頼らねばならない．単に酸を加えて測定するのは便宜法で，植物プランクトンの光合成に対する活性の程度を知るのに役立つ．例えば，動物の消化管のなかを通ってきた植物プランクトンや基質からはがれた付着藻類のフェオ色素のクロロフィルに対する比率は明らかに高く，一方，活発に生育しつつある植物プランクトンのフェオ色素の比率は低い．

10.2 光合成と呼吸

植物の光合成では，植物が二酸化炭素と水から，太陽の光エネルギーを使って有機物を合成し，同時に水中に酸素分子を放出する．これは，無機物から有機物を合成す

る過程，いわゆる有機物生産（一次生産，基礎生産）である．しかし，同時に植物は，光の有無に関係なく常に呼吸しており，体内の有機物と酸素分子を消費して水中に二酸化炭素を放出している．動物やバクテリアも常に呼吸している．呼吸作用は有機物を酸化してエネルギーを獲得し，無機化する過程である．

植物プランクトンの光合成量を試料中の溶存酸素や全炭酸の量の変化から求める場合の問題は，呼吸量が一定ではなく，光合成が活発なときは高く，光が不足して光合成が低下したときは呼吸量も低い傾向があることである．これに関しては現在でも議論が多く，詳細は明らかになっていない．

A．光の強さと光合成量との関係

植物の光合成作用は，光の強さと密接に関係しており，この関係を示す曲線を光合成-光曲線と呼ぶ（図10-2）．暗所では植物は光合成を行わず，呼吸により水中から酸素分子を吸収し，二酸化炭素を放出する．弱い光では，わずかの光合成が行われるが，その量は呼吸量より小さい．さらに光が強くなると，ある光の強さで光合成による酸素分子と二酸化炭素の出入りと，呼吸による二酸化炭素と酸素分子の出入りとが等しくなる．このときの光の強さを補償点と呼ぶ．この場合は，有機物の合成量（生産量）と消費量（分解量）が等しいから，有機物のプラスの生産（純生産あるいは生長）は行われない．補償点の光の強さは薄暗い部屋程度の明るさである．しかし，その強さは一定ではなく，その植物プランクトンの種類や生育していたときの光条件によって異なる．例えば，光の弱い場所で生育していた植物プランクトンは暗い光に適

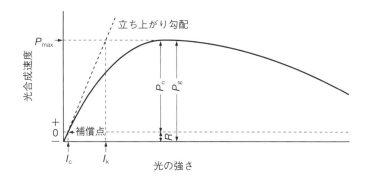

[図10-2] 光合成-光曲線

P_{max}：最大光合成，I_c：補償光度，R：呼吸，P_n：純光合成，P_g：総光合成，I_k：本文参照
〔Parsons, T. R. et al., Biological Oceanographic Processes (3rd ed.), Pergamon Press (1984) を一部改変〕

応し，補償点の光の強さは低下して弱光で生長できる．

　暗所から次第に光が強くなるにつれて，光合成は光の強さに比例して直線的に増加する．ここでは，光合成は光化学反応によってのみ支配されるからである．しかし，光がさらに強くなると，その傾きは次第に緩やかになり，一定の値を示すようになる．このときの光合成量を最大光合成量（P_{max}），光の強さを飽和光という．ここでは，光合成量は酵素反応によって支配されるため，水温のちがいによって光合成量が異なる．

　タリングは，光合成-光曲線の型が植物プランクトンの生理状態によって異なることに着目し，光合成-光曲線の弱光での立ち上りの線と飽和光下の水平線との交点を求め，そこの光の強さをI_kと呼んだ．さらに光が強くなると，色素の生産が妨げられ，退色が起こり，光合成量が低下する．この現象を光合成の強光阻害という．

B. 光合成の強光阻害について

　最近の研究によれば，強光阻害を起こす主な原因は光の近紫外部（およそ300〜400 nm付近）にある．一般に飽和光（光合成が最大になるときの光の強さ）は，薄曇りの日の正午前後の明るさである．

　日本のような温帯地方でも，春から秋にかけての晴天の日は，湖の表面付近では光が強すぎるため，植物プランクトンは強光阻害を起こして光合成量が低下することがしばしばある．この湖では，総生産量と純生産量（総生産量から呼吸量を差し引いた量）の鉛直分布は図10-3のようになる．曇天の日の光合成量は表面付近で最大にな

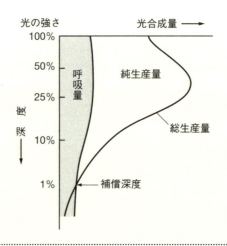

［図10-3］湖における総生産量（光合成量）と純生産量の鉛直分布

り，総量としては晴天の日に比べてあまり減少しない．

C. 光の強さへの植物プランクトンの適応

　陸上の植物にも強い光を好む植物と弱い光を好む植物とがある．植物プランクトンも光の強さと光合成の関係は種類によって異なるが，植物プランクトンが生育していた水中の光，温度，栄養条件などの環境要因も大きく影響する．例えば，低温や栄養塩が欠乏しているときは強光阻害を受けやすい傾向がある．なお，自然の植物プランクトンで強光阻害がみられなかった例もいくつか報告されている．例えば，富栄養湖に出現するらん藻のミクロキスティスは，強光阻害を受けにくいことが知られている．このため，夏季の光が強い時期に湖沼の表面付近で優先的に増殖し，その下層の光条件を悪化させ，他の植物プランクトンの増殖を阻害していると考えられる．

　湖水が成層すると，表面付近の植物プランクトンは次第に強い光に適応し，生産層下部の植物プランクトンは次第に弱光に適応する傾向がある．特に弱光への適応は，停滞期の生産層下部の補償深度付近でしばしば観察される．いわゆる亜表層クロロフィル極大層の形成の主な原因のひとつである．これは，水温躍層内に補償深度があるときに形成されやすく，弱光に適応した植物プランクトンは，それより深い層の豊富な窒素，リンなどの栄養塩を使って増殖する．この層における光合成量は意外に大きく，湖沼の有機物生産に重要な役割を果たしている．この場合，植物プランクトンは細胞内のクロロフィル濃度を高めるなどして，ごく弱い光を能率よく利用して光合成を行う．冬季の厚い氷の下で増殖する植物プランクトンも同様な条件にあるものと考えられる．

D. 停滞期における植物プランクトン量と光合成量の変化

　停滞期における植物プランクトンの成長過程は，図10-4のように模式的にまとめることができる．循環期には，植物プランクトンは全層一様に分布しているが，光合成量は強光阻害と深さによる光の減衰に対応した分布を示す．植物プランクトンが増殖すると，それ自体により深層への光が妨げられ，光合成が活発に行われる層も植物プランクトンの分布する層も表面近くに移行する．栄養塩が十分にあると，植物プランクトンは表面に集中し，高い光合成量の結果，「水の華」が形成される．しかし，表層水で栄養塩が欠乏してしまうと，深層水からの栄養塩の供給に依存するようになり，植物プランクトン量と光合成量の大きい層は深くなり，亜表層クロロフィル極大層が形成される．

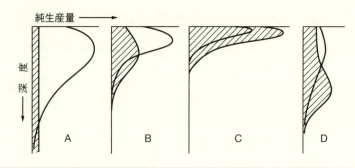

[図10-4] 成層期の水中での植物プランクトン量（斜線部分）と1日の純生産量（実線）の鉛直分布の長期間の変化

植物プランクトン量はクロロフィルa量（mg chl. a. m^{-3}）で示し，純生産量（mg C・mg chl. a^{-1}・day^{-1}）は光合成量から呼吸量を差し引いた値．
A→Cは植物プランクトンの増殖に伴う変化，さらに表層の栄養塩が欠乏すると，Dのような弱光に適応した亜表層クロロフィル極大層が形成される場合がある．
〔Parsons, T. R. et al., Biological Oceanographic Processes (3rd ed.), Pergamon Press (1984) を一部改変〕

ここで注意したいことがある．植物プランクトン量が多い富栄養湖では，表面付近での光合成量は高いが，少し深くなると，植物プランクトン自身の遮光により光が急激に減少し，単位面積当たりの全光合成量はそれほど大きくない．それに対して，植物プランクトン量が少ない貧栄養湖では，深層まで光が透過して光合成が行われるため，単位面積当たりの光合成量は意外に大きくなる．このように，湖水中のクロロフィルa量が異なっていても湖の全光合成量にはそれほど大きな差がない．

E. 光合成による細胞外生成物

植物プランクトンが光合成を行う際に，生産された有機物の一部が細胞外に分泌されることが知られている．この細胞外代謝生産物は，光合成生産物の0.2％から75％にも及ぶ．しかし，植物プランクトンが活発に生育している場合は，この細胞外代謝生産による溶存有機炭素量は光合成で生産された全有機炭素量の十数％以下程度で，生育の末期や強い光の下では数十％に達する．分泌される有機物は，グリコール酸などの有機酸，グリセロール，炭水化物，多糖類などが知られている．

この起源の溶存有機物は，従属栄養細菌に利用されやすい．最近，注目されているバクテリアを食物連鎖の出発点とする微生物ループの形成に，これら細胞外生成物の役割は大きい．

10.3 バクテリアによる光合成と化学合成

　光合成は植物だけが行うと考えがちであるが，光合成を行う細菌もあり，湖によっては重要な役割を担っている．例えば，硫黄細菌のなかにはクロロフィル（バクテリオ・クロロフィル）をもっていて光合成を行うものがある．このバクテリアは部分循環湖でしばしば出現する．

　部分循環湖は，上層と下層の水の密度のちがいが大きいため，深層水は鉛直混合を受けることがほとんどなく，半永久的に停滞しているため，溶存酸素は消失して硫化水素が多量に発生している．光合成硫黄細菌は，この硫化水素を利用して次のように光合成を行い，有機物を生産している．

$$\text{光合成硫黄細菌} \quad CO_2 + 2\underline{H_2S} \xrightarrow{\text{光エネルギー}} (CH_2O) + H_2O + \underline{2S}$$
$$\text{植物プランクトン} \quad CO_2 + 2\underline{H_2O} \xrightarrow{\text{光エネルギー}} (CH_2O) + H_2O + \underline{O_2}$$

　上式に示すように，光合成硫黄細菌は，光合成を行うとともに硫化水素を酸化して硫黄に変える．そして，その硫黄はさらに酸化されて硫酸イオンになる．なお，光合成硫黄細菌の水素供与体は硫化水素（H_2S）であるが，植物プランクトンや大型水生植物の場合は水（H_2O）である．

　この細菌には，紅色硫黄細菌と緑色硫黄細菌が知られており，非常に弱い光を利用して光合成を行う．この細菌は図10-5のように部分循環湖あるいは深い小湖（例：深見池）の深層に，夏の成層期の後半，溶存酸素のある上層（好気層）と下層の無酸素層（嫌気層）の境目に厚いマット状でしばしば見出される．この光合成細菌は，10.2節で述べた亜表層クロロフィル極大層の出現の機構と同様に，弱光とより深い層の豊富な栄養塩を利用して，植物プランクトンをしのぐ高い生産量を示すことがある．

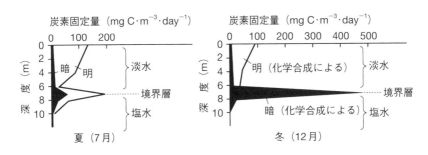

[図10-5] 部分循環湖（水月湖）における炭素固定量

一般にバクテリアというと，有機物を分解消費してエネルギーを得る従属栄養細菌を考えがちである．しかし，バクテリアのなかには植物と同様に光エネルギーを使って有機物を合成する光合成硫黄細菌以外にも，他のエネルギーを使って有機物を合成する，いわゆる独立栄養細菌（化学合成細菌）も広く分布している．例えば，**図10-5**の硫化水素を硫黄に酸化して得るエネルギーで有機物を合成する硫黄細菌，鉄（Ⅱ）を鉄（Ⅲ）に酸化する鉄細菌，アンモニア態窒素を亜硝酸態窒素に，さらに硝酸態窒素に酸化する硝化細菌，メタンを酸化するメタン細菌などはいずれもその仲間である．

　化学合成硫黄細菌は，前述の光合成硫黄細菌とともに，好気層と嫌気層の境界（酸化還元境界層）におびただしく出現し，この層にはそれを餌にする動物プランクトンや原生動物も集まってくる．

10.4 光合成量と呼吸量の測定

　湖水の光合成量と呼吸量を測定する場合の問題が2つある．ひとつは，植物プランクトンの呼吸量は常に一定ではなく，光合成を行っているときには呼吸量が著しく増大することである．近年，明らかになったこの光呼吸は，光がないときの暗呼吸の数倍に達する．しかし，現在のところ光呼吸を正確に測定できないため，光合成量（総生産量）を正しく評価することは難しい．

　もうひとつは，光合成量は植物プランクトンのみが関係しているが，測定された呼吸量は植物プランクトンの呼吸だけではなく，動物プランクトンや細菌の呼吸なども含め，湖の生物群集の総呼吸量あるいは総分解量ともいうべきものが示されていることである．

A. 現場における光合成測定の問題点

　ひとつは現場で試料を採取するときの問題である．植物プランクトンや光合成硫黄細菌は微量な重金属や有機物に敏感なものが多い．金属製の採水器で生物の活性を調べるための試水をとると，生物活性が著しく低下することがある．新品の塩化ビニール製のバンドーン採水器で採取した試水中の植物プランクトンの光合成活性がほとんどなくなっていた経験もある．

　もうひとつは，光合成の速度を実験室で測定するときの問題である．自然水中で行われている光合成量に比べて，湖水をビンに閉じ込めて測定した光合成量は，過小に

なる傾向がある．自然水中の溶存酸素量の変化から推定した光合成量は，ビンに閉じ込めた場合の2倍以上の値が得られた例がある．

その主な理由は，湖水が自然状態のままに水中にあるときと，ガラスビンなどの容器に封じ込まれたときとでは，生物の生育の環境条件が異なるためである．まず，植物プランクトンなどは，容器中に封じ込められると水の動きがなくなるため，容器の底に沈降してしまう場合が多い．植物プランクトンは，自然状態の水中に浮遊しているときは，光条件の変化の影響を受けながら次々と新しい湖水にふれて栄養塩を吸収できる．しかし，沈殿した植物プランクトンは，容器の底の水の栄養塩を消費しつくしてしまうと生物の活性が低下する．また，湖水を容器中に閉じ込めると，容器の内側の壁にバクテリアが時間とともに増殖する．このため，現場に長時間吊り下げると，バクテリアの量は著しく多くなり，容器中の酸素消費量は過大な値を示す．

この場合，長時間湖水を容器に密閉しておくことの影響は，水温と照度が高くない場合は一般に4時間くらいまではほとんど問題にならない．ある程度の誤差を覚悟して測定するとすれば，6時間が限度である．それ以上長時間現場に放置して測定した値は大きな誤差を含む．

さらに，日の出から正中時までと，正中時から日没までの現場の光合成を測定すると，天候が変わらなければ，一般に午前中のほうが高い値になることが多い．その理由は明確ではないが，植物プランクトンの生理活性の変化や水中の栄養塩の濃度の変化などが考えられる．

B. 測定可能な光合成量の限界

放射性同位体炭素の^{14}Cを用いれば，きわめて植物プランクトンの少ない（クロロフィルa量として$0.1\ \mu g\cdot L^{-1}$以下）場合でも，少量の試水で高い精度で測定できる．しかし，現在，日本では野外における放射性炭素の使用は厳しく制限されており，同位体測定による方法としては，安定同位体の^{13}Cが広く使われている．しかし，これは測定が繁雑である．

そこで，広く使われているビン中の溶存酸素量の変化から測定することになる．この方法は，明ビンと暗ビンの溶存酸素量のウィンクラー法による測定値に有意の差がなければならない．このため，植物プランクトン量の多い中栄養湖が富栄養湖でなければ光合成の測定は難しい．

10.5 湖水の鉛直混合の一次生産への影響

　湖水の鉛直混合は，さまざまな面で一次生産に影響を与えている．これを十分理解していないと，湖における一次生産の測定や解析などを正しく行うことができない．

A. 深い湖の場合

　ある程度以上の水深をもつ温帯湖は，春の終わりから秋にかけて水温が成層し，夏に表水層の水（表層水）と深水層の水（深層水）が混合することがない．このため，表層水では植物プランクトン細胞が増殖するために，光合成による炭水化物の生産に見合ったタンパク質や脂質の合成に，水中の窒素，リンなどの栄養塩を活発に消費する．その結果，降雨などで湖の周辺（集水域）から供給される以外は栄養塩が不足状態になる．一方，深層水では，上部から沈降してきた有機物や湖底堆積物の表層の有機物の分解により栄養塩が増加する．

　しかし，秋になると，冷却により水の密度が大きくなり，次第に水は深い層まで混合されるようになる．このため，それまで光がほとんど届かないために植物プランクトンに利用されずに深層水に蓄積されていた栄養塩が表層水に運ばれ，それを使って植物プランクトンが活発に光合成生産を行うようになる．これを秋のブルームと呼ぶ．

　さらに，表水層で冷却が進むと，全層の水が混合されて表面から湖底までの水温が等しくなる．秋季循環期である．それに伴い全層の溶存酸素は飽和し，栄養塩も全層一様になる．この後，湖水は表層での冷却と風による鉛直循環を続けながら，4℃以下にまで冷却され，厳冬になるとついに湖面が結氷する．

　湖面が氷でおおわれると風の影響は氷の下の水層へは及ばなくなり，湖水の鉛直混合は停止する．深層水の水温は最大密度の4℃になり，氷の直下は0℃になる．いわゆる冬の成層期（逆成層）である．温帯地方では，冬もかなりの量の日射がある．湖面が氷でおおわれていても，氷が透明に近いときは光をよく透す．氷の下の水は鉛直混合を受けることなく，植物プランクトンは継続的に太陽の光エネルギーを得ることができる．秋季循環期のときに深層水からもたらされた豊富な栄養塩を使って植物プランクトンは活発に増殖できる．例えば，結氷した諏訪湖では，氷の下で溶存酸素が過飽和になることがある．氷が不透明でも植物プランクトンは氷の直下の弱い光に適応して光合成を行い，増殖することがある．このような現象は，ほかには榛名湖，赤城山の大沼（ともに群馬県）などでみられた．興味深いことに，冬季の植物プランクトン量は，概して結氷する前や暖冬で結氷しないときよりも，結氷したときのほうが

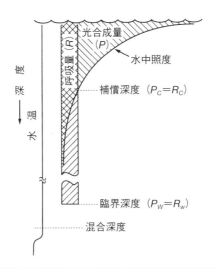

[図10-6] 補償深度，臨界深度，混合深度の関係

鉛直混合が補償深度より深くまで行われるとき，ある深度では，表層からそれまでの水柱のなかで行われる1日の光合成量と呼吸量が等しくなる．この深度を臨界深度と呼び，これより深くまで鉛直混合が行われるときは，純生産量はマイナスになり，植物プランクトンは増殖できない．

〔Parsons, T. R. *et al.*, Biological Oceanographic Processes (3rd ed.), Pergamon Press (1984) を改変〕

大きい．南極大陸で，植物プランクトン現存量が氷の直下や氷中で高い湖沼があるのもこの例である．

琵琶湖は深いために冷却に時間がかかり，循環期が12～1月になってからはじまり，結氷しないため4月まで続く．補償深度の深さはだいたい15 m付近である．したがって，15 mより深い層（琵琶湖北湖では15 m以深のところが大部分を占める）では，植物プランクトンの光合成量よりも呼吸量のほうが大きく，純生産はマイナスになると考えられる．全層にわたって鉛直混合が行われ，植物プランクトンが表層から湖底までの間を循環すると，深さ約15 mの補償深度より上の層にいる時間よりも15 m以深の光が不足している層にいる時間のほうが長い．一方で，常に呼吸は行われている．したがって，光合成量（生産）よりも呼吸量（分解）のほうが大きくなる．植物プランクトンの生育中に栄養塩が十分にあっても光不足で増殖できないことになる．

図10-6に補償深度，臨界深度，混合深度の関係を示す．水柱当たり1日の光合成量と呼吸量が等しくなる深さを臨界深度と呼ぶ．つまり，湖水の鉛直混合が臨界深度より深くなると，純生産はマイナスになり，植物プランクトンは増殖できなくなる．したがって，琵琶湖のように冬季に湖水が鉛直循環して，混合深度が臨界深度より深

くなる深湖では，有光層中の栄養塩が豊富な冬季循環季においても，普通，植物プランクトンの増殖が大きくならない．

B. 大きな一次生産量が得られる要因
　このように，湖水の鉛直混合は深層水に蓄積されていた栄養塩を表層水に運び，一次生産を高める作用があるとともに，一方で，個々の植物プランクトンが受ける光の絶対量を減少させて一次生産を低下させる作用がある．したがって，高い生産量が得られる条件は，鉛直混合により栄養塩の補給を受けたのち，植物プランクトンが十分増殖できるだけの期間（1～2週間），湖水が停滞し，そして，再び全層混合したのち，しばらく停滞する，というパターンをくり返すことである．浅い富栄養湖の諏訪湖や霞ヶ浦の夏の状態は，これに近い状態である．

Chapter 11 窒素とリン

　陸上の自然の草や木の生育に，窒素，リン，カリウムなどの栄養素が必要である．これは，人間が農作物を育てるとき，これらの肥料を施すことからもわかる．湖沼でも植物プランクトンが増殖する際には各種の栄養元素（生元素）を必要とする．そのなかで最も不足して生産の制限因子となりやすいのは，一般に窒素とリンである．したがって，水域の一次生産を考えるためには，窒素とリンの行動を十分理解しておく必要がある．なお，現在大きな社会問題になっている閉鎖性水域の水質汚濁による人為的富栄養化の主な原因は，人間活動の増大に伴う各種排水からの窒素，リンなどの栄養物質の過剰な供給により生じた植物プランクトンの異常増殖がもたらした結果である．

11.1 藻体の窒素とリンの比と湖水中の窒素とリン化合物の季節変化

　植物プランクトン中の炭素，窒素，リンの比率は，レッドフィールド比（原子比としてC：N：P＝106：16：1）が使われる．この比率は平均的なもので，植物プランクトンの種類によっても生理状態によっても異なる．湖においては，植物プランクトンのほかにデトリタスなどの現存量の多少にも影響されるため，これらの比率幅は水域の栄養度のちがいや季節変化によって大きくなる（図11-1）．この比率の変化から，湖水中の窒素あるいはリンの欠乏状態のおよそを推定することができる．

　無機窒素栄養塩は，アンモニア態窒素（NH_4^+-N），亜硝酸態窒素（NO_2^--N），硝酸態窒素（NO_3^--N）である．亜硝酸態窒素は汚濁水に多量に存在することがあるが，通常は少ない．有機窒素化合物のひとつである尿素態窒素も栄養物質として一般に硝酸態窒素以上に重要だが，あまり知られていない．これについては11.5節で述べる．リンは，しばしばリン酸態リン（PO_4^{3-}-P）として示されているが，水中での存在形態は明らかではない．

　湖水中の無機態の窒素栄養塩化合物とリン酸態リンの濃度の季節変化を琵琶湖北湖

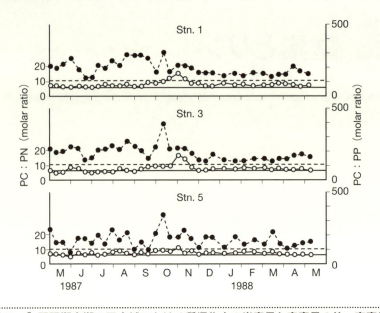

[図11-1] **琵琶湖南湖の三水域における懸濁物中の炭素量と窒素量の比，窒素量とリン量の比の季節変化**〔Nakanishi, M., et al., Jpn. J. Limnol., 51 (1990) より一部改変〕

図中の定点1 (Stn. 1) は集水域の影響が大きい水域，定点3 (Stn. 3) は南湖の中央水域，定点5 (Stn. 5) は北湖水の影響がある南湖北端水域であり，それぞれの比の変動幅と季節変化に特徴がみられる．図中の横実線と横点線はC:NとC:Pのレッドフィールド比をそれぞれ示す．

で得た例を**図11-2**に示す．琵琶湖北湖では，アンモニア態窒素は年間を通じて全層にわたって少ない．硝酸態窒素は，水温成層期には表層付近で植物プランクトンによって消費されるために少ないが，深層水で多く，1月末から3月にかけて全層循環するときは表面から湖底まで濃度が一様になる．リン酸態リンは，深層水でわずかに増えることがあるが，全層にわたり，一年中きわめて少ない．11.5節と11.6節で述べるように，アンモニア態窒素とリン酸態リンは，水中で消費と供給が動的平衡にある．したがって，クロロフィルa量の高い11月の表層水でアンモニア態窒素が変化しないのに，硝酸態窒素が低下したからといって，植物プランクトンが窒素源として硝酸態窒素を好んで利用したと簡単には判断できない．リン酸態リンの場合は，さらに鉄化合物との共同沈殿など物理・化学的反応も考慮する必要がある．

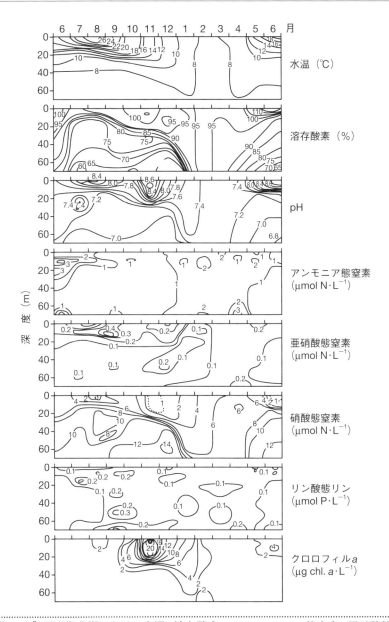

[図11-2] 琵琶湖北湖における水温,溶存酸素,pH,アンモニア態窒素,亜硝酸態窒素,硝酸態窒素,リン酸態リンおよびクロロフィルa量の鉛直分布の季節変化

〔Mitamura, O and Saijyo Y., *Arch. Hydrobiol.*, 91 (1981) より一部改変〕

11.2 全窒素と全リン

　光が十分あって，植物プランクトンが活発に光合成をしている層（生産層）の硝酸態窒素やリン酸態リンなどの栄養塩濃度は，いわば使い残りの量を測定していることになる．窒素やリンは，これらの栄養塩のかたちをしたもののほかに，プランクトンやバクテリアに含まれていたり，有機物として水に溶けているものもある．湖水の窒素やリンを評価するためには，さまざまな形態の窒素やリンの現存量と，その総量を知ることが必要である．

　湖水中に全窒素と全リンが多ければ，植物プランクトンの量も多くなる．例えば，閉鎖性湖沼においては，植物プランクトンが増殖する前の循環期の全リン濃度と，増殖後の夏季のクロロフィル a 濃度の間には，**図11-3**に示すような密接な関係が見出されている．このような関係から，植物プランクトンの現存量がまだ低いときの全リンの測定値から，その年の植物プランクトンのブルームの現存量をおおまかに予測することができる．全窒素とクロロフィル a 量の間にも同様の関係がある．また，河川，降水あるいは湖底堆積物からの溶出により，湖水に供給される全窒素，全リンの量が

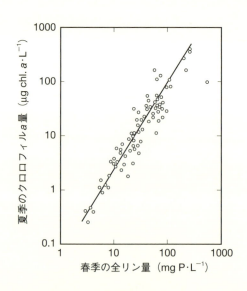

［図11-3］ 温帯のいくつかの湖における春季循環湖における全リン濃度と夏季のクロロフィル a 量の関係
〔Horne, A. J. and Goldman, C. R., Limnology (2nd ed.), McGraw Hill (1994) より一部改変〕

どれだけ増えれば，発生する植物プランクトン量がどれくらいになるかも予測できる．人為的富栄養化で発生する植物プランクトン量を予測する手法も，この関係を基礎にしている．

11.3 湖水における窒素の収支

栄養塩は，河川，降水，地下水などから湖に絶えまなく供給され，一方で，河川あるいは地下水から流出している．水中の硝酸態窒素，アンモニア態窒素，尿素態窒素，リン酸態リンなどは，表層水で植物プランクトンにより栄養塩として利用・消費され，一方で植物プランクトンはそれ自体，死亡・分解したり，動物プランクトン，底生動物，魚などに食べられ，さらに排出され，供給されている．その過程はさまざまだが，水中に再び栄養塩化合物として戻ってくる．そして，一部の窒素，リンは懸濁有機物として湖底に沈降した後，そのかなりの部分は分解して，再び水中に溶出・回帰してくる．

11.4 有機窒素と有機リン

有機窒素と有機リンは，それぞれ湖水中に溶けているものと，溶けないで粒子状のものがある．すなわち，有機窒素は溶存有機窒素（DON）と懸濁有機窒素（PON）に，有機リンは溶存有機リン（DOP）と懸濁有機リン（POP）に分けられる．

この分類は厳密ではない．7.2節（70ページ）で述べたように，化学的な意味での溶液，コロイド，粒子をサイズ別に厳密に分けることはとても難しく，また天然水中ではサイズが複雑で区別することはできないからである．一般的には，広く使われている孔径1 μm程度かそれ以下のガラス繊維のろ紙や有機膜のろ紙で湖水をろ過し，ろ紙上に残るものを懸濁態，ろ液を溶存態としている．

したがって，特に後者の溶存態のなかには，バクテリアや微細な植物プランクトンの一部が含まれていることもある．また，懸濁態のなかには，植物プランクトン，動物プランクトン，バクテリア，花粉，生物の遺骸，そのほか陸域から運ばれてきたものなど，さまざまなものが含まれている．なお，溶存有機窒素と溶存有機リンは，懸濁有機窒素と懸濁有機リンの分解で生じることが多い．

11.5 窒素の循環の諸過程

　湖水中における窒素の生物作用による循環過程は複雑である（図11-4）．そのなかの主要な窒素循環過程をわかりやすく示したものが図11-5である．

A．植物プランクトンによる窒素のとり込み

　植物プランクトンは，窒素源として主にアンモニア態窒素と硝酸態窒素を利用する．亜硝酸態窒素も使われることがある．有機態の尿素態窒素もよく利用される．硝酸態窒素を好んで利用する植物プランクトン（例：ミクロキスティス）もあるが，植物プランクトンの大部分の種類は，アンモニア態窒素と硝酸態窒素の両方が湖水中にあると，まずアンモニア態窒素を使う．そしてアンモニア態窒素がほとんどなくなってしまうと，硝酸態窒素や亜硝酸態窒素を使いはじめる．なお，硝酸態窒素の利用は光に依存するが，アンモニア態窒素は暗所でもとり込まれる．

　尿素態窒素は一般にアンモニア態窒素に次いで，硝酸態窒素より優先してとり込まれる．尿素態窒素のとり込みは，アンモニア態窒素と同様に植物プランクトンの光合成に関係し，ある程度，光の強さに依存して変化する．なお，尿素態窒素はアンモニア態窒素と同様に湖の生物の排出や生物遺骸の分解などによって供給される．これら窒素化合物のとり込みについての速度の解析は，とり込み速度が窒素化合物の現存量に依存するとして，窒素化合物のとり込み速度（V）を，次のミカエリス-メンテンの酵素反応式から求めることがある．

$$V = \frac{V_{max}S}{(K_s + S)}$$

ここで，S（基質濃度）は窒素化合物の現存量，V_{max}（最大とり込み速度）はとり込み速度の飽和値，K_s（半飽和定数）はとり込み速度が最大とり込み速度の1/2のときの窒素化合物の濃度である．

B．窒素固定

　植物プランクトンのなかでも，らん藻のある種類のもの（例：アナベナ）は，栄養塩の窒素化合物が不足すると，水中に溶けている分子状窒素（窒素ガス）を利用する．つまり，窒素固定を行う．なお，窒素固定は，大気圏の分子状窒素を湖水への有機窒素としての固定過程であり，究極の湖沼の窒素の負荷過程（ある種の富栄養化過程）といえる．

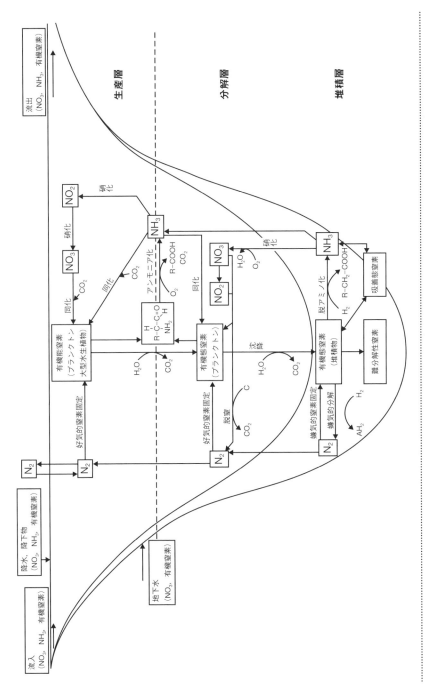

[図11-4] 湖における窒素循環の諸過程〔Wetzel, R. G., *Limnology* (2nd ed.), Saunders College Publ. (1983) より一部改変〕

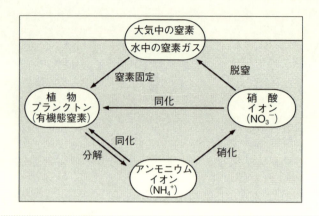

[図11-5] 窒素循環の模式図

例えば，木崎湖では，6月から10月の窒素固定量は植物プランクトンによる全窒素とり込み量の10%以下であったが，8月には5m層で約40%に及ぶアナベナによる高い窒素固定があった．

C. 有機窒素の分解

湖内のプランクトン，その他の生物の遺骸，湖外から流入した落葉などの懸濁物に含まれるタンパク質などの有機窒素がバクテリアや動物の捕食を通して分解されると，アミノ酸や尿素などの溶存有機窒素を経て，まずアンモニアになる（アンモニア化）．また，生きている生物から，直接アンモニアや尿素が排出される．アンモニアや尿素は，前述のように再び植物プランクトンによって窒素源としてとり込まれる．

木崎湖では，7月から10月にかけて，深度6～8mの間にアンモニア態窒素量の極大層が出現する．特に8月のアンモニア態窒素量の極大層がクロロフィルa量の極大層よりも約1m深いところに出現しているのは興味深い（図11-6）．これは活性の低下した植物プランクトンが，水温躍層内をゆっくり沈降していく過程で分解が進んだ結果と考えられる．

湖の生産層では，有機窒素の分解によるアンモニア態窒素の再生と植物プランクトンによるアンモニア態窒素のとり込みとが動的平衡関係にあり，アンモニア態窒素の再生速度が植物プランクトンの生産を支配している可能性が大きい．アンモニアの再生は，動物プランクトンによる排出の役割が大きい．

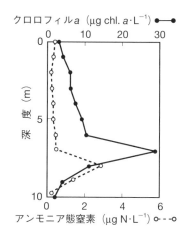

[図11-6] **1987年8月に木崎湖でみられたクロロフィルα極大層とアンモニア態窒素極大層**〔Takahashi, M. and Saijyo. Y,. *Arch. Hydrobiol.*, 97 (1983) より〕
植物プランクトン量の多い層の直下で活発な分解が行われている．このときの水温躍層は5～10mの間にあった．

D．硝化作用

アンモニア態窒素がバクテリアにより酸化され，亜硝酸態窒素，さらに硝酸態窒素になる過程を硝化作用と呼ぶ．これはアンモニア酸化細菌と亜硝酸酸化細菌の両者（まとめて硝化細菌ともいう）の作用による．

$$NH_4^+ \longrightarrow NO_2^- \longrightarrow NO_3^-$$

硝化作用は，水中に溶存酸素がある程度ないと進行しない．また，アンモニア酸化細菌，亜硝酸酸化細菌のいずれもが光の存在によって硝化活性を失う．しかし，これらの細菌は暗所にしばらくいると回復するが，回復に要する時間は，光の強さと照射される時間に比例する．例えば，**図11-7**のように，木崎湖では，春季循環期の後，深層水でアンモニア態窒素は増加するが，硝酸態窒素は生じない．6月中旬になると，湖底付近から硝化作用がはじまり，2週間の間に深層水のアンモニア態窒素は硝酸態窒素に酸化される．これは3月末から4月上旬にかけて全層が鉛直循環するとき，硝化細菌が表層水で強い光を受けて硝化活性を失い，6月中旬に回復した結果と考えられる．その後は深層水にアンモニア態窒素は蓄積せず，硝酸態窒素のみが増加する．

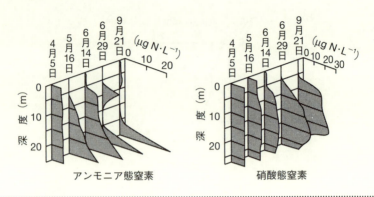

[図11-7] **木崎湖における春から夏への湖水中のアンモニア態窒素と硝酸態窒素の鉛直分布の変化**〔Takahashi, M. and Saijyo. Y,. *Arch. Hydrobiol.*, 93 (1982) より)〕
6月中旬に10〜20m層のアンモニア態窒素が急減し,硝酸態窒素が急増し,硝化作用が起きたことを示している.

E. 脱窒作用

硝酸態窒素は水中の溶存酸素がほとんどなくなると,バクテリアの働きで還元されて,亜硝酸態窒素,亜酸化窒素(N_2O)を経て分子状窒素(N_2)になる.この過程を脱窒作用と呼ぶ.これは,水中から窒素を除去する過程のため,人為的富栄養化問題に関連して重要視されている.

$$NO_3^- \longrightarrow NO_2^- \longrightarrow N_2O \longrightarrow N_2$$

脱窒は,湖底直上の溶存酸素がほとんどなくなったときにはじまり,溶存酸素の減少とともに次第に上層に及ぶ.例えば,深見池では,図11-8のように,深層の溶存酸素の減少に伴い,脱窒が進行し,硝酸態窒素の減少,亜硝酸態窒素の生成,特に近年オゾン層の破壊あるいは地球温暖化に関係して注目されている亜酸化窒素の生成が認められた.

一般的に,集水域などからの窒素負荷の増大に伴って,湖沼の一次生産が増加して湖水の栄養度が増加すると,深層水への有機物の供給が増え,溶存酸素の消費(還元化)が進み,脱窒作用が顕著になる.湖水中の全窒素と全リンの比が貧栄養湖で高く,富栄養湖で低い傾向は,脱窒作用によるのではないかと考えられている.

なお,湖沼の沿岸域の水陸移行帯や湿原にみられる小沼は,雨季・乾季や湖水の水位変動により,あるときは水がたまり沼景観になり,またあるときは乾燥して消滅する.この湿地沼は,窪地に水がたまると湖底は貧酸素化し,干上がると酸化的環境に

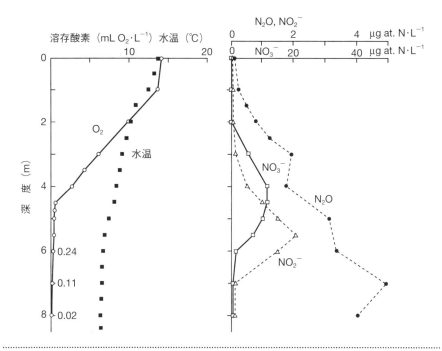

[図11-8] 深見池における深層の溶存酸素減少に伴う硝酸態窒素の減少と亜硝酸態窒素，亜酸化窒素の発生〔Yoh, M., et al., Nature, 301（1983）より〕

硝酸態窒素の単位が1桁高いことに注意．

なる．消化と脱窒との反応が周期的にくり返されるきわめて興味深い場であり，究極の窒素浄化と窒素負荷の場の例として注目されている．

F. 尿　素

　琵琶湖北湖において現場法によって観測したところ，生産層で，尿素態窒素が硝酸態窒素の約2倍，窒素源として植物プランクトンにとり込まれていることが見出されている．さらに興味深いのは，尿素態炭素の一部は，植物プランクトンの炭素源として同時にとり込まれていることである．このときの尿素の分解に伴い，水中に放出された二酸化炭素の量をとり込まれた炭素量に加えると，尿素の分解量を知ることができる．植物プランクトンの光合成に関係してとり込まれた尿素態窒素量と，その際に分解された尿素態炭素量との間には密接な相関があり，尿素が窒素源として植物プランクトンに利用される過程が，尿素の分解過程であることを示している．

G. 窒素の回帰速度

既述したように，アンモニア態窒素や尿素態窒素は，植物プランクトンへのとり込みの過程，続いて分解・排出の過程，そして再び植物プランクトンへのとり込みの過程，という物質循環の過程が短時間のうちに行われる．

このように湖水中の窒素の循環過程をみると，植物プランクトンが好んでアンモニア態窒素を窒素源として使うことが合理的であることがわかる．生物の窒素成分が分解されると，まずアンモニアや尿素ができる．植物プランクトンは，そのアンモニア態窒素や尿素態窒素をすぐ利用できる．それに比べて硝酸態窒素の場合は，アンモニア態窒素を硝化する手間がかかり，それだけ時間もかかることになる．植物プランクトンも硝酸態窒素を還元してから利用するエネルギーが必要になる．

植物プランクトンとアンモニアや尿素の間には，常に活発な交流が行われている．したがって，表層水にアンモニア態窒素や尿素態窒素の現存量が低いのは，生成されるとすぐに植物プランクトンによりとり込まれてしまうためである．一方，硝酸態窒素の利用は小さいため，表層水中にある程度存在することになる．このような循環速度（滞留時間）を琵琶湖の南湖で測定した結果によると，アンモニア態窒素が2日，尿素態窒素は3～4日であったが，硝酸態窒素は160～190日に及んだ．そして，琵琶湖では動物プランクトンの排出による窒素の供給が，バクテリアによる分解などを含めたアンモニア態窒素の全供給量の60～70%，尿素態窒素の全供給量の50～60%を占めていた．なお，排出されるアンモニア態窒素と尿素態窒素の比率は約5：1である．

これらのことは既述したように，琵琶湖北湖における観測結果（図11-2）からアンモニア態窒素現存量が見かけ上変動せず，硝酸態窒素現存量が変化したため，植物プランクトンの窒素源は硝酸態窒素であったと判断しがちである．しかし実際は，アンモニア態窒素が，速やかに植物プランクトンにとり込まれ，速やかに排出され，再びとり込まれるという，ショートカットの動的循環機能が働いていた．すなわち，湖沼において物質循環を調べるとき，四次元思考で動的平衡を十分理解したうえで真の循環像を明らかにしていく必要がある．

11.6 リンの循環の諸過程

植物プランクトンは，生産の際にプランクトンが利用可能な化学形態のリン（リン酸態リンなど）をとり込む．植物プランクトンは，他の微生物とともに懸濁リンのかたちで存在しているが，これが分解の過程で溶存有機リンになる．そして，バクテリ

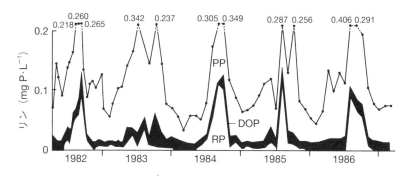

[図11-9] 霞ヶ浦高浜入りにおける全リン，懸濁リン(PP)，溶存有機リン(DOP)およびリン酸態リン濃度(RP)の経年変化〔Otsuki A., et al., Jpn. J. Limnol., 48 (1987) より〕

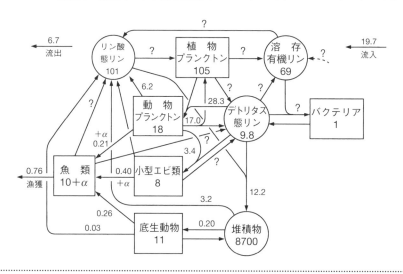

[図11-10] 霞ヶ浦におけるリンの循環〔安野正之ほか，国立公害研究所報告，R51-'84 (1984) より〕
単位：現存量（枠内），mg P·m^{-2}，変化速度（矢印）：mg P·m^{-2}·day^{-1}

アなどにより分解されて，無機態のリン酸態リンになり，再び植物プランクトンに利用される．溶存酸素が十分にある湖水では，リン酸態リンは鉄(Ⅲ)などと共同沈殿して湖底に堆積する．停滞期に湖底付近の溶存酸素がなくなる湖では鉄(Ⅱ)として水中に溶出してくる際に，リン酸態リンも水中に放出され，再び植物プランクトンに利用される．

霞ヶ浦では，各態のリンは**図11-9**のように季節変化し，湖の動植物プランクトンや底生動物などを通して**図11-10**のように循環している．

A. 植物プランクトンによるリンの蓄積

ある種の植物プランクトンは，水中の利用可能なリンを細胞内に過剰にとり込み，水中のリンが欠乏した後でも，それを用いて増殖を続けることが知られている．この過剰にとり込んだ細胞内のリンを熱水で処理して測定することにより植物プランクトンへのリンの供給状態を知ることができる．細胞にリンを蓄える程度は，植物プランクトンの種類によって著しく異なる．

B. 懸濁リンの役割

河川から湖に流入するリンは，リン酸態リン，懸濁リンならびに溶存有機リンである．例えば，琵琶湖に流入する姉川の平水時のリンの平均濃度は $28\ \mu mol\ P \cdot L^{-1}$ であり，リン酸態リンがそのおよそ50%，懸濁リンが40%，溶存有機リンが10%を占めていた．懸濁リンは河川の流量の増加とともに増え，この懸濁リンの70%以上が鉄と結びついたリンであった．

水中のリン酸態リン濃度が高いときには鉄化合物にリン酸態リンが吸着し，低いときには吸着しているリンが水中に放出される．リン酸態リンの吸着はpH 8以下で多く生じ，高いpHでは吸着していたリンが水中に遊離する傾向がみられた．これは生産層で植物プランクトンの活発な光合成が行われたとき，水中のリン酸態リンは欠乏するが，湖水がしばしば高いpHを示す結果，懸濁リンが植物プランクトンのリン源として役立つと想像される．

C. 有機リンから無機リンの生成

アルカリ性ホスファターゼは，リン酸モノエステルを加水分解してリン酸イオンを生成する反応を触媒する酵素である．この酵素は，生体に必要な無機リン酸を供給するという意味で，湖のリンの循環に重要な役割を果たしている．例えば，霞ヶ浦の溶存アルカリ性ホスファターゼの活性とリン酸態リン濃度との関係をみると，リン酸態リンが欠乏している時期に溶存ホスファターゼ活性は増加し，その後，リン酸態リン濃度が増すにつれて酵素活性は低下する傾向がみられた．このように，リン酸態リン濃度と，アルカリ性ホスファターゼ活性とは密接な関係があると考えられる．

Chapter 12 湖底堆積物

12.1 湖底堆積物研究の意義

　湖水中の有機物は，湖沼の生産層付近で生産された植物プランクトン，水生植物をはじめとする各種生物やその遺骸，排出物などの自生性の有機物，ならびに落葉，排水などとして湖沼の外部から運び込まれた他生性の有機物に大別される．そのなかで，水に溶けている，いわゆる溶存有機物は，水とともに動いているが，溶けていない，いわゆる懸濁有機物の一部は，浮力を失うと次第に沈降する．その沈降の過程で，他の動物に捕食されたり，バクテリアによって分解されたりするが，残りの部分は湖底まで達し，湖底表面に堆積する．そこで，さらに捕食や分解を受け，わずかに残った部分が永久的な湖底堆積物となる．湖の物質循環のなかで，有機物が沈降堆積の過程でどのように変化していくか，どれだけ永久的な堆積物になり，どれだけ湖水中に戻ってくるか，そのようなことを知ることは湖沼の物質循環を解明していくうえで重要である．湖底の表層付近は，ユスリカ幼虫やイトミミズなどの底生動物（ベントス）の生活の場でもあり，また，底生動物も湖底堆積物の分解などの変化に大きな役割を果たしている．なお，このような比較的粒子が細かい泥質の湖底堆積物を底泥ということがある．しかし，これらの文言は，普通，区別されていない．

　さらに，年々ある厚みで永久的なものとして堆積していく層のなかには，前述のような，生物の残渣としての有機物，珪藻類のケイ酸質の殻やミジンコのキチン質の殻，他生性の植物の残渣，花粉（花粉は分解を受けにくく，長期間保存される），さらに火山噴出物，大出水のときの沈殿物などが含まれている．また，海水が浸入してきた影響，地磁気の方位の変化などまで残されている．このような層は，いわば湖とその集水域の歴史を記録した本の各ページにも相当する．同位体による年代測定をはじめ，さまざまな方法を使って，そのなかに残されている過去の記録を解き明かしていく研究分野を古湖沼学（または古陸水学）と呼んでいる．

　そのような研究の一例が図12-1である．イギリスの湖水地方のエスウェート湖（最大水深約15 m）で採取した湖底堆積物のコアサンプル（柱状堆積物）により，過去

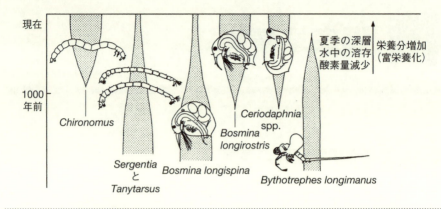

[図12-1] 英国湖水地方のエスウェート湖で採取したコアサンプル（柱状堆積物）から，過去約2,000年間の主要なユスリカ，ミジンコなどの組成の変化を調べ，約1,000年前から次第に富栄養化してきたことを示した

〔Fryer, G., *A Natural History of the Lakes*, Freshwater Biological Assoc. (1991) より〕

約2,000年の主要なユスリカ，ミジンコなどの組成の変化を調べ，この湖がはじめは貧栄養湖であったが，約1,000年前から次第に夏季に深層の溶存酸素が減少し，富栄養湖への富栄養化のプロセスを示すようになったことを推定している．このような研究分野は，近年急速に発展している．

12.2 生産層から湖底への物質の沈降

生産層でつくられた有機物のうち，どれだけの部分が，どれだけの速さで沈降していくか，その途中でどれだけ分解され，湖底に達するのはどれだけか，すなわち，沈降性有機物のフラックスを知ることは，湖における物質循環を考えるうえで非常に重要である．日本でも菅原健が行った高須賀沼における研究以来，いくつか試みられてきた．

琵琶湖における窒素の沈降フラックスの観測の結果，図12-2のように，有光層（生産層）で生産された植物プランクトンは，動物プランクトンによる捕食，微生物による分解などにより，その大部分が有光層中で意外に速やかに分解され，有機物生産の80％以上が無機物として水中に回帰することが明らかになった．分解を受けなかった部分は，いわゆる粒状の有機物として，さらに湖底に向かって沈降していき，湖底に到達するのは，有光層で生産された有機物の5％程度であった．もちろん，湖の水深，

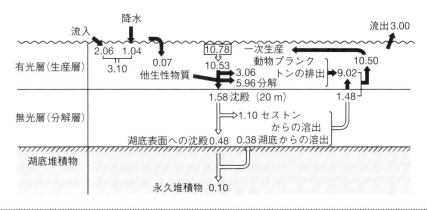

[図12-2] **琵琶湖北湖における窒素の循環**（g N·m^{-2}·year^{-1}）

〔西條八束・坂本　満（1970）より〕

その他の条件により個々の数字は変わってくるであろうが，ある程度以上の深さのある湖で，有光層中で生産された有機物のかなりの部分が同じ層のなかで分解されてしまうという傾向は間違いないであろう．木崎湖でも夏季にクロロフィル a 量の最大値が5m層でみられたとき，窒素の活発な分解を示唆するアンモニア態窒素の極大層が深度6～7mに観測されている．

　海洋においても，表層付近からの沈降物質をさまざまな深度に放置した捕集容器(セジメントトラップ)で集める，大規模な実験が活発に行われている．その結果，植物プランクトンの残渣などが，きわめて長時間かかって海底付近まで沈降するのに対し，動物プランクトンの糞塊などは著しく速く沈降することが見出され，海洋における物質循環に関するこれまでの概念を変えざるをえなくなっている．これと同様に，湖の有機性懸濁物質の沈降においても微細粒子がゆっくり沈降していく場合と，粗大な粒子が急速に沈降していく場合があることを念頭において測定結果を解釈する必要がある．

12.3 湖底堆積物の分布

A．湖底堆積物の一般的性状

　湖底堆積物の性状は，湖岸付近から湖心に向かって次第に変化している．
沿岸部の湖底堆積物：2.1節（13ページ）で述べたように，沿岸部は波を受けている

湖岸から，種々の水生植物が生えている部分を経て，車軸藻が生えている深さのあたりまでをいう．だいたい透明度の深さの2〜2.5倍程度の深さに相当する補償深度のあたりまでで，水温からみれば，表水層ならびに水温躍層（変水層）の上部にあたる．風当たりが強い湖岸は，波が岸でくだけるなど，水の動揺が激しいため，泥や生物の残渣などの細かい粒子，大きくても軽いものは流されてしまい，底質は岩盤，転石，砂礫，砂などからできている．

一方で，入江の奥などは水の動きも小さいので，水生植物がよく繁茂し，それがさらに水を静かにさせる．このような場所では，**図2-1**（14ページ）に示したように，大型水生植物は深度に応じて帯状に種類を変えて生育している．底には植物の残渣などが厚く沈積している．

このような，沿岸部ならびに沿岸部から深底部への移行斜面は，従来あまり調査研究の対象とされなかったが，沿岸域からの有機物の供給も多く，概して溶存酸素も豊富なため，有機物の分解も活発で，湖の物質循環において重要な役割を果たしていることが最近注目されるようになってきた．

深底部の湖底堆積物：沿岸部につづく湖の中央の平坦な部分の湖底は，例えば，洞爺湖のように，近年火山噴出物が沈積して砂質になっている湖などを除けば，だいたい細かい泥質の沈積・堆積物におおわれていることが多い．

湖底には各種の有機物が沈殿，堆積する．この有機性沈殿物は，植物プランクトン，大型水生植物，動物プランクトンから昆虫，魚までも含めた生物の遺骸やその断片などの湖内で生産された自生性有機物と，湖外から流入した落葉をはじめとする他生性の有機物に分けることができる．

これらの物質が堆積した褐色のものを骸泥（がいでい）という．これが無酸素状態になって，硫化鉄などで黒色を示しているのが腐泥（いわゆるヘドロ）である．湿原の池塘，高緯度地域の湖沼のように，泥炭質が沈積した，茶褐色をして多量の有機物を含むものは腐植泥と呼ぶ．

B. 湖底堆積物の粒度

湖底堆積物の粒度分布は，沈降物質が堆積する環境を反映しているため，古くから調査されている．堆積物の粒径による分類には**表12-1**が広く使われており，平均粒径値（Mz）や中央粒径値（Mdφ）で表される．粒径（d）が2 mmと1/16 mmで「礫」と「砂」と「泥」に分けられ，泥はさらに1/256 mmで「シルト」と「粘土」に分けられる．

[表12-1] 堆積物の粒径による分類

粒径 d(mm)	16	8	4	2	1	$\frac{1}{2}$	$\frac{1}{4}$	$\frac{1}{8}$	$\frac{1}{16}$	$\frac{1}{32}$	$\frac{1}{64}$	$\frac{1}{128}$	$\frac{1}{256}$	$\frac{1}{512}$
粒度の指標 ϕ		−4	−3	−2	−1	0	1	2	3	4	5	6	7	8	9
堆積物の名称		中礫	細礫	極粗	粗	中	細	極細	シルト				粘土
		礫			砂				泥				

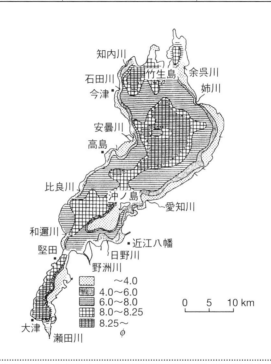

[図12-3] **中央粒径をもとにした琵琶湖湖底表層堆積物の粒径分布図**
5〜10 cmの深さの試料による． 〔公文富士夫ほか，地質学論集，39 (1993) より〕

　最近の研究も多く，例えば，琵琶湖でも**図12-3**のような全域で161測点という，詳しい観測が行われた．北湖の安曇川沖合に環状の細粒子の分布がみられるのが興味深い．これは湖盆地形とは一致せず，湖底のごく緩やかな斜面上に位置している．なお，北湖では中央粒径値が4より粗い堆積物の限界が，ほぼ10 mの等深線と一致しており，この深さまでは波浪の影響が及び，砂質の堆積物があると考えられる．

C. 堆積物の化学成分

　湖の物質循環に関係する湖底堆積物の炭素，窒素およびリンなどの分析がしばしば行われる．例えば，日本の53の湖沼の湖底堆積物の表層試料の分析結果は，46の調和型湖沼（汽水湖も含む）においては，平均値として（乾重量に対し），強熱減量15％，炭素4％，窒素0.4％，C/N比9，腐植栄養湖においては強熱減量49％，炭素21％，窒素2.0％，C/N比11であった．

　最近，北海道の40の湖沼について分析した結果（これには，ケイ素ならびに各種重金属まで含まれている），炭素および窒素の平均値は，それぞれ9％および0.9％，C/N比は11であった．一般に炭素，窒素は，富栄養湖や腐植栄養湖で高い濃度を示し，カルデラ湖などの貧栄養湖で低い濃度を示した．これに対しリンは，浅い富栄養湖と深い貧栄養湖において高い濃度がみられた．

12.4　堆積物からの窒素，リンの溶出

　生産層から沈降してきた有機物は，まず湖底の表面付近で活発に分解される．さらに堆積物として沈積した後もその一部は分解されて，窒素やリンの栄養塩などとして湖水中に溶出し，これらはいずれ生産層に運ばれて，再び植物プランクトンの栄養源となる．

　有機物の分解は，主に従属栄養細菌によって行われる．しかし，一方でこの湖底堆積物は，2.1節で述べた底生動物（18ページ）の生活の場であり，底生動物は**図12-4**のように，湖底堆積物の表層中の有機物を食べて排出したり，泥のなかに穴を開けて湖水が交換できるようにしたりして，湖底堆積物の分解に大きな役割をしている．諏訪湖の中心部で，ミミズが出す糞の量から計算すると，湖底の堆積物表面から深さ10 cmまでの堆積物のすべてが1年に約2回，ミミズの消化管中を通っていることになる．

A. 堆積物中の間隙水

　湖底堆積物中に，水中に溶出しやすい状態にある窒素やリンがどのくらい含まれているかを知る目安として，湖底堆積物中に含まれる水分，いわゆる堆積物の間隙水を遠心分離などでとり出し，そのなかに溶存している窒素やリン化合物の量を測定し，それから水中への溶出速度を推定しようとする試みがなされている．

　霞ヶ浦の汚濁が著しい高浜入りで，湖底堆積物からの窒素とリンの溶出について，

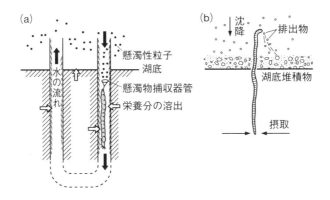

[図12-4] **湖底堆積物中のオオユスリカ幼虫（a）とユリミミズ（b）の生活**

オオユスリカ幼虫はU字形の巣のなかに水流を起こして呼吸をし，餌をとったり，糞を底泥表面に排出したりする．このため，堆積物中20 cmくらいの深さまで酸素が供給される．ユリミミズは5 cmくらいの深さでの堆積物を食べて表面に排出し，堆積物表層の沈殿物をおおい，堆積物への酸素の供給を妨げる．

〔福原晴夫（1991）より〕

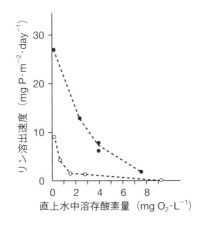

[図12-5] **霞ヶ浦高浜入りにおける湖底堆積物直上水中の2条件下の溶存酸素濃度とリン酸態リン溶出速度との関係**

〔細見正明・須藤隆一，国立公害研究所報告，R52-'84（1984）より〕

間隙水の測定も含め実験を行った結果によると，

(1) 湖底堆積物直上の水中の溶存酸素濃度が1.5 mg $O_2 \cdot L^{-1}$以下では，溶存酸素の減少に応じてアンモニア態窒素ならびにリン酸態リンの溶出が増加した．

(2) 湖底堆積物直上水の溶存酸素濃度とリン酸態リンの溶出速度の間には，**図12-5**のような関係がみられた．

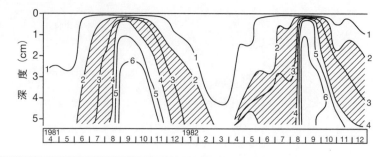

[図12-6] 霞ヶ浦高浜入りにおける湖底堆積物間隙水中のアンモニア態窒素濃度（mg N・L^{-1}）の鉛直分布とその季節変化

〔細見正明・須藤隆一, 国立公害研究所報告, R52-'84（1984）より〕

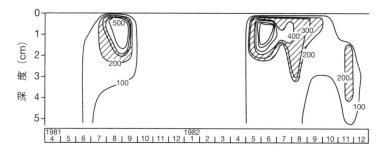

[図12-7] 霞ヶ浦高浜入りにおける湖底堆積物間隙水中のリン酸態リン濃度（μg P・L^{-1}）の鉛直分布とその季節変化

〔細見正明・須藤隆一, 国立公害研究所報告, R52-'84（1984）より〕

(3) 間隙水のアンモニア態窒素の鉛直分布とその季節変化を測定した結果，**図12-6**のように夏季に増大し，冬季に減少した．この増減は，明らかに温度に依存していた．間隙水中のリン酸態リンは，**図12-7**のように夏から秋の初めにかけて湖底堆積物表層部で高濃度になり，そのほかの時期はほとんど0.2 mg P・L^{-1}以下であった．

間隙水中の窒素量が増えると，湖底堆積物粒子に吸着している窒素量も増加するといわれる．間隙水中のアンモニア態窒素の濃度勾配から，堆積物表層からの窒素の溶出速度が推定されているが，リンについては条件が複雑なため，一般に測定は難しいとされる．

[表12-2] 湖沼における湖底堆積物からの窒素，リンの溶出速度（mg·m^{-2}·day^{-1}）

湖沼	湖沼型	溶出速度 N	溶出速度 P	条件	測定者
手賀沼	過栄養	238		25℃　現場法	中島ほか（1983）
		56		10℃　現場法	
霞ヶ浦	富栄養	68〜134	1〜10	夏季　N：数理モデル	細見，須藤（1984）
				夏季　P：コア室内実験	
			約0	冬季	
諏訪湖	富栄養	78〜322	0〜6.3	9〜27℃　現場好気条件	福原ほか（1981）
		45〜199	6.3〜36.5	17〜22℃　現場嫌気条件	
湯ノ湖	中栄養	11.5		10〜11℃　8月コア室内実験	細見，須藤（1981）
琵琶湖北湖	貧栄養	5.6		夏季コア数理モデル	河合（1978）
		7.6		冬季コア数理モデル	
中禅寺湖	貧栄養	9.2		4℃　コア室内実験	細見，須藤（1986）
池田湖	貧栄養	36		10℃　コア室内実験	細見，須藤（1986）

〔福原晴夫を改変〕

B．栄養塩の溶出速度と底生動物の役割

　湖底堆積物からの窒素とリン栄養塩の溶出速度を測定した例をまとめたのが**表12-2**である．霞ヶ浦では，アンモニア態窒素の溶出速度の最大値は夏季に得られ，秋から春にかけて減少した．リン酸態リンは夏季に溶出が認められたが，そのほかの時期にはほとんど認められなかった．

　なお好気的条件で，ユスリカ幼虫が湖底堆積物からの窒素，リンの溶出に及ぼす効果は，29℃でアンモニア態窒素では50 mg N·m^{-2}·day^{-1}，リン酸態リンでは1〜2 mg P·m^{-2}·day^{-1}であった．

　諏訪湖で実験した結果では，窒素の溶出量は沈殿量と密接な関係があり，沈殿量に対する溶出量の比は0.5〜1.0であった．溶出する窒素のほとんどはアンモニア態窒素であるが，この量は夏季，諏訪湖深層に蓄積しているアンモニア態窒素を約10日供給する量に相当する．

C. 湖底堆積物からのリンの溶出の化学的メカニズム

　湖沼の湖底堆積物表層付近の溶存酸素が欠乏してくると，堆積物からリンが溶出してくることはよく知られており，それには鉄が酸化的環境では不溶性の水酸化鉄（Ⅲ）化合物に，還元的環境では可溶性の水酸化鉄（Ⅱ）になることが関係する．

　湖底堆積物表層において，堆積物直上の溶存酸素濃度がある程度以上高いときには，水酸化鉄（Ⅲ）などにより（数mm以下の厚さの）薄い酸化層が形成されており，これが堆積物中からのリンの溶出を阻害し，また，水中で有機物の分解により生成された無機態リンを吸着して蓄積する．

　湖底堆積物表層の溶存酸素がなくなるとリンが溶出するということは，すなわち，湖が富栄養になり湖底付近の溶存酸素がなくなってくると，堆積物から水中へのリンの供給が加わり，湖の富栄養化過程が加速されるということになる．現在，琵琶湖において環境問題になっている，夏季停滞期末期の湖底直上水の溶存酸素量の減少（貧酸素化）との関係からも考えさせられる．

D. 溶存酸素消失が湖底堆積物中の微生物活動に与える影響

　夏季の成層期には，しばしば湖底付近の溶存酸素が減少し，あるいは消失して，酸化還元電位（E_h）が低下する．酸化還元電位の低下に伴って，有機物の分解にかかわ

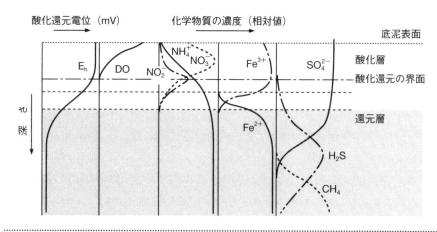

［図12-8］湖底堆積物表層付近における酸化還元電位（E_h）および微生物のエネルギー代謝に関係する化学物質（最終電子受容体およびそれからの生成物など）の濃度の鉛直分布

〔栗原　康編著，河口・沿岸域の生態学とエコテクノロジー，東海大学出版会（1988）より〕

る微生物過程が変化してくる．湖底直上水に溶存酸素が残っている場合でも，湖底堆積物の表層付近のみに酸化層があり，その厚さは数mm程度で，深さとともに急激にE_hが低下する．これに応じて，有機物の分解にかかわるバクテリア群のエネルギー代謝の形式が**図12-8**のように段階的に変化する．

　すなわち，酸化層では，有機物の分解・無機化は微生物および底生動物の呼吸により行われ，溶存酸素が消費される．その下の還元層では，微生物の嫌気呼吸や発酵により有機物が分解され，その結果，脱窒作用により硝酸態窒素が消失し，硫酸還元により硫化水素が発生し，あるいはメタン発酵によりメタンが生成される．硫酸還元とメタン生成は，嫌気的・還元的環境における有機物分解の最終過程としてきわめて重要である．両者の反応は酸化還元電位に関係し，一般に硫酸還元が終わるまではメタンの生成は起こらない．

Guideline for Limnological Research

Part 2 湖沼の調査法

第2部では，第1部を調べるためには，どのような方法を用いればよいのかを解説しており，各項目は第1部と有機的に関連している．読者は両部の該当項目を読むことにより，測定構成要素から湖の構造と機能をみる視点とテクニックが理解できる．学校教育や市民活動の湖沼調査のための簡易方法や，平易な化学分析方法も紹介している．また，とり扱いに注意を要する毒物，劇物，危険物を記号で記している．水環境活動者が陥りやすい測定目的と結果理解の思いちがいも「注意点」などで，測定操作のコツとともに詳述している．

読者は本書の真点，すなわち「湖沼調査は，湖が誕生して一生を閉じる間の富栄養化の現湖の構造と機能を解明することである」という思考の獲得により，私たち人類の歩むべき道のひとつが明かされるものと信じる．

Chapter 13 湖沼の形態調査

　湖沼調査をするにあたって，湖盆の形態を理解しておくことは基本である．しかし，湖盆形態は自然現象（例えば，乾季と雨季）や人為的改変（例えば，干拓や浚渫）によって大きく変化する．湖沼調査の目的が湖盆形態に大きく影響しない場合はすでに報告された計測値を用いてもよいが，密接に関係する研究であれば，最新の湖盆計測の値を参照するか，各自が測定しなければならない．

13.1 湖沼の位置，平面図，深度図

A. 湖岸線の測量

　湖沼の平面図は，地形図（縮尺5万分の1や2万5千分の1など）や湖沼図（縮尺1万分の1）を用いて知ることができる．小さな池や沼の測量図を地方自治体が有している場合もあるから，これらが利用できる．

B. 位　置

　観測位置の決定には，GPS受信機を用いる方法が有効といえる．GPS（全地球測位システム：global positioning system）は，上空の軌道を回るGPS人工衛星のなかから3個以上の衛星の電波を受信し，受信者の正確な位置を知る方法である．湖沼の位置は，普通，湖盆の計測で後述する湖の長さと最大幅の交点の位置としている．

C. 測　深

　前述の方法で試料を採取するための観測位置を決めてから観測定点の水深を測定する．音響測深器を用いて測深するのが安価で容易な方法である．しかし，この方法は水温によって値が変化することを理解しておく必要がある．普通の湖沼の夏季停滞期では，水中における音速は水温が下がると遅くなるため，音響測深器で測定した水深は過小の値になる．

　小さな湖沼では，縦横断するようにロープを張り，ロープに沿って一定間隔ごとに

おもりをつけて測深できる．浅いところでは目盛をつけた棒で行う．湖底が軟泥のときは，おもりの下部や測深棒の下端に板などをつけて，湖底堆積物の泥中に潜らないよう工夫する．地形図や湖沼図には，水深図や最大水深の入ったものがあるので利用するとよい．ただし，利用した水深図の作成年以降に，人工的に湖盆改変がある可能性があるため留意しておく．

13.2 湖盆の計測

A．長さと幅

湖の長さ（中央軸，長軸）は，湖沼中の最も離れた2点の長さである．湖の最大幅は，中央軸に直交する直線の長さのなかで最大の長さである．これらの直線は湖沼内の島以外の陸地を横切ってはならない．図13-1に琵琶湖の中央軸と最大幅を示した．湖の平均幅は，湖内の島を含む湖面の面積を中央軸の長さで割った値として計算される．なお，湖の最大幅と中央軸との比あるいは平均幅と最大幅との比が1より低くなるにしたがい弧形ではない湖は細長い形状に近くなるといえる．

B．最大水深と平均水深

湖の平均水深は，湖の容積を湖面の面積で割った値として計算される．なお，湖の平均水深と最大水深の比が1に近ければ，その湖は湖底が平坦で，湖岸の傾斜が大きい．その比が1より小さくなると，湖底が穏やかに傾斜していく形態を示すか，あるいは湖底面に極端に深いところをもつ湖であるといえる．また，湖盆容積の発達量の値が1に近ければ，その湖と同じ面積と最大水深をもつ円錐を逆状に，1より大きければ釣鐘状に，そして1より小さければ逆やじり型の湖盆形状を示すことがわかる．湖盆容積の発達量（D）は，湖の最大水深をH，湖の平均水深をhとすると，次式から求めることができる．

$$D = \frac{3h}{H}$$

C．面　積

湖の面積は，湖内に島があるときはその島の面積を含まない．湖の面積を求めるには面積計を用いて測定するか，湖の湖岸線をトレース紙に写しとり，湖の部分のトレース紙の重量を測定して基準面積の重量と比較する．なお，近年はパーソナルコンピュー

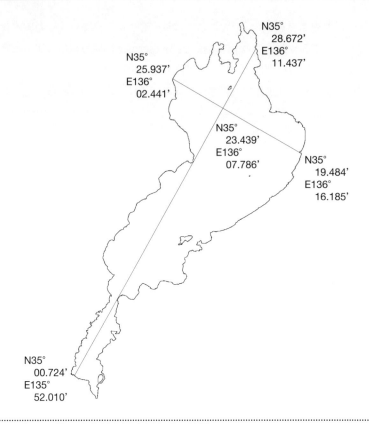

［図13-1］琵琶湖の中央軸と最大幅とその位置

中央軸と最大幅との交点の地点（緯度・経度）は琵琶湖の位置を示す．中央軸の長さは59.5 kmで，北位置を起点とし南位置を終点とすると，起点位置は長浜市高月町西野，終点位置は大津市浜大津5丁目である．最大幅は24.0 kmで，起点位置は高島市今津町桂，終点位置は米原市朝妻筑摩である．

〔三田村緒佐武ほか，陸水研究，3（2016）より〕

ターを用いて湖の面積を計算できる．

　湖の集水域面積を同様の方法で測定し，湖の集水域面積と湖の表面積の比を計算すると，湖沼の水の収支の予測がつく．この比が1に近いと，湖への水の供給に，湖面への直接降水の寄与が大きく（火口湖やカルデラ湖など），1より大きければ流域河川の寄与が大きいことを示す（流域面積が広い湖沼や湿地湖沼など）．例えば，池田湖の集水域面積と湖の表面積の比は1.1，琵琶湖は4.7，諏訪湖は40という値が計算されている．

D. 湖岸線の長さと肢節量

　湖岸線の長さとは，湖面がある部分の外周線のことであり，湖内に島がある場合はその島の湖岸線を含む．湖への流入河川の河口部は，河川の河口陸域部の右岸と左岸とを直線で結び，これを湖岸線とみなす．湖からの流出部も同等に扱う．

　湖岸線の長さを求めるには，ルートメーターやキルビメーターで地図から湖岸線を読みとる方法が簡単で正確である．なお，縮尺が大きい湖沼の図は，湖岸線が詳細に記載されているが，縮尺が小さいと湖岸線の記載が粗いため，用いる湖の図の縮尺によって湖岸線の長さが異なることがある．したがって，湖岸線の長さは，岩礁・砂浜帯や抽水植物が繁茂する水陸移行帯など，複雑な湖岸の現状を反映させた長さではなく，縮尺5万分の1か2万5千分の1地形図を基準にして求める．

　湖岸線がどの程度屈曲しているかを知りたいときは，肢節量を計算すればよい．肢節量 U は，湖岸線の長さを L，湖の面積を A とすると，次式から計算できる．

$$U = \frac{L}{2\sqrt{\pi A}}$$

　この値が1に近いほど，湖は円形に近いことを示し，1より大きいと湖岸線は屈曲している．例えば，火口湖である蔵王の御釜の肢節量は1.03でほとんど円形であるが，堰止湖の檜原湖は3.01で湖岸線は屈曲している．

　なお，湖周囲の湖岸線の屈曲程度を調べたいときは，湖内の島の存在を無視して肢節量を求めるとよい．すなわち，その肢節量は，島の湖岸線を含まない湖周囲の湖岸線延長と島の面積を含む湖の面積の値から上式により計算できる．

E. 容積と容積曲線

　湖の2つの等深度線で囲まれた面積を S_1，S_2，等深度線間の鉛直距離（深度）を Z とすると，等深度線で囲まれた湖の部分の容積 V_{12} は，

$$V_{12} = \frac{Z}{3}(S_1 + S_2 + \sqrt{S_1 S_2})$$

これをそれぞれの深さの間ごとに計算していき，湖の全深度に積算すると湖の容積が求められる．

　湖の深度−面積曲線あるいは深度−容積曲線はヒプソグラフ（**図13-2**）と呼ばれ，湖盆形態の特徴を知るのに都合がよい．グラフ用紙の縦軸に深度，横軸にそれぞれの深度における面積をとって面積曲線を描くと，湖のくぼみ方がわかる．また，同様に縦軸に深度を，横軸にそれぞれの深度における容積をとって湖の容積曲線を描くと，

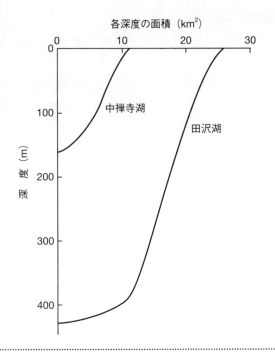

[図13-2] 深度−面積曲線の一例

湖の深度(水位)と容積(貯水量)との関係,いいかえれば,水位の変動が湖の貯水量のどの程度に相当するかを知るのに便利である.なお,縦軸と横軸をそれぞれ百分率で表した百分率面積曲線あるいは百分率容積曲線は,湖盆形態の特徴を他の湖と比較したいときに便利である.

F. 湖盆の傾斜

湖の2つの等深度線間の湖盆傾度 G は,それぞれの深度における等深度の長さを C_1, C_2, それぞれの等深度で囲まれた水平面の面積を S_1, S_2, そして等深度間の鉛直距離を Z とすると,そして平均湖盆傾度 G_m は,それぞれの深度における等深度の長さを C_0, C_1, C_2, …, C_n, 湖の最大水深を H, 湖の面積を A とすると,それぞれ次式で求めることができる.

$$G(\%) = \frac{Z(C_1 + C_2)}{2(S_1 - S_2)} \times 100$$

$$G_m(\%) = \frac{H(C_0/2 + C_1 + C_2 + \cdots\cdots + C_{(n-1)} + C_n/2)}{nA} \times 100$$

例えば，大湖と小湖や，成因の異なる湖沼間など，湖沼間の湖底の形状は湖盆傾度の値から比較することが可能である．

Chapter 14 湖沼の物理調査

14.1 水温（WT）

A．表面水の水温
（a）棒状温度計による測定方法

　表面水温の測定に棒状温度計を用いる場合は，－10～50℃で0.2℃の目盛をつけた水銀温度計が使いやすい．温度計は検定された標準温度計を用いるか，標準温度計をもとにあらかじめ補正表を作成して検定した温度計を用いる．

　湖面が穏やかで，舟から直接測定が可能なときには，温度計を直接表面水に浸して水銀柱が一定温度を示した目盛を読む．採水して測定する場合は，少し大きめのバケツにくみ上げた表面水に棒状温度計を浸けて測定する．測定は，いったん温度計全体を水に浸けたのち，水銀柱が示す指示温度まで温度計を水に浸けた状態で，直射日光を避けて測定する（図14-1）．これは，温度計のガラスの部分が温度により膨張し，指示温度に影響することを避けるためである．温度計は常に同じものを用いるのがよいが，割れることがあるので検定したものを数本用意しておく．

（b）温度計の検定

　市販の棒状温度計は，水銀温度計でも±1℃もくるっていることがある．温度計の

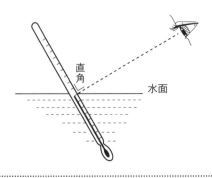

［図14-1］温度計の読み方

検定は，ある一定の温度で水を循環させた大きめの水槽を用意する．この水槽に標準温度計と水温測定用の棒状温度計を浸けて，これらの温度差を約5℃ごとに求め，グラフ用紙にプロットして補正曲線を作成し，棒状温度計を検定する．

B．水温の鉛直分布の測定
(a) 最高最低温度計などの簡易測定法

U字型の最高最低温度計（図14-2）は，測定期間の最高・最低温度を同時に読みとることができるので，例えば，1日の表面水温の最高・最低水温を知ることができる．深い湖ではないかぎりこれを用いて水温の鉛直分布を測定することが可能である．この温度計の読みとりは0.5℃までで，それ以下は不正確である．操作の途中で衝撃を与えると，最高・最低温度を示す管内の鉄針が移動するので注意する．棒状温度計の場合と同様に検定したものを用いる．なお，水温の詳細な鉛直分布構造を知る必要がない場合は，タオルを巻いた棒状温度計を湖の測定深度にしばらく吊るし，これを速やかに引き上げ，指示温度を読みとることから鉛直水温のおよその測定することが可能である．

表面水温が4℃を超える温帯湖の夏季停滞期や熱帯湖では，深度とともに水温は減少する．したがって，最高最低温度計の最低温度の値が測定する深さの水温を示す．なお，気温が表面水温より低いときや，温度計に水滴がついていて気化熱で最低温度に変化が生じるようであれば，温度計を水中に浸けたまま読みとる．

表面水温が4℃以下の温帯湖の冬季停滞湖や寒帯湖では，水温は深さとともに増大する．したがって，最高最低温度計の最高温度を読みとればよい．

(b) 転倒温度計による測定法

深層水の水温の測定には，転倒温度計によるのが最も正確である．転倒温度計は，主温度計と副温度計からなる．主温度計は，これを転倒させることによって水銀糸が切断されるようになっている．副温度計は，主温度計の管内の温度変化による影響を補正するためのものである．転倒温度計は湖沼では，普通

［図14-2］U字型最高最低温度計

エクマン式転倒採水器（図14-3）にとりつけ，測定する深度に採水器を数分間保ってからメッセンジャーで採水器とともに転倒させて測定する．

(c) サーミスター温度計による方法

サーミスター温度計（電気温度計）は，サーミスターの電気抵抗が温度上昇に伴って減少する性質を利用したものである．精度と再現性はよい．水深の深い湖沼で測定したいときは，長いコードを特別に注文して測定することができる．検定して使用する必要がある．

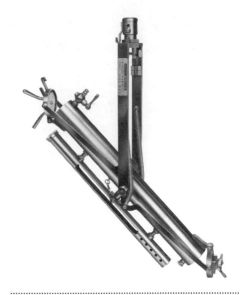

［図14-3］エクマン式転倒採水器
〔株式会社離合社 提供〕

14.2 光学的調査

A. 透明度（Tr）

湖水の透明度は透明度板（直径20～30 cm）におもりをつけて湖水に沈め，見えなくなった深さと，吊り上げて再び見えだした深さをロープにつけた目盛で読む．

この透明度板（セッキ板）は市販されている（図14-4）が，手づくりのものでも十分で，直径20～30 cmの白色のプラスチック円皿で代用できる．

透明度板をできるだけ鉛直に吊り下げて透明度を読みとるが，透明度板の傾角（透明度板が斜めに沈んでいる場合のロープの角度）を測定して透明度の深さを補正してはならない．これは，透明度は透明度板から太陽光の反射光が通過する水の厚さを測定するためである．

［図14-4］透明度板（セッキ板）
〔株式会社離合社 提供〕

注意点

①透明度は，湖沼の水が澄んでいるか濁っているかのおよその程度を測定するものである．透明度は水中の濁りの程度を測定しているから，透明度板の目盛ロープが湖面と鉛直ではなく水中で斜めになっていても透明度版との距離（ロープの長さ）を読む．深度を補正して透明度板の鉛直深度を読んではならない．

②透明度の値から多くの情報を得ることができる．(1)透明度の深度は，相対水中照度の15%とほぼ一致する．(2)透明度の年間平均深度は，大型水生植物の車軸藻の生育分布限界とおよそ一致する．(3)透明度の2～2.5倍の深度は，植物プランクトンの補償深度とおよそ一致する．(4)透明度の値は，貧栄養湖や富栄養湖など湖沼型と密接に関係する．(5)透明度の値は，湖沼の生物生産，堆積速度，自然的あるいは人為的富栄養化と密接に関係する．

③透明度は，水そのもの，水中の溶存有機物，植物プランクトン，セストンなどに影響される．したがって，集水域が狭い湖の透明度は，陸域からのセストンの寄与は小さく，湿地帯の湖沼では，リグニンなどの溶存有機物の寄与が大きい．透明度の値から植物プランクトンの多少を判断してはならない．判断するときは条件設定が必要である．

④大型の粒子（大型プランクトンや大型セストン粒子）より，小型の懸濁粒子が透明度の値に影響しやすい．これを簾（すだれ）効果と呼んでいる．

B. 濁度

標準溶液

①精製カオリン：カオリン約10gに蒸留水を加えて1Lにする（1Lのメスシリンダーを用いる）．1分間激しくふり混ぜ，室温で1時間放置する．メスシリンダーの上部5cmをサイホンで除去後，その下層15cmを採取し，水浴上で蒸発乾固させる．メノウ乳針で細紛したものを110℃で3時間乾燥させ，デシケーターで放冷後，ガラスビンに保存する．

②濁度標準液：精製カオリン1.00gを蒸留水で1Lにする．沈殿が生じるので，よく混ぜながら希釈して使用する．保存するときは，防腐剤として標準液1Lに濃ホルマリン［劇］10mLを含むようにする．なお，この標準液1mLは，精製カオリン1mgを含む．

🖐操作

① 試水を分光光度計の吸収セルにとり，波長660 nm付近で吸光度を測定する．
② 標準液を用いて作製した濁度の検量線から試水の濁度を求める．

❗注意点

① 濁度が10 ppm以下のときは，50 mm幅以上の吸収セルを用いる．濁度が500 ppmを超えるときは，試水を蒸留水で希釈する．
② 試水が着色しているときは，検量線の対照（ブランク）に蒸留水の代わりに試水を孔径1 μm程度のろ紙でろ過したろ液を用いる．
③ 比色管を用いて比濁することもできる．この場合は，比色管を黒紙上に置いて上から透視して測定するか，比色管を暗箱に入れて下部に電灯を近づけ，上から透視すると測定しやすくなる．
④ 濁度の単位は，蒸留水1 Lに精製カオリン1 mgを含む液を1 ppm（または1度）とし，この標準液の濁度と試水の測定値を比較して濁度を求める．
⑤ 濁度は，日本ではカオリン標準液を用いて表現するが，しばしばホルマジンを標準として濁度測定単位NTU（Nephelometric Turbidity Unit）が用いられる．ホルマジン濁度の1 NTUは，カオリン濁度のおよそ0.5 ppmに相当する．
⑥ 採水現場で濁度のおよその値を知りたいときは，市販の携帯用濁度計を用いて測定することもできる．

C. 水中照度

水中照度計の受光部を水中に鉛直に沈めて，生じた光電流を船上ですばやく読みとる．測定は光が安定している太陽高度の高い昼間の時間帯に測定する．

測定単位は，アインシュタイン（$Einst \cdot m^{-2} \cdot sec^{-1}$），光量子（$quantum \cdot m^{-2} \cdot sec^{-1}$），ルクス（lx），フートキャンドル（ft-c）などで表される．なお，植物が光合成に利用する約400～700 nmの波長の間では，およそ$1 \mu\, Einst \cdot m^{-2} \cdot sec^{-1} = 6 \times 10^{17}\, quanta \cdot m^{-2} \cdot sec^{-1} = 5 \times 10^1\, lx = 5\, ft\text{-}c = 5 \times 10^{-2}\, cal \cdot m^{-2} \cdot sec^{-1} = 2 \times 10^{-1}\, J \cdot m^{-2} \cdot sec^{-1} = 2 \times 10^{-1}\, W \cdot m^{-2} = 5 \times 10^{-1}\, lumens \cdot m^{-2}$の関係がある．

片対数グラフ用紙を用いて，縦軸に水中照度の測定深度，横軸に対数目盛で光の強さをプロットすると，測定深度の深さまで水質（特に懸濁物質の現存量）が均一であれば，両者の間に直線関係が得られる．この直線の傾きから湖水の吸光係数（消衰係

数，消散係数ともいう）を求めると，湖水の水の清澄の程度がわかる．また，折れ曲がった2本の直線になれば，その深さを境にして上層と下層で水質が異なることを示している．

> **注意点**

①照度はルクスなどで測定される明るさのことである．光度（光エネルギーに類する単位）で把握したいときは，アインシュタインや光量子などで測定するほうがよい．
②水中照度を植物が光合成に利用する放射量（PAR）という視点から測定するときは，明るさとエネルギーとの測定単位の間で変換が可能（上記の関係にある）であるため，いずれの方法で測定してもおよそ変わらない．

D．水色

水色を測定するときは，フォーレルの水色標準液で測定する．しかし，腐植質を多く含む褐色の湖沼水の水色はフォーレルの水色計では測定できない．このときはウーレの水色標準液で比色する．水色は，フォーレルの5番，ウーレの13番というように表現する．比色にあたっては，太陽を背にして水面を見下ろすようにし，湖水の色調と標準液とを比べる．

水色計は市販されており，フォーレルの水色計（図14-5）は藍色をした水色1番から黄緑色の11番まで，ウーレの水色計は黄緑色の11番から褐色の21番の番号がつけられている．なお，フォーレルの水色計は硫酸銅（Ⅱ）五水和物［劇］とクロム酸カリウム［劇］とから，ウーレの水色計はフォーレルのそれぞれの試薬と硫酸コバルト（Ⅱ）七水和物とから**表14-1**にしたがって作製することができる．

> **注意点**

①水色の測定は，空や湖周の景観の色調の影響を受けないように測定すること．水色は，湖面の色調を示すものであり，湖水そのものの色ではない．例えば，摩周湖やバイカル湖などの貧栄養湖は澄んだ青色に感じる．一方，アオコが発生している富栄養湖の湖面は緑色に見える．しかし，水そのものは無色透明に近い．これは，渓流河川の水を眺めると澄んだ青色に感じ，黒潮は黒く感じるのと同じである．
②フォーレルとウーレの水色計の色調に収まらない湖沼もある．そのときは，布地の色標準に照らし合わせる方法もある．湖面の写真をカメラに収めて実験室で判断するときは，カメラによって色調が変化するので同じ湖面を数機種のカメラで撮影す

［表14-1］フォーレルとウーレの水色標準液の作製方法

フォーレルの水色計

水色番号	1	2	3	4	5	6	7	8	9	10	11
A液（％）	100	98	95	91	86	80	73	65	56	46	35
B液（％）	0	2	5	9	14	20	27	35	44	54	65

A液：硫酸銅（Ⅱ）五水和物1gと濃アンモニア水（28％）9 mLを純水191 mLに溶かす．
B液：クロム酸カリウム1gを純水200 mLに溶かす．

ウーレの水色計

水色番号	11	12	13	14	15	16	17	18	19	20	21
A液（％）	35	35	35	35	35	35	35	35	35	35	35
B液（％）	65	60	55	50	45	40	35	30	25	20	15
C液（％）	0	5	10	15	20	25	30	35	40	45	50

A液：硫酸銅（Ⅱ）五水和物1gと濃アンモニア水（28％）9 mLを純水191 mLに溶かす．
B液：クロム酸カリウム1gを純水200 mLに溶かす．
C液：硫酸コバルト（Ⅱ）七水和物0.5 gと濃アンモニア水（28％）9 mLを純水991 mLに溶かす．通気して十分酸化させる．

［図14-5］フォーレルの水色計〔株式会社離合社 提供〕

ること．

③水色計を作製するときは，フォーレル水色計の標準液とウーレ水色計の標準液をおよそ外径10 mmの透明ガラスアンプルに詰める．これらは透明性があるプラスチックのたれビン（醤油さしビン）で代用することが可能である．

Chapter 15 湖沼の化学調査

15.1 採水と試料の保存

　化学調査のため試水の採取は，測定の目的をよく理解し，湖沼における試水の採取場所，深度，時刻，採取方法，保存方法を選ばなければならない．その際，これらの試水の採取の条件を野帳に詳細に記録するとともに，保存するビンにも油性インクで記入しておく．

A．採水器と付属器具

　表面水を採水するときはプラスチック製のバケツを用いればよいが，深い水を採取したいときは採水器が必要になる．採水器の材質は，微量成分の測定や微生物の採集を目的としないかぎり，その材質に特に気をつかう必要はないが，使用前に約1週間水に浸けて材質から妨害物質を溶出させておく．

(a) ロープ

　ある深度の水を採取するときは，採水器にロープをとりつけて採水する．ロープは綿ロープや化学繊維製のロープを用いるが，重い採水器を吊るしたり水に濡れると伸び縮みするのが難点である．そこで，あらかじめロープを水にしばらく浸けて，水中の採水器の重さを考慮して，それに相当するおもりをロープの先端にとりつけて高いところから吊るし，その状態における目盛を油性のマーカーペンで1mごとに印をつけておく．

　採水の際は，ロープで舟べりなどをこすらせないようにする．そのようにしないと，採水しているときに採水器に汚染物質が落下して侵入・汚染することになる．採水後は，採水器からロープを外し，ロープを水道水ですすいだのち，陰干しをして保存する．この際，ロープに傷などがなく，丈夫な状態であることを確認しておく．なお，採水だけではなく，透明度の測定や採泥などロープをとりつけて作業する場合は，機器とともに水中に落としてしまわないようにロープの片方の端を必ず舟のどこかに結びつけて固定しておく．

(b) 転倒採水器

エクマン式転倒採水器（図14-3（140ページ）：正確な水温測定に用いられる）は，採水量が少ない（0.8 L程度）割に筒が60 cmと長いため，採水深度の間隔が小さくなることや，湖底付近の水は回転に伴って湖底堆積物が撹乱されるため注意を要する．

(c) 絶縁採水器

湖沼で一般に用いられる絶縁採水器は北原式絶縁採水器（図15-1）である．この採水器は，筒の部分が化学ゴム樹脂でできており，外との熱交換が小さくなるようにしてある．

この採水器の水の置換率はあまりよくない．目的の深度の水をとるときは，その深度で2～3回上下してからメッセンジャーを落とす．採水量は0.5～1 Lである．これに類似したもので，操作が簡単なプラスチック製の採水器がある．

(d) バンドーン採水器

大量の水を必要とするときに用いる（図15-2）．本器の水の置換率はよく，採水量は2～50 Lのものが市販されている．湖沼用には2～10 Lのものでよい．

いずれの採水器も使用後は必ず水道水などで洗い，中をよく乾燥させて保存しておく．特にバンドーン採水器の上下の半球型の蓋の部分とそれを結ぶ部分はゴムなので水分があると傷みやすい．採水器を現場で満足に使えるようにしておくためには調査

［図15-1］北原式絶縁採水器
〔株式会社離合社 提供〕

［図15-2］バンドーン採水器
〔株式会社離合社 提供〕

に出かける前に点検を怠らないようにしなければならない．これらの採水器は離合社などから入手できる．

(e) その他の採水器

簡易採水器：採水の深さが数mまでであれば，簡単な採水器を自作できる（**図15-3**）．ビールビンのような耐圧性のあるビンにゴム栓で軽く栓をして，目的の深さまで下ろし，手で強く引くとその深さの水をとることができる．しかし，溶存酸素，全炭酸などの溶存ガスや，それに影響されるpHの測定のための採水に用いることはできない．

近年，弁をつけた容量5Lほどの採水器が使われている．この採水器は目的の深度まで下ろし，上げる際には弁が閉じるしくみになっている．

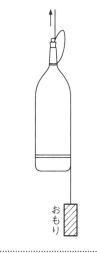

[図15-3] 簡易採水ビン

ポンプ採水器：プラスチック製やシリコン製の管におもりをつけて目的の深度まで下ろし，吸引して水をとる方法である．採水器のようにとり口が長くないため，目的の深度の水を正確にとることができる．このため，湖底付近の水を採取したり，微細な鉛直分布を調べたりするために使われる．

管の径が小さい場合や速く吸引する場合は，目的の深度より深い水までとってしまうおそれがあるため，パイプの先が水平になるようにするなどの工夫をする．なお，管の中に目的の深度以外の水が詰まっているため，とりはじめてからしばらくの水は捨てる．

電動ポンプで吸引し，採水した水をとるための水貯めを途中につなぐ方法が一般的であるが，市販の携帯用手動吸引ポンプ（**図15-4**）も便利である．また，自転車の空気入れの弁を逆にすると手動の減圧器として使うことができる．これらは試水をろ過する際の吸引器としても用いることができる．また，2つの出口をもつ容量の大きい注射器(浣腸器)や注射器の先に三方コックをとりつ

[図15-4] 携帯用手動吸引ポンプ

けて，コックなどの操作によって直接採水用のビンにとることも可能である．また，工事現場で汚水をくみ上げるために使っているポンプの部分を，とりたい深度に沈める方法もある．このほかにも目的に応じて手づくりの採水器が各種考案されている．いずれの場合も圧力が変化するので，溶存ガスの分析にはよい方法とはいえない．

B. 試水の保存

現存量が低く，物理・化学的反応や生物学的反応によって影響を受ける成分を分析しようとする場合は，試水の保存に十分注意しなければならない．すなわち，低温，光の遮蔽，pHの低下，防腐剤の添加，ろ過・凍結などが必要となる．

化学成分の測定にあたっての保存法は，各測定法のなかに解説したので，そちらを参照のこと．よって，ここでは一般的な留意点について述べる．

(a) 試料容器

溶存ガスの分析には，密栓できるガラス製のビンが必要だが，ほとんどの成分の分析用はポリエチレン製のビンで十分である．

ポリエチレンをはじめとしてプラスチック製のビンの欠点は，試水の微量成分がビンの壁に吸着することや，ビンから微量の成分が溶出することなどがあげられる．早いうちに分析することが重要である．

ビンの洗浄は，測定項目によって洗浄方法が異なる．

(1) 栄養塩や有機物量の測定：洗剤の使用を避けるか洗剤成分を十分に洗い流す
(2) 亜硝酸態窒素と硝酸態窒素：硝酸洗浄を避ける
(3) 塩化物イオン：塩酸洗浄を避ける

いずれにせよ，プラスチックビンから洗浄剤を完全にとり除くことは難しいので注意する．

塩化物イオンを測定しないのであれば，250〜500 mLのプラスチックビンに濃塩酸［劇］約1 mLを加え密栓して温めると，塩化水素ガスが充満してビンの内壁が洗浄される．筆者は，濃塩酸を入れたプラスチックビンを黒色のごみ袋に入れ，天気のよい日を選び，3日間ほど太陽光に当てるようにしている．このとき，プラスチックビンが紫外線で劣化しないように透明のビニール袋に入れないようにすることと，ビンから塩化水素ガスが漏れないように注意しなければならない．このビンを水道水で十分洗ったのち，蒸留水で数回洗浄する．湯わかし器からの温水を用いると洗浄効果が高い．プラスチックビンは乾燥して保存するが，乾燥中に空気からの汚染に気をくばらなければならない．時間はかかるが，乾燥器を40〜50℃ぐらいに設定して乾燥する

とよい．

微量の有機物を測定するための保存ビンは，ビンの材質が溶出しない上質のガラスビンかプラスチックビンを用いる．

同じ項目を再び測定するのであれば，使い終わったビンを水道水と蒸留水で十分洗浄するだけでよい．試水保存のためのビンは測定項目別に分けておき，使い古したものを用いるようにしたい．ただし，前回保存していた試水の成分濃度が今回のものに比べてかなり高い場合，懸濁物が多い試料を保存していた場合，常温で保存している間に沈殿物が生じたり，微生物が増殖した場合は，ブラシで固形物をとり除いたのち，新しいビンの場合と同じ操作で洗浄する．

(b) 試水の保存法

試水は，湖沼に存在していた状態（性質）を保ったまま測定する場所に運び込むことが望ましい．試水の処理・測定をする場所が遠方のとき，宅配便などを利用すると便利である．しかし，冷蔵・冷凍運搬しようとすると，食料品混載による汚染が生じることがあるので注意する．実験室の冷蔵庫，冷凍庫での保存も同様に注意する．

試水の前処理と保存法については**付録5**（247ページ）にまとめてあるので参照のこと．ここでは化学成分ついて一般的注意を与える．

(1) Mg^{2+}，Ca^{2+}，Mn^{2+}，Fe^{2+}，Fe^{3+}の各イオン成分については，あらかじめ試水を塩酸でpH 1程度にして保存する．

(2) 鉄（II）は酸化還元反応により濃度変化する．空気にふれないように試水を採取したら，ただちに測定する．

(3) 栄養塩は微生物の影響で変化するから，ただちに測定する．保存するときはガラス繊維ろ紙（ケイ酸態ケイ素は定量紙ろ紙）でろ過し，ろ液中の微生物を減じる．これをドライアイスで凍結して持ち帰り，冷凍庫（$-20°C$以下）で保存する．ケイ酸態ケイ素の分析用には冷蔵庫で保存しておく．試水に防腐剤（クロロホルム［劇］，塩化水銀（II）［毒］など）を加えることがあるが，分析方法によってはこれらの防腐剤が妨害する場合もある．

(4) 有機物も微生物の影響を受けるので栄養塩と同様に凍結保存する．ただし，クロロホルム測定試料はドライアイスで凍結してはならない．

15.2 水の分析の基本

A. 器具の洗浄

　ガラス器具の洗浄剤として，水，酸・アルカリ，洗剤，酸化・還元剤，有機溶媒などが用いられる．測定項目と要求する精度によって洗浄剤を選ぶ必要がある．

　洗浄の手順の概略は，水道水（温水のほうが洗浄効果が高い）で洗ったのち，洗剤（またはクレンザー）を使ってブラシでこするように洗浄する．なお，容量が正確であるガラス器具（メスフラスコ，ビュレット，ピペットなど）を洗浄するときは傷がつくことがあるため，できればブラシを用いないようにする．これらの容量ガラス器具や，ブラシが通らない内径の細いガラス器具，複雑な形のガラス器具の洗浄は，水で薄めた洗剤に浸けて市販の超音波洗浄器で洗浄するとよい．なお，分光光度計の吸収セルも超音波洗浄できるが，セルによっては分解してしまうものがあるので注意する．亜硝酸態窒素，あるいは硝酸態窒素を測定しないときは，水洗いしたガラス器具を約 6 M 硝酸にしばらく浸けて洗浄することもできる．

　洗剤や硝酸で洗っても汚れが落ちないとき，あるいは微量の有機物を測定するための器具の洗浄には，クロム酸混液（二クロム酸カリウムの飽和水溶液［劇］［危］1容に濃硫酸［劇］1容を加える）に1日浸けて洗浄する．温めて浸けると時間を短縮できる．なお，二クロム酸カリウムの飽和水溶液は約13％である．クロム酸混液の代わりに硝酸－過酸化水素水混液（6 M 硝酸3容に30％過酸化水素水1容を加える）を用いてもよい．これらは強力な酸化剤なので，衣服や皮膚につかないように注意する．

　次に，洗剤や酸化剤などを用いた洗浄剤を多量の水道水（温水）で洗い流し，よく洗浄する．この操作ではクロム酸混液などの環境汚染物質を排水してはならない．下水道あるいは排水処理施設が完備している実験室でも，少なくとも少量の水道水で2回は洗浄し，この廃液を処理するように努めなければならない．ののち，純水で数回洗浄する．このとき，ガラスの器壁の水がはじくようであれば，洗浄は完全ではないので，くり返し洗浄するか，ほかの洗浄方法を選ぶ．

　乾燥保存するときは埃がつかないように注意する．なお，測定項目によっては，さらに注意深く洗浄したり，乾燥しなければならないことがある．詳細については後述のそれぞれの測定項目で紹介しているので，それらを参照のこと．

　ガラス器具を使用した後は，できるだけ速やかに器具の洗浄をするようにしなければならない．すぐに洗浄できないときは，これらを乾燥させてしまわずに 0.01〜0.1 M 塩酸（塩化物イオンと反応して沈殿物を生成する試薬を使ったときは塩酸で洗浄しな

い) に浸けておく．これは，使った試薬がこびりつかないようにすることと，微生物の繁殖を防ぐためである．

　化学分析のための試薬は，普通，湖水の現存量に比べてきわめて高い濃度で用いられる．したがって，化学分析に使用するガラス器具は，それぞれ測定項目を決めて専用のものを用意すると使用後の洗浄が簡単にすむので便利である．以前に使用した試薬や測定項目が不明なガラス器具，または試薬からの汚染が考えられる場合は，化学分析の項目に合った洗浄方法で丁寧に洗浄しなければならない．

B．水の精製

　純水は，蒸留法，イオン交換法，逆浸透法，およびこれらの組み合わせによって精製される．いずれの方法で作製しても，ある程度の成分を含んでおり，まったくの純水を精製することはできない．したがって，ガラス器具やプラスチックビンの洗浄のための純水，分析試薬調製のための純水，あるいは試水を希釈するための純水は，測定項目と用途によって使い分けるようにしなければならない．

　例えば，イオン成分を測定するときは，イオン成分を除去した脱イオン水が必要になる．イオン交換しにくい成分は，蒸留した水をさらに脱イオンした脱イオン蒸留水を用いる．有機物を測定する場合は，二度蒸留して有機物を除去した再蒸留水を用いる．また，アンモニア態窒素を測定するときは，水からアンモニアの除去が難しいので注意深く脱イオンした純水を用いる．これらの操作で作製した純水を用いなければよい測定結果が得られない．純水は一般に水道水を精製することになるが，水道源水の水質を把握して純水の精製を行うようにする．例えば，汚濁水を源水としている場合は，蒸留水や脱イオン水にかなりの成分が残存していることが多いので注意が必要である．

(a) 蒸留水

　銅やステンレス製の蒸留器による蒸留水は金属の溶出がわずかに認められ，硬質ガラスや石英製の蒸留器より比伝導度が高い．測定項目によって使い分けるようにする．

(b) 脱イオン水

　強酸性陽イオン交換樹脂と強塩基性陰イオン交換樹脂を詰めた市販のイオン交換純水製造装置を用いて脱イオン水を得る．

(c) 脱イオン蒸留水

　蒸留器で作製した蒸留水を，さらに強酸性陽イオン交換樹脂と強塩基性陰イオン交換樹脂を詰めた市販のイオン交換純水製造装置を用いて脱イオン蒸留水にする．脱イ

オン蒸留水が得られる純水製造装置も市販されている．

(d) 脱アンモニア水

筆者はアンモニア態窒素分析のための純水を次のように作製している．蒸留水をイオン交換純水製造装置に10回ほどくり返し通す．これをDowex 50W-X4, 50-100メッシュ（H型）を詰めたカラム（直径30 mm，長さ700 mm程度）に数回通し，これをアンモニア態窒素分析用の純水とする．なお，超純水製造装置（Milli-Qなど）で得た純水もアンモニア態窒素分析用純水として用いることができる．アンモニア態窒素と溶存有機窒素の測定試薬の調製や検量線作成のための純水はこれを用いる．

(e) 再蒸留水

蒸留水1Lに濃硫酸［劇］5 mLと二クロム酸カリウム［劇］［危］0.5 gを加え，ガラス製蒸留器で蒸留する．さらに，精製したこの蒸留水1Lに水酸化ナトリウム［劇］2 gと過マンガン酸カリウム［危］0.1 gを加え，再びガラス製蒸留器で蒸留して再蒸留水を得る．なお，蒸留のための沸騰石はガラスを溶かして作製し，これを塩酸で洗浄したものを用いる．

C. 試薬

(a) 試薬の純度と保管

湖沼における化学成分は，一般に測定する成分の現存量が低い．分析に用いる試薬からの汚染を極力小さくするために分析に用いる試薬はできるだけ純度の高いものを使う．また，純度の高い試薬を手に入れても試薬の保管が不十分であれば，保管の間に純度が落ちたり汚染してしまうことになる．試薬の保管にも十分注意を払わなければならない．

試薬は，JIS規格あるいはそれぞれのメーカーによって精密分析用，試薬特級，試薬1級，化学用，容量分析用標準試薬，pH測定用，元素分析用などがある．湖沼水の通常の化学分析では試薬特級を用いるが，これにも不純物が混在している．試薬のラベルに不純物の許容数値が記入されているのでこれを参考にし，測定する成分の現存量と分析試薬からの汚染の可能性を考慮しなければならない．

試薬はできるだけ新しいものを使用するようにこころがける．特に亜硝酸塩，ペルオキソ二硫酸塩，次亜塩素酸ナトリウム，ヨウ化カリウム，水酸化ナトリウムなどは時間とともに老化する．また，潮解性の試薬，風化して結晶水が変化するもの，大気中の二酸化炭素を吸収するもの，大気中のアンモニアガスを吸収するもの，空気酸化するもの，太陽光によって変化するものなどがある．試薬は，基本的に，ビンを密栓

し，直射日光を避け，冷暗所（ときには冷蔵庫）で保存しなければならない．もちろん，毒物，劇物，引火性，爆発性の試薬などの危険物は決められた保存方法を守らなければならないことはいうまでもない．

(b) **分析試薬の調製**

　試薬の濃度は，モル濃度や規定度でその濃度を表すことがある．モル濃度は，溶液1Lに存在する溶質のモル数をいい，単位をMあるいは$mol\cdot L^{-1}$で表す．例えば，硫酸イオンの分析の際，その標準溶液の作製に用いる硫酸カリウム（K_2SO_4：式量174.26）17.426 gを，メスフラスコを用いて純水に溶かして1Lにすると，硫酸カリウムの濃度は0.1 Mであり，カリウムイオン（K^+）の濃度は0.2 M，硫酸イオン（SO_4^{2-}）は0.1 Mとなる．

　一方，規定度は，溶液1Lに存在する溶質のグラム当量数をいい，Nあるいはnで表す．酸，アルカリ溶液あるいは酸化還元試薬の水溶液に規定度を用いることがある．例えば，水酸化ナトリウム（NaOH：式量40.00）4gを純水に溶かして1Lにすると，0.1 N（＝0.1 M）水酸化ナトリウム溶液となるが，水酸化カリウム八水和物（$Ba(OH)_2\cdot 8H_2O$：式量315.46）31.546 gを純水に溶かして1Lにすると，0.2 N（＝0.1 M）水酸化バリウム溶液になる．濃硫酸，濃塩酸あるいは濃アンモニア水を希釈した場合のモル濃度あるいは規定度は市販されているそれらの含有量（比重）から計算しなければならない．市販されている試薬の濃度を**付表3**（245ページ）に示すので参照のこと．なお，塩酸は1M＝1Nであり，硫酸は2M＝1Nである．

　酸化還元試薬の場合は，式量を試薬が反応で変化する酸化数で割った数が1グラム当量である．例えば，CODの測定試薬に用いる過マンガン酸カリウム（$KMnO_4$：式量158.03）の1グラム当量は158.03/5＝31.61（g）となり，二クロム酸カリウム（$K_2Cr_2O_7$：式量294.18）の1グラム当量は294.18/6＝49.03（g）となる．したがって，過マンガン酸カリウム31.61 gを純水に溶かして1Lにすると1N（0.2 M）の，そして，二クロム酸カリウム49.03 gを1Lにすると1N（1/6 M）の溶液になる．

　そのほかに百分率（％）で示すことがある．特に指定しない場合は，固体の試薬を溶媒に溶かすときは溶液100 mLに含まれる溶質のグラム数（w/v）で表し，液体と液体を混合する場合は容量百分率（v/v）で表すことが多い．なお，純水で数倍に希釈して希塩酸や希硫酸を調製する場合がある．例えば，純水10容に硫酸1容を加えて混合するときは，（1＋10）硫酸，あるいは（1：10）硫酸と表現する．

D. 廃液の処理

　実験室から排出される排水は，下水道法などにより規制されている．実験を行う者自ら化学薬品の危険性と環境に与える影響を十分理解しておく必要がある．有害排出物は処理を専門業者に依頼することも可能だが，測定者ができるだけ処理することも重要である．実際の排出には専門家などに相談して行うとよい．

　なお，本書で用いる試薬のなかで，とり扱いに注意を要する毒物を［毒］，劇物を［劇］，危険物を［危］，そして人体に有害である物質を［害］と記してあるので，扱い方と処理の参考にするとよい．

(a) クロム

　器具の洗浄に用いるクロム酸混液など，クロム（Ⅵ）化合物は酸性条件の下できわめて強い酸化力をもつ．クロム酸混液を処理するときは，プラスチックバケツに処理するクロム酸混液の約2〜5倍の水を入れ，クロム酸混液を徐々に加える．これにメタノールあるいは約20%の砂糖液（砂糖液を用いるときは液が熱い間に加える）を廃液が緑色を示すまでゆっくり加え，1時間ほど室温で放置する．次に20%水酸化ナトリウム溶液を撹拌しながら液のpHが約8になるまでゆっくり加える．一昼夜放置したのち，上澄み液が無色透明になっていることを確認して沈殿物（水酸化クロム）の上澄み液に分ける．上澄み液は排水基準を考慮して捨てるが，沈殿物は乾燥させたのち，専門の処理者（業者）に処理を依頼する．なお，クロム酸イオンを含む廃液も，これと同様に処理する．

(b) 重金属

　水銀，銅，カドミウム，鉛，亜鉛，鉄，マンガン，クロム，ヒ素，スズ，アンチモン，銀を含む廃液は，アルカリ溶液（乳液状にした炭酸ナトリウム溶液がよい）を加えてpHを約8にする．廃液に錯形成化合物（有機物，アミン，アンモニアなど）があると，水酸化物の生成が妨害されるので，沈殿物が生じにくい．このときは，あらかじめ廃液を酸化分解しておくとよい．沈殿物と上澄み液を分離し，上澄み液を蒸発皿などで濃縮して，沈殿物とともに保管する．

(c) シアン

　廃液にアルカリ溶液（乳液状にした炭酸ナトリウム溶液がよい）を加えてpH約8にする．そののち，過剰の過酸化水素液を撹拌しながら加え，一昼夜室温で放置する（この過程でシアンが分解される）．重金属を含まないシアン廃液は，沈殿物が生じたら，これを分離・乾燥して保管し，上澄み液は排水基準を考慮して捨てる．廃液に重金属が含まれる場合は，上澄み液を蒸発皿などで濃縮して保管する．なお，シアン廃

液を酸性にすると，猛毒のシアンガスが発生するため注意する．

(d) 強酸と強アルカリ

廃液を希硫酸（または希塩酸）あるいは水酸化ナトリウム溶液でpH 5〜pH 10にして（pHの確認に万能試験紙を用いると便利である），大量の水で希釈して捨てる．

(e) 有機溶媒

アルコール，ケトン，エーテル，エステル，アルデヒドなどの有機溶媒の廃液は高温（約800℃以上）で処理すれば完全に燃焼されるが，処理する有機溶媒によっては，燃焼後の排ガスをアルカリ溶液で洗浄しなければならないものがある．

15.3 一般項目

A. 外観

水の外観は，水の性質の概要を簡単に知ることのできる項目である．

試水をメスシリンダーに入れ，これを白紙と黒紙上におき，試水全体，上澄み液，懸濁物，浮遊物，沈殿物などの色調と程度，油の有無，泡立ちの有無を記録する．

このほかに，約100 mLの試水をフラスコに入れ，アルミ箔で軽く栓をした後，湯煎して40℃に温め，手で蒸気を鼻に近づけてにおいをかぐ．におい（臭気）の分類はJISの分類（表15-1）を参考にするとよい．

[表15-1] **臭気の分類と種類例**

臭気の大分類	臭気の種類例
1) 芳香性臭気	(1) 芳香臭　(2) 薬味臭　(3) メロン臭　(4) スミレ臭　(5) ニンニク臭　(6) キュウリ臭
2) 植物性臭気	(1) そう臭　(2) 青草臭　(3) 木材臭　(4) 海そう臭
3) 土臭，カビ臭	(1) 土臭　(2) 沼沢臭　(3) カビ臭
4) 魚貝臭	(1) 魚臭　(2) 肝油臭　(3) ハマグリ臭
5) 薬品性臭気	(1) フェノール臭　(2) タール臭　(3) 油様臭　(4) 油脂臭　(5) パラフィン臭　(6) 硫化水素臭　(7) 塩素臭　(8) クロロフェノール臭　(9) 薬局臭　(10) その他薬品臭
6) 金属性臭気	(1) 金気臭　(2) 金属臭
7) 腐敗性臭気	(1) ちゅうかい臭　(2) 下水臭　(3) 豚小屋臭　(4) 腐敗臭
8) 不快臭	魚臭，豚小屋臭，腐敗臭などが強烈になった不快なにおい

備考1. きゅう覚の個人差を少なくするために，同一材料を数人で検査するとよい．
2. 試料採取時に検水の臭気を加温せずに検査し，記録しておくとよい(これを冷時臭という)．

B. pH, RpH

試水のpHとRpHの測定は，pH試験紙法，比色法，ガラス電極法などが用いられる．湖水ではpH試験紙法の信頼性は低い．

比色法

標準比色管（**図15-5**）を準備する．自作もできるが市販の水素イオン濃度比色測定器を購入しておく．一般に調和型湖沼の場合は，**表15-2**にあげた系列のうち，BTB，PR，TBの3列を用意すれば十分である．

操作

①比色管に試水5 mLを入れ，駒込ピペットで指示薬0.25 mLを加えて静かに混合する．
②標準色列中の近い色調のものを両側におくようにして，ワルポールの比色器

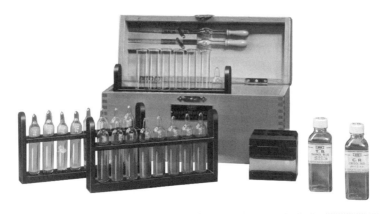

[図15-5] **pH比色管** 〔株式会社離合社 提供〕

[表15-2] **pH指示薬**

指示薬	pHの範囲	色調の変化
TB（チモールブルー）	1.2〜2.8	紅〜黄
BPB（ブロモフェノールブルー）	3.0〜4.6	黄〜青
BCG（ブロモクレゾールグリーン）	3.8〜5.4	黄〜青
BCP（ブロモクレゾールパープル）	5.2〜6.8	黄〜紫
BTB（ブロモチモールブルー）	6.0〜7.6	黄〜青
PR（フェノールレッド）	6.8〜8.4	黄〜赤
CR（クレゾールレッド）	7.2〜8.8	黄〜紅
TB（チモールブルー）	8.0〜9.6	黄〜青

（図15-6）で比色し，pHの0.1まで読みとる．

ガラス電極法

標準pH緩衝液（pH 4, pH 7）を用意する．この溶液は自作できるが，市販もされている．

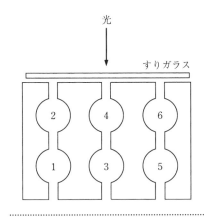

［図15-6］ワルポールの比色器

操作

① pHメーターを使用するにあたっては，あらかじめpH 7とpH 4の標準溶液で示度の調整をする．

② 試水をビーカーにとり，これにpHメーターのガラス電極を浸し，試水を静かに撹拌して値を読みとる．

RpH

富栄養湖沼の生産層の水では，植物プランクトンや大型水生植物の活発な光合成により，昼間は二酸化炭素が消費されpHが高くなることがある．一方，停滞期にある富栄養湖沼の深層水は，生産層から沈降する有機物の分解によって二酸化炭素が過剰溶解してpHは低下する．また，地下水が流入する湖沼も，二酸化炭素を豊富に含む水が供給されることがある．このような湖沼水では，二酸化炭素が湖水に飽和しているときよりも高いpHや低いpHとして測定される．そこで，湖水本来の水質を知るために，大気と平衡にある状態の湖水のpHを測定する．

操作

① 試水をエアーポンプやゴム球で10〜15分間通気する（図15-7）（大気と平衡になるように数分間激しくふるか，測定試水をビーカーに入れてマグネチックスターラーで撹拌してもよい）．

② 通気した試水は，前述の比色法，ガラス電極法と同様に測定する．

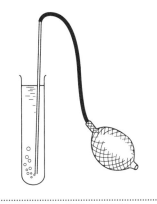

［図15-7］簡単な通気法

⚠️ 注意点

① pH値は測定方法により異なる．比色法は指示薬の添加量に影響される．電極法は電極により影響される．

② pH値は，大気中の二酸化炭素などが混入，または測定試水から過剰に溶けている二酸化炭素が大気へ出るため，激しく撹拌して測定してはならない．指示薬を混合する際は，比色管を手で大きく回転させると大気の影響を少なく混合できる．電極法で測定するときは，マグネチックスターラーを使用せずに試水を入れたビーカーごと静かに手で回転させる．

③ pH標準比色管は，直射日光に当てると変化しやすいので冷暗所で保存する．また，測定用に調製した指示薬も劣化しやすいので冷暗所で保存するとともに長期間の使用を避ける．

④ 同じ試水を異なる指示薬で測定すると値が同一にならないことがある．したがって，pHの値とともに用いたpH指示薬をpH 7.6（PR：フェノールレッド）のように付記して記録する．

⑤ pH値は水温によって大きく変化する（**表8-1**（81ページ））．したがって，pH値を測定するときは採水現場と測定水の水温も測定すべきである．pH値から水質を比較したいときは，例えば25℃のpH値で比較するとよい．現場のpH値を知りたいときは現場水温のpH値に補正すればよい．市販のpHメーターの多くは25℃の値で表示される．ただし，pHメーターで読みとった値が25℃の水温補正値であるか，現場水温測定値であるかを測定のたびに確認しなければならない．前測定者がいずれの水温で測定したかによって値が大きく異なるからである．

⑥ pHを測定して水生生物の活性の程度（光合成と呼吸・分解による全炭酸系の現存量の変化の結果）を知りたいのか，あるいは湖沼水をもともと構成している水質（構成イオン成分総計としての酸性，アルカリ性の程度）を知りたいのかを理解しておかなければならない．その目的によってpHを測定するかRpHを測定するかが決まる．

⑦ pH（RpH）の数値を平均してはならない．pHの平均値は，各試水のpH値を水素イオン濃度に戻し，これを平均してものを平均pHとしなければならない．測定pHを平均したときは算術平均値と付記しなければならない．例えば，pH 5とpH 7の平均値はpH 5.3であり，pH 6ではない．

⑧ pHはパックテスト（共立理化学研究所）を用いて比色法で測定することができる．本法の欠点は，パックテストに直接手を触れるなど，測定操作途上，思わぬ汚染の

ため誤った値が生じることである．特に夏季の手汗などには留意して操作しなければならない．比色法による本法の測定の注意事項は前述のとおりである．pH試験紙による淡水湖や河川水のpH測定は正確な値を得ることができない．

C. 電気伝導度（EC）

電気伝導度（電気伝導率）は，湖水中のイオン成分の多少をみる目安として測定する．電気伝導度計校正用の標準溶液は塩化カリウム溶液を用いる．市販の電気伝導度計には校正用標準液が付属しているが，すでに校正されている場合が多い．

試水に電極を入れて測定するが，電極に懸濁物が付着すると正確な電気伝導度の値が得られないので，測定後はろ紙などでよく電極をふいておく．

電気伝導度は1℃の水温上昇で値が約2％増加する．同じ水質の試水でも水温が異なると測定値が異なる．普通，25℃（あるいは18℃か20℃）の値に換算して表現する．例えば，25℃における電気伝導度（K_{25}）は，

$$K_t = K_{25}\{1 + \alpha(t - 25)\}$$

K_t：t℃における電気伝導度
α：各イオンの電気伝導度の温度定数（普通0.02としている）
単位：1m当たりのS（ジーメンス），$\mu S \cdot m^{-1}$か$mS \cdot m^{-1}$（または1cm当たり）

> ⚠ 注意点

①電気伝導度測器の単位は，しばしば$\mu S \cdot cm^{-1}$または$mS \cdot cm^{-1}$として表示される．これをmks単位系（$\mu S \cdot m^{-1}$または$mS \cdot m^{-1}$）として表示するときは測定数値に0.1倍すればよい．

②電気伝導度は，構成イオン成分が作用する湖沼水の電気伝導率の程度を次式により測定している．各イオンの電気伝導度（EC）は，当量伝導度をΛ，各イオンの現存量をCとすると，

$$EC = \Lambda \times C$$

上式が示すように，湖水中の構成イオン成分によって電気伝導度の値は異なる．汎用の電気伝導度計は水質計という名称で安価で市販されている．しかし，水質計だからといって，電気伝導度の値から水系の異なる水に対してイオン成分を比較して考察することや，湖水が貧栄養水あるいは富栄養水だと判断してはならない

[表15-3] イオン成分の25℃における当量伝導度

イオン	Λ^∞ 無限希釈度における値 $[10^{-4}\,S\cdot m^2/mol]$	当量伝導率 Λ $[10^{-4}\,S\cdot m^2]$			α_{25} 25℃における温度係数 $[K^{-1}]$
		0.001 M	0.01 M	0.1 M	
H^+	350	345	339	323	0.0139
Na^+	50.1	48.4	46.4	41.1	0.02
K^+	73.5	71.7	69.5	63.7	0.02
$1/2\,Mg^{2+}$	53.1	49.7	45.2	36.4	0.02
$1/2\,Ca^{2+}$	59.5	56.3	51.5	41.7	0.02
OH^-	199	196	192	181	0.018
Cl^-	76.4	74.3	72.0	65.7	0.02
$1/2\,SO_4^{2-}$	80.0	75.0	43.3	34.5	0.02
NO_3^-	71.4	69.3	67.1	60.4	0.02
$1/2\,CO_3^{2-}$	72	68.2	61.6	44.2	0.02
HCO_3	44.5	—	—	—	0.02

〔半谷高久・小倉紀雄,水質調査法,丸善株式会社(1995)より〕

[表15-4] 塩化カリウム10 mmol・L^{-1}溶液の電気伝導度と温度変化

温度 [℃]	0	10	20	25	30
電気伝導率 [mS/m]	77.6	102.0	127.8	141.3	155.2
比率(25℃の値を100とする)	54.9	72.2	90.4	100	110

(表15-3).

③電気伝導度の値は水温の変化とともに大きく変動する(表15-4).したがって,電気伝導度を測定する目的が,湖沼の現場水のイオン成分濃度を知るためか,それとも現場水の電気伝導度の値を知るためかを明らかにしておかなければならない.例えば,表層水と深層水の電気伝導度計の値からイオン成分のおよその変化を比較したいときは25℃の電気伝導度計の値で調べるとよい.しかし,表層水と深層水の電気伝導度の値そのものを知りたいときは,現場の水温値として電気伝導度を測定しなければならない.

市販の電気伝導度計の多くは25℃の値で表示される.したがって,電気伝導度計で読みとった値が25℃の値であるか,現場水温における値であるかを測定のたびに確認しなければならない.前測定者がいずれの水温で測定したかによって値が大きく異なるからである.

④湖沼の水質測定において,測器CTD(電気伝導度,水温,深度)を基本として他の測定を可能にしたいわゆる多項目水質計がしばしば用いられる.しかし,CTD

[表15-5] 塩化カリウム標準液の調製方法とその導電率

調製方法	KCl標準液 ($\mu S \cdot m^{-1}$)		
	0℃	18℃	25℃
74.2460 gのKClを純水で溶かし，20℃で1 Lにする．	6518	9784	11134
7.4365 gのKClを純水で溶かし，20℃で1 Lにする．	713.8	1116.7	1285.6
0.7440 gのKClを純水で溶かし，20℃で1 Lにする．	77.38	122.05	140.88
74.40 mgのKClを純水で溶かし，20℃で1 Lにする．			14.693

〔JIS K0102による．一部改変〕

に付置された電気伝度計のセンサーをはじめとして，他のセンサーの保守を怠ると正しい値を得ることができないので注意が必要である．

　電気伝度計は基本的に電磁誘導法と交流電圧方式電極で測定される．電磁誘導法による電気伝導度計は，高電解質溶液（例えば，汽水湖や塩湖の水）に適しており，かつ保守が比較的簡便な測器である．この方式による淡水湖水の電気伝導度の値は検出限界近くで測定していることになる．一方，交流電圧方式電極による電気伝導度計は，電極のセル定数を選択することにより，かなり低い電解質（<10 $\mu S \cdot m^{-1}$）から比較的高い電解質（>10 $S \cdot m^{-1}$）まで測定可能である．いわゆる水質計と称して市販されている携帯型の電気伝導度計の多くは，測定精度は劣るが交流電圧方式電極を採用している．

⑤電気伝導度計は使用している間に値が徐々に変化してしまう．しばしば標準液で値を校正して使用すべきである（**表15-5**）．なお，製造日が同一のミネラルウォーターを標準代用液として測器が正常に作動しているかを確かめるとよい．

D．蒸発残留物

　蒸発残留物とは，水を蒸発させて残留する重量を測定し，湖水中に含まれている物質量の目安を知るものである．蒸発残留物を次のように区分する．

全蒸発残留物：蒸発させる操作の間にガスになって逃げてしまう物質以外の総量を重量として測定する．目開き2 mmのふるいを通過した試料を蒸発乾固し，110℃で乾燥したときに残留する物質．水中に溶けているものと懸濁・浮遊しているものを含む．

溶解性蒸発残留物：湖水を孔径1 µm程度のろ紙でろ過して，ろ液試料を110℃で蒸発乾固したときに残留する物質．

強熱蒸発残留物：前述の110℃で蒸発させた全蒸発残留物と溶解性蒸発残留物をさらに約600℃で強熱したときに残留する物質.

操作

① 目開き2 mmのふるいを用いて試水から礫サイズ以上の物質を除き，試料を冷暗所で保存する．溶解性蒸発残留物を測定するときは，試水を孔径1 µm程度のろ紙でろ過したろ液を用いる．
② 蒸発皿を110℃で十分乾燥させてから秤量する．
③ この蒸発皿に一定量の試水を入れ，水浴上で水分がなくなるまで蒸発させる．
④ 乾燥器で110℃で乾燥し，デシケーター中で放冷する．恒量になるまでこの操作をくり返す．
⑤ 秤量後，蒸発皿の重量を差し引いて試水の蒸発残留物とする．

注意点

① 磁製の蒸発皿は水分を吸収しやすいので，なるべく容量の小さい蒸発皿を使用し，水分が少なくなったら試水を補給するようにする．ガラス製の蒸発皿やビーカーを用いるのもよい．
② 処理する試水量は電気伝導度の値から推定する．例えば，$10\ \mu S \cdot m^{-1}$以下なら100 mL以上，$30\ \mu S \cdot m^{-1}$以上であれば50 mLの試水で測定できる．
③ 試水の水分を蒸発させる際，110℃以下に保てるのならば，水浴ではなくホットプレートや電熱器を使用してもよい．
④ 強熱蒸発残留物を測定するときは，前述の測定操作で記した110℃の乾燥後にさらに約600℃で強熱させる．

E. 懸濁物質（SS）

孔径0.45〜1 µmのろ紙でろ過したときにろ紙上に残る物質を懸濁物質と呼び，単位は$mg \cdot L^{-1}$で表す．

操作

① ろ過に使用するろ紙は105〜110℃で恒量になるまで乾燥し，秤量する．
② 数mg以上の懸濁物質を含む一定量の試水をろ過し，再びこのろ紙を乾燥して秤量する．この差をとって懸濁物質量とする．

注意点

① 懸濁物質は生物やデトリタス（排出物や遺骸など）を含んでいる．そのため微生物の作用が働くので，試水は採取後，ただちにろ過・測定する．

② 試水のろ過に用いるガラス繊維ろ紙をあらかじめ数回ろ過洗浄しておくと，懸濁物質測定のろ過操作の際にろ紙から繊維が抜け落ちることが少なくなる．懸濁物質の現存量の過小評価がなくなる．メンブランフィルターを用いる場合は熱処理の操作に注意しなければならない．

③ ろ紙を持ち帰るときはシリカゲルの入った簡易デシケーターに入れ，冷やして保存する．

④ 懸濁物質の現存量は濁度とおよそ相関がある．しかし，濁度は懸濁物質の物理化学的性状の質の一部を反映したものであり，厳密には一致しない．例えば，懸濁物質に大型粒子径のものが多く含まれている試料と小型粒子径のものの試料では懸濁物質現存量が同じであっても濁度の値は異なる．

15.4 無機成分

A. ナトリウムイオン（Na^+），カリウムイオン（K^+）

炎光光度計による方法

標準溶液

ナトリウムイオンとカリウムイオン標準溶液：ナトリウム標準溶液は110℃で2時間乾燥させた塩化ナトリウム2.542 gを脱イオン水に溶かして1 Lにする．カリウム標準溶液は塩化カリウム1.907 gを脱イオン水に溶かして1 Lにする（1 mLは1 mg Na^+ または43.50 μmol Na，カリウム標準溶液の1 mLは1 mg K^+ または25.57 μmol K）．

分析の際は，湖水中のNa^+，K^+現存量を考慮して，それぞれの標準溶液を希釈して分析用標準溶液とする．

操作

① 試水を炎光光度計のフレームに噴霧して，Na^+では波長589 nm，K^+では768 nmの輝線の強さを測定する．

② 別に作製した標準溶液の検量線から試水の各イオン現存量を求める．

⚠ 注意点

①採集した試水は，懸濁物質があるときには遠心分離するかメンブランフィルター（孔径1 μm程度）でろ過してから分析する．試水は，プラスチックビンで保存する．
②イオンクロマトグラフィーや原子吸光分析装置を用いて測定することもできる．
③採水現場で携帯用の水質測定器で測定できるが精度は低い．

B. カルシウムイオン（Ca^{2+}）

EDTA滴定法

🧪 試薬

①水酸化カリウム溶液：水酸化カリウム［劇］44.8 gを脱イオン水に溶かして100 mLにする．
②シアン化カリウム溶液：シアン化カリウム［毒］2.5 gを脱イオン水97.5 mLに溶かす．
③NN指示薬：NN指薬（2-ヒドロキシ-1-(2-ヒドロキシ-4-スルホ-1-ナフチルアゾ)-3-ナフトエ酸）0.3 gと硫酸カリウム100 gを混合する．褐色ビンに保存する．

🧪 標準溶液

0.01 M EDTA標準溶液：70℃で乾燥させたエチレンジアミン四酢酸二ナトリウム二水和物3.722 gを脱イオン水に溶かして1 Lにする（1 mLは0.401 mg Ca^{2+}，または10.0 μmol Ca）．

✋ 操作

```
試水 50 mL
  ↓   ← 4 mL  水酸化カリウム溶液
5分間室温で放置する
  ↓   ← 0.5 mL シアン化カリウム溶液（マスキング剤）
  ↓   ← 約0.05 g NN指示薬
EDTA標準溶液で溶液が青色になるまで滴定する
```

🧮 計算

0.01 M EDTA溶液のファクターをf，EDTA溶液の滴定量をa mL試水の量をV mL（本操作では50 mL）とすると，

$$Ca^{2+} (\mathrm{mg}\ Ca^{2+} \cdot L^{-1}) = a \times \frac{1000}{V} \times 0.401 \times f$$

> **注意点**

①試水 50 mL に Ca^{2+} が 5 mg 以上あるときは希釈してから操作を行う．
②本法はシアン化カリウム［毒］を用いるので，廃液はまとめて保管処理する必要がある．銅，コバルト，ニッケル，鉄などの重金属の少ない試水の分析は，マスキング剤としてのシアン化カリウムを加えなくてよい．
③イオンクロマトグラフィーや原子吸光分析装置を用いて測定することもできる．
④採水現場でおよその値を知りたいときは，例えば，パックテスト（共立理化学研究所）や携帯用水質測定器（セントラル科学）で測定することができるが測定精度は低い．

C．マグネシウムイオン（Mg^{2+}）

EDTA 滴定法

> **試薬**

①緩衝溶液：塩化アンモニウム 67.5 g と濃アンモニア水［劇］570 mL を脱イオン水に溶かして 1 L にする（pH 10）．
②EDTA マグネシウム溶液：エチレンジアミン四酢酸マグネシウム四水和物 1 g を脱イオン水 100 mL に溶かす．
③EBT 指示薬：エリオクロムブラック T（EBT）0.5 g と塩化ヒドロキシルアンモニウム［劇］4.5 g をエタノール［危］100 mL に溶かす．褐色ビンで保存するが長期間保存しない．

> **標準溶液**

0.01 M EDTA 標準溶液：70℃で乾燥させたエチレンジアミン四酢酸二ナトリウム二水和物 3.722 g を脱イオン水に溶かして 1 L にする（1 mL は 0.243 mg Mg^{2+}，または 10.0 μmol Mg）．

> **操作**

```
試水  50 mL
  ← 2 mL   緩衝溶液
  ← 1 mL   EDTAマグネシウム溶液
  ← 数滴   EBT指示薬
EDTA標準溶液で溶液が青色になるまで滴定する
```

計算

0.01 M EDTA溶液のファクターをf, カルシウムイオンの滴定量（164ページを参照）をa mL, この操作（カルシウムイオン＋マグネシウムイオン）の滴定量をb mL, カルシウムイオンの滴定に供した試水の量をV_a mL, この操作に供した試水の量をV_b mL（本操作では50 mL）とすると,

$$\mathrm{Mg}^{2+}\,(\mathrm{mg\ Mg}^{2+}\cdot\mathrm{L}^{-1}) = \left(\frac{b}{V_b} - \frac{a}{V_a}\right) \times 1000 \times 0.243 \times f$$

注意点

①一般に湖水中のMg^{2+}はCa^{2+}濃度より低い. 正確さを期すために同一の試水を数回測定すると同時に, 試水ごとの滴定終点見本をつくっておいて色調比較すること.
②イオンクロマトグラフィーや原子吸光分析装置を用いて測定することもできる.
③市販の簡易分析（共立理化学研究所, セントラル科学）もあるが精度は低い.

D. 塩化物イオン（Cl⁻）

モール法

試薬

①硝酸銀溶液：硝酸銀［劇］［危］4.792 gを脱イオン水に溶かして1 Lにする（褐色ビンに保存）. なお, 硝酸銀溶液は測定のたびにファクターを求める.
②クロム酸カリウム指示薬：クロム酸カリウム［劇］5 gを脱イオン水100 mLに溶かす. この溶液に硝酸銀溶液を赤色沈殿が生じるまで滴下したのち, ろ過してろ液を指示薬として用いる.

標準溶液

塩化物イオン標準溶液：110℃で2時間乾燥させた塩化ナトリウム1.648 gを脱イオン水に溶かして1 Lにする（1 mLは1 mg Cl⁻, または28.2 μmol Cl）.

硝酸銀溶液の標定

```
塩化ナトリウム標準溶液20 mLに脱イオン水80 mLを加える
    ↓ ←1 mL　クロム酸カリウム指示薬
硝酸銀溶液で溶液が赤褐色になるまで滴定する
```

硝酸銀溶液の滴定量をa mL, ブランク試験の滴定量をb mLとすれば, 硝酸銀溶液

のファクター（f）は，

$$f = \frac{20}{a-b}$$

👉 操作

試水（V mL）
← (100−V) mL 脱イオン水
← 1 mL クロム酸カリウム指示薬

硝酸銀溶液で溶液が赤褐色になるまで滴定する．

🧮 計算

硝酸銀溶液のファクターをf，試水の硝酸銀溶液の滴定量をa mL，ブランク試験の滴定量をb mL，試水をV mLとすると，

$$\mathrm{Cl^-}\ (\mathrm{mg\ Cl \cdot L^{-1}}) = (a-b) \times \frac{1000}{V} \times f$$

⚠️ 注意点

① クロム酸カリウム溶液には少量の塩化物イオンが含まれることがあるため，硝酸銀溶液を駒込ピペットで赤色沈殿が生じるまで滴下する．沈殿をろ過してとり除いたろ液を指示薬とする．

② 試水の量は100 mL以内の一定量で，塩化物イオンとして20 mg Cl⁻以下を含むようにする．

③ モール法は試水のpHが7〜10であればそのまま測定することができる．試水が酸性のときは炭酸水素ナトリウムで，pH 10以上の場合は0.5 M硫酸［劇］を用いて試水を中和してから滴定する．

④ 試水に硫化物，亜硝酸塩，チオ硫酸塩が現存するときは，30%過酸化水素水［劇］1 mLを加えてから滴定する．

⑤ 塩化銀の白濁が多いと滴定の終点の確認が難しいことがある．試水ごとの終点の色調を硝酸銀溶液の標定の際の終点の色調と比較しながら試水の終点を決めるようにする．

⑥ 塩化物イオンの現存量が低い試水では，チオシアン酸水銀を用いた比色法で測定する．

⑦ 採水現場でおよその値を知りたいときは，市販の簡易分析（共立理化学研究所，セントラル科学）がある．

比色法

試薬

① 硝酸水銀溶液：硝酸水銀（Ⅱ）n水和物（n＝0.5〜1）［毒］［危］5gを0.5M硝酸［劇］（脱イオン水61容に濃硝酸2容を加える）200 mLに溶かす．

② 硫酸鉄アンモニウム飽和溶液：硫酸鉄（Ⅲ）アンモニウム十二水和物を1M硝酸（脱イオン水59容に濃硝酸4容を加える）に飽和させる．

③ チオシアン酸カリウム溶液：チオシアン酸カリウム4gを脱イオン水100 mLに溶かす．

④ チオシアン酸水銀溶液：硝酸水銀溶液200 mLに硫酸鉄アンモニウム飽和溶液3 mLを加える．溶液が橙色に着色するまでチオシアン酸カリウム溶液を滴下する．沈殿をろ別後，脱イオン水で洗浄する．風乾させた精製チオシアン酸水銀（Ⅱ）［毒］0.3gを95％エタノール［危］100 mLに溶かす．冷暗所で保存すれば，チオシアン酸水銀（Ⅱ）は数か月，アルコール溶液は数週間安定である．

⑤ 硫酸鉄アンモニウム溶液：硫酸鉄（Ⅲ）アンモニウム十二水和物6gを6M硝酸（脱イオン水39容に濃硝酸24容を加える）100 mLに溶かす．

標準溶液

塩化物イオン標準溶液：110℃で2時間乾燥させた塩化ナトリウム1.648gを脱イオン水に溶かして1Lにする（1 mLは1 mg Cl^-，または28.2 µmol Cl）．分析にはこれを希釈して用いる．

操作

```
試水  50 mL
  │  ←10 mL  硫酸鉄アンモニウム溶液
  │  ←5 mL   チオシアン酸水銀溶液
  ▼
室温で10分間放置する
  │
  ▼
波長460 nmで吸光度を測定する
  │
  ▼
標準溶液の検量線から現存量を測定する
```

注意点

① 硫酸鉄（Ⅲ）アンモニウム十二水和物は25℃で水100 mLに125gが溶ける．

②チオシアン酸水銀（Ⅱ）は市販されているが，純度が低い．市販の試薬を用いるときは，ブランク試験，検量線のチェックを行う．
③本法（10 mm幅の吸収セルで1～20 mg $Cl^-\cdot L^{-1}$が測定可能）の検量線は直線にならない．
④イオンクロマトグラフィーでも測定することもできる．なお，採水現場でおよその値を知りたいときは，市販の簡易分析（共立理化学研究所，セントラル科学）がある．

E. 硫酸イオン（SO_4^{2-}）

比濁法

試薬
① 1 M塩酸：脱イオン水110 mLに濃塩酸［劇］10 mLを加える．
② 塩化バリウム溶液：塩化ナトリウム59 gと塩化バリウム二水和物［劇］10 gを脱イオン水400 mLに溶かす．ゼラチン20 gを加え，約30分間加熱しながら水浴上で溶かす．室温まで冷やし，卵白1個分を加え，かき混ぜながら30分以上，水浴上で加熱する．溶液を室温まで冷やしてからろ過する．ろ液を脱イオン水で500 mLにし，防腐剤のトルエン［劇］［危］を数滴加え，冷暗所に保管する．

標準溶液
硫酸イオン標準溶液：110℃で2時間乾燥させた硫酸カリウム1.814 gを脱イオン水に溶かして1 Lにする（1 mLは1 mg SO_4^{2-}，0.334 mg $SO_4^{2-}-S$，または10.4 μmol S）．これを希釈して分析用標準溶液をつくる．

操作

```
試水　50 mL
    ←1 mL　1M塩酸
    ←4 mL　塩化バリウム溶液
↓
室温で15分間放置する
↓
波長600～700 nmで吸光度を測定する
↓
標準溶液の検量線から現存量を求める
```

！注意点

① 比濁法の検量線は直線にならないことがあるので，標準溶液の濃度間隔を小さくして検量線を作製する．
② 測定値は "mg $SO_4^{2-}\cdot L^{-1}$", "mg SO_4^{2-}-S$\cdot L^{-1}$", "$\mu mol\ S\cdot L^{-1}$" などと示す．必ず単位の区別をして表示しておくこと．
③ 硫酸イオンの測定法には，重量法，イオンクロマトグラフィー法，比色法などがある（JIS K 0101を参照）．
④ 採水現場で比濁法による簡易分析（セントラル科学）で測定できるが精度は低い．

F. 硫化物イオン（S^{2-}）

ジアミン法

試薬

① 固体のヨウ化カリウム
② 0.01/6 Mヨウ素酸カリウム標準溶液：120〜140℃で2時間乾燥させたヨウ素酸カリウム［危］356.7 mgを蒸留水に溶かして1 Lにする．
③ 6 M塩酸：脱イオン水1容に濃塩酸［劇］1容を加える．
④ デンプン溶液：可溶性デンプン1 gを蒸留水100 mLに温めて溶かす．1〜2分煮沸して上澄み液をプラスチックビンに保管する．防腐剤としてクロロホルム［劇］を数滴加える．
⑤ 0.02 Mチオ硫酸ナトリウム溶液：チオ硫酸ナトリウム五水和物約5 gを煮沸して二酸化炭素を追い出した蒸留水に溶かして1 Lにする．保存するときはソーダ石灰管をつけておく．0.02 Mチオ硫酸ナトリウム溶液をヨウ素酸カリウム標準溶液で標定してファクターを求める（溶存酸素の測定項目（177ページ）を参照）．

［表15-6］各濃度の硫化物に対応する試薬と希釈率

硫化物態硫黄 ($\mu mol\ S\cdot L^{-1}$)	ジアミン溶液濃度 ($g\cdot L^{-1}$)	塩化鉄溶液濃度 ($g\cdot L^{-1}$)	混合ジアミン混合率 (vol : vol)
1〜3	1	1.5	1 : 1
3〜40	4	6	1 : 1
40〜250	16	24	2 : 25
250〜1,000	40	60	1 : 50

〔Cline, J. D. (1969) より〕

⑥ジアミン溶液：硫酸 N, N-ジメチン-P-フェニレンジアミンを表15-6に示す濃度に6 M塩酸に溶かして調製する．これは冷暗所で保管する．
⑦塩化鉄溶液：塩化鉄（Ⅲ）六水和物を表15-6に示す濃度に6 M塩酸に溶かして調製する．冷暗所で保管する．
⑧混合ジアミン試薬：ジアミン溶液と塩化鉄溶液を，表15-6に示す割合で混合する．

標準溶液

硫化酸イオン標準溶液：蒸留水を5分以上煮沸して，酸素分子を除去する．フラスコにピロガロール溶液（12％ピロガロール溶液に60％水酸化カリウム［劇］溶液を加える）のガス洗浄ビンをつなぎ，酸素分子の混入を防ぎながら室温まで冷却する．この蒸留水で硫化ナトリウム九水和物［害］の表面を洗浄後，ろ紙で結晶の表面の水をふきとる．硫化ナトリウム九水和物0.24 gを酸素分子を除去した蒸留水に溶かして1 Lにする（1 mLは1 μmol S，または32.1 μg S^{2-}）．分析には酸素分子を除去した蒸留水で希釈した溶液を用いる．

▶標準溶液の標定

```
蒸留水  10 mL
    ← 1 g  ヨウ化カリウム
    ← 10 mL  0.01/6 Mヨウ素酸カリウム標準溶液
    ← 1 mL  6 M塩酸
    ← 40 mL  硫化物イオン標準溶液（空気にふれないようにする）
↓
褐色が薄くなるまで0.02 Mチオ硫酸ナトリウム溶液を滴下する
    ← 数滴  デンプン溶液
↓
無色になるまで滴定する
↓
硫化物イオン標準溶液の濃度を計算する
```

操作

```
推定硫化物現存量に対応する混合ジアミン試薬4 mL
    ← 試水  50 mL
      （空気にふれないように混合ジアミン試薬の下から加える）
↓
室温で20分間放置する
↓
波長670 nmで吸光度を測定する
↓
標準溶液の検量線から現存量を求める
```

> ⚠️ **注意点**

① ヨウ素滴定法は溶存酸素測定のウィンクラー法（177 ページ）を参照のこと．
② 採水器からの試水は空気にふれないよう 50 mL 程度のプラスチック製注射器や共栓つきガラスビンで持ち帰り，ただちに測定する．持ち帰りの道中，気圧の変化を受けないよう注意すること．

G. 鉄 (Fe)

> **酸可溶鉄**

> 🧪 **試薬**

① 3 M 塩酸：脱イオン水 150 mL に濃塩酸［劇］50 mL を加える．
② ヒドロキシルアンモニウム溶液：塩化ヒドロキシルアンモニウム［劇］10 g を脱イオン蒸留水 100 mL に溶かす．この試薬は使用のたびに作製する．
③ フェナントロリニウム溶液：塩化 1,10 － フェナントロリニウム一水和物 0.12 g を脱イオン蒸留水 100 mL に溶かす．
④ 6 M アンモニア水：脱イオン蒸留水 60 mL に濃アンモニア水［劇］40 mL を加える．
⑤ 緩衝溶液：酢酸ナトリウム無水物 68.0 g を脱イオン蒸留水約 500 mL に溶かし，酢酸［危］（氷酢酸）28.8 mL を加えたのち，脱イオン蒸留水で 1 L にする（pH 4.6）．

> 🧪 **標準溶液**

鉄標準溶液：硫酸鉄（II）アンモニウム六水和物（モール塩）7.022 g を脱イオン蒸留水約 500 mL に溶かし，これに 6 M 塩酸［劇］2 mL を加えたのち，脱イオン蒸留水で 1 L にする（1 mL は 1 mg Fe，または 17.9 μmol Fe）．分析にはこれを希釈して標準溶液として用いる．

> ✋ **操作**

```
試水  30 mL
  ↓  ← 5 mL   3 M 塩酸
5 分間沸騰する
  ↓
室温まで放冷する
  ↓  ← 1 mL    ヒドロキシルアンモニウム溶液
  ↓  ← 2.5 mL  フェナントロリニウム溶液
コンゴーレッド試験紙が赤変するまで 6 M アンモニア水を滴下する
```

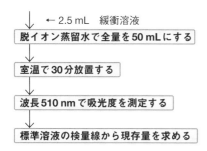

↓　←2.5 mL　緩衝溶液
脱イオン蒸留水で全量を 50 mL にする
↓
室温で 30 分放置する
↓
波長 510 nm で吸光度を測定する
↓
標準溶液の検量線から現存量を求める

注意点
① 溶存態の鉄はろ過し，懸濁態の鉄はろ紙上の鉄を塩酸で溶かして測定する．
② 懸濁物が多い試水では，試水に 3 M 塩酸を加えて沸騰後，ろ過する．
③ 試薬調製などに用いる脱イオン蒸留水は鉄製蒸留器を使用しない．
④ 採水現場で酸可溶鉄のおよその値を知りたいときは，市販の簡易分析（共立理化学研究所，セントラル科学）で測定できる．

鉄（Ⅱ）

試薬
① フェナントロリニウム溶液：塩化 1,10-フェナントロリニウム-水和物塩酸塩 0.12 g を脱イオン蒸留水 100 mL に溶かす．
② 緩衝溶液：酢酸ナトリウム無水物 68.0 g を脱イオン蒸留水約 500 mL に溶かし，酢酸［危］28.8 mL を加えたのち，脱イオン蒸留水で 1 L にする（pH 4.6）．

標準溶液
鉄標準溶液：硫酸鉄（Ⅱ）アンモニウム六水和物（モール塩）7.022 g を脱イオン蒸留水約 500 mL に溶かし，これに 6 M 塩酸［劇］2 mL を加えたのち，脱イオン蒸留水で 1 L にする（1 mL は 1 mg Fe，または 17.9 μmol Fe）．分析にはこれを希釈して標準溶液として用いる．

操作
共栓つき試験管を用意する
↓　←2.5 mL　フェナントロリニウム溶液
　　←2.5 mL　緩衝溶液
　　←試水　50 mL（空気にふれないように試験管の底から入れる）
↓

- 室温で30分間放置する
- 波長510 nmで吸光度を測定する
- 標準溶液の検量線から現存量を求める

注意点

① 試水中の鉄（Ⅱ）イオンが空気にふれて酸化しないようにする．そこで，フェナントロリニウム溶液と緩衝溶液は共栓つき試験管にあらかじめ入れておく．採水器から空気にふれないよう注射器などに採取する．

② 試水が懸濁していても，事前にろ過すると鉄（Ⅱ）が酸化するので，フェナントロリニウムとの錯体形成後，すなわち吸光度を測定する直前にろ過する．

H. マンガン（Mn）

ホルムアルドキシム法

試薬

① ヒドロキシルアンモニウム溶液：塩化ヒドロキシルアンモニウム［劇］8 gを脱イオン蒸留水100 mLに溶かす．

② ホルムアルデヒド溶液：脱イオン蒸留水100 mLに濃ホルマリン［劇］4 mLを加える．

③ ホルムアルドキシム溶液：ヒドロキシルアンモニウム溶液とホルムアルデヒド溶液を1：1に混合する．

④ 緩衝溶液：塩化アンモニウム68 gを脱イオン蒸留水約300 mLに溶かし，濃アンモニア水［劇］570 mLを加えて全量を脱イオン蒸留水で1 Lにする．

⑤ アスコルビン酸：L-アスコルビン酸ナトリウムの粉末を用意する．

⑥ EDTA溶液：エチレンジアミン四酢酸二ナトリウム二水和物3.7 gを脱イオン蒸留水100 mLに溶かす．

標準溶液

マンガン標準溶液：過マンガン酸カリウム［危］287.7 mgを脱イオン蒸留水約50 mLに溶かし，濃硫酸［劇］1 mLを加える．赤紫色が消えるまで10％亜硫酸水素ナトリウム溶液を滴下する．煮沸して二酸化硫黄を除去したのち，室温まで冷却し，

脱イオン蒸留水で全量を1Lにする（1 mLは0.1 mg Mn，または1.82 μmol Mn）．分析用にはこれを希釈して用いる．

操作

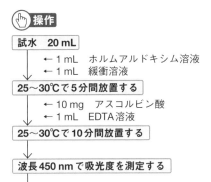

注意点
① マンガン（Ⅱ）を測定する際は，試水を空気にふれさせないよう注射器などに採取する．
② 採水現場でおよその値を知りたいときは，市販の簡易分析（共立理化学研究所，セントラル科学）で測定できる．

I. アルカリ度

試薬
① 0.05 M硫酸：脱イオン蒸留水360 mLに濃硫酸［劇］1 mLを加える．0.05 M硫酸は炭酸ナトリウム標準溶液で標定してファクターを求める．
② 0.01 M硫酸：標定した0.05 M硫酸200 mLに二酸化炭素を除去した脱イオン水を加えて1Lにする．
③ MR-BCG混合指示薬：メチルレッド0.02 gとブロモクレゾールグリーン0.1 gを95％エタノール［危］100 mLに溶かす．

標準溶液
0.05 M炭酸ナトリウム標準溶液：300℃で約50分乾燥させた炭酸ナトリウム無水物5.299 gを，煮沸して炭酸を追い出した脱イオン水で1Lにする．

▶ 0.05 M硫酸の標定

```
炭酸ナトリウム標準溶液　25 mL
  ↓　← 3滴　MR-BCG混合指示薬
0.05 M硫酸で灰紫色になる（pH 4.8）まで滴定する
```

滴定に要した0.05 M硫酸を a mLとすると，0.05 M硫酸のファクター（f）は，

$$f = \frac{25}{a}$$

操作

```
試水　50 mL
  ↓　← 3～5滴　MR-BCG混合指示薬
0.01 M硫酸で溶液が灰紫色になるまで滴定する
```

計算

滴定に要した0.01 M硫酸の量を a mL，0.01 M硫酸のファクターを f，試水の量を V mL（本操作では50 mL）とすると，

$$\text{アルカリ度}(\text{meq} \cdot \text{L}^{-1}) = a \times \frac{1000}{V} \times 0.02 \times f$$

$$\text{アルカリ度}(\text{mg CaCO}_3 \cdot \text{L}^{-1}) = a \times \frac{1000}{V} \times 0.02 \times f \times 50$$

注意点

① pHメーターを使用してpH 4.8を終点にしてもよい．
② 加えるMR-BCG混合指示薬の量は3～5滴でよいが，滴下数はあらかじめ決めておく．
③ pH 4.8アルカリ度の単位はミリグラム当量（meq·L^{-1}）またはこれに相当する炭酸カルシウムのミリグラム数（mg CaCO$_3$·L^{-1}）で表現する．1 meq＝50.04 mg CaCO$_3$
④ 簡易分析でpH 4.8アルカリ度のおよその値を知ることができる．

15.5 溶存ガス

A. 溶存酸素（DO）

ウィンクラー法

試薬

① 塩化マンガン溶液：塩化マンガン（Ⅱ）四水和物［害］100 g を蒸留水 250 mL に溶かし，濃塩酸［劇］1 mL を加える．
② ヨウ化カリウム–水酸化ナトリウム溶液：水酸化ナトリウム［劇］90 g を蒸留水 250 mL に溶かし，ヨウ化カリウム 25 g を加える．褐色プラスチックビンに保存する．
③ 6 M 塩酸：蒸留水1容に濃塩酸1容を加える．
④ デンプン溶液：可溶性デンプン 1 g を蒸留水 100 mL に温めて溶かす．防腐剤として数滴のクロロホルム［劇］を入れる．
⑤ 0.02 M チオ硫酸ナトリウム溶液：チオ硫酸ナトリウム五水和物約 5 g を煮沸し，二酸化炭素を追い出した蒸留水 1 L に溶かす．保存するときはソーダ石灰管をつけておく．
⑥ ヨウ化カリウム：固体を使用する．

標準溶液

0.1/6 M ヨウ素酸カリウム標準溶液：120～140℃で2時間乾燥させたヨウ素酸カリウム［危］3.567 g を蒸留水に溶かして 1 L にする．

▶ 0.02 M チオ硫酸ナトリウム溶液の標定

```
0.1/6 M ヨウ素酸カリウム溶液　10 mL
  │　← ヨウ化カリウムの小片
  │　← 2 mL　6 M 塩酸
  ▼
0.02 M チオ硫酸ナトリウム溶液を褐色が薄くなるまで滴下する
  │　← 数滴　デンプン溶液
  ▼
さらに溶液が無色になるまで滴定する
```

チオ硫酸ナトリウムの滴定量を a mL とすれば，0.02 M チオ硫酸ナトリウム溶液のファクター（f）は，

$$f = \frac{50}{a}$$

[図15-8] 酸素ビン　　　　　　　　　　　　　　　　　〔株式会社離合社 提供〕

操作

酸素ビン（図15-8）に試水を満たす
　← 0.5 mL　塩化マンガン溶液
　← 0.5 mL　ヨウ化カリウム–水酸化ナトリウム溶液
栓をして試水と試薬をよく混合する
暗所で1時間以上放置する
　← 2 mL　6 M 塩酸
ビンを転倒させて沈殿を溶かす
ビーカーに移し，**0.02 M チオ硫酸ナトリウム溶液を褐色が薄くなるまで滴下する**
　← 数滴　デンプン溶液
さらに溶液が無色になるまで滴定する

計算

0.02 M チオ硫酸ナトリウム溶液のファクターを f，0.02 M チオ硫酸ナトリウム溶液の滴定量を a mL，酸素ビンの容量を V mL とすると，

$$\mathrm{DO}(\mathrm{mL}\ \mathrm{O}_2\cdot\mathrm{L}^{-1}) = 5.6 \times a \times 0.02 \times \frac{1000}{V-1} \times f$$

$$\mathrm{DO}(\mathrm{mg}\ \mathrm{O}_2\cdot\mathrm{L}^{-1}) = 8.0 \times a \times 0.02 \times \frac{1000}{V-1} \times f$$

[表15-7] 高度による気圧の変化

高度 (m)	気圧 B (mmHg)	B/B_0 (%)	高度 (m)	気圧 B (mmHg)	B/B_0 (%)	高度 (m)	気圧 B (mmHg)	B/B_0 (%)
0	760	100.0	1,000	671	88.3	2,000	594	78.2
100	750	98.8	1,100	663	87.3	2,100	587	77.2
200	741	97.6	1,200	655	86.2	2,200	580	76.3
300	732	96.4	1,300	647	85.1	2,300	573	75.4
400	723	95.2	1,400	639	84.0	2,400	566	74.5
500	714	94.0	1,500	631	83.0	2,500	560	73.7
600	705	92.8	1,600	623	82.0	2,600	553	72.8
700	696	91.7	1,700	615	81.0	2,700	546	71.8
800	687	90.5	1,800	608	80.1	2,800	539	70.9
900	679	89.4	1,900	601	79.1	2,900	533	70.2

なお，溶存酸素飽和量は，湖面の海抜高度（大気圧）の補正（**表15-7**）と試水の採水深度の水温と塩分の補正（**表15-8**）を行って計算する．

あるいは，試水の溶存酸素量を DO_M （mL $O_2 \cdot L^{-1}$），採水深度の水温と塩分における溶存酸素量（注意点⑨の式から計算される値）を DO_T （mL $O_2 \cdot L^{-1}$），酸素飽和量の高度による補正係数（注意点⑩の式から計算される値）を f とすると，試水の溶存酸素飽和量（DO_S）は，次式から求めることができる．

$$DO_S(\%) = \frac{DO_M}{DO_T} \times f \times 100$$

⚠注意点

①酸素ビンの容量は0.1 mLまで求めておく．
②酸素ビンは，栓がしっかりできる市販の香料ビンなどでも代用できる．
③酸素ビンに試水を注入するとき，ゴム管に空気が残っている場合があるので注意する．
④塩化マンガン溶液とヨウ化カリウム−水酸化ナトリウム溶液を酸素ビンに注入するときは，これらの試薬が舞い上がらないように注意する．固定試薬が操作中に大気中の酸素を固定してしまうことがあるためである．筆者は，プラスチック製の注射器を用いて，針を酸素ビンの底に達して静かに試薬を注入している．
⑤ヨウ化カリウム−水酸化ナトリウム溶液は，強アルカリ性の溶液なので，とり扱いに注意する．塩化マンガン溶液とヨウ化カリウム−水酸化ナトリウム溶液は，使用していく間に汚れてくるので小さなビンに小分けして使用する．

[表15-8] 純水中の飽和溶存酸素量（mg $O_2 \cdot L^{-1}$）と塩化物イオン量による補正
（気圧760 mmHg，大気酸素20.9%，水蒸気飽和大気中）

水温 (℃)	0.0	0.1	0.2	0.3	0.4	0.5	0.6	0.7	0.8	0.9	塩化物イオン $1\,g \cdot L^{-1}$ ごとに減ずべき溶存酸素量
0	14.16	14.12	14.08	14.04	14.00	13.97	13.93	13.89	13.85	13.81	0.15
1	13.77	13.74	13.70	13.66	13.63	13.59	13.55	13.51	13.48	13.44	0.15
2	13.40	13.37	13.33	13.30	13.26	13.22	13.19	13.15	13.12	13.08	0.14
3	13.05	13.01	12.98	12.94	12.91	12.87	12.84	12.81	12.77	12.74	0.14
4	12.70	12.67	12.64	12.60	12.57	12.54	12.51	12.47	12.44	12.41	0.14
5	12.37	12.34	12.31	12.28	12.25	12.22	12.18	12.15	12.12	12.09	0.13
6	12.06	12.03	12.00	11.97	11.94	11.91	11.88	11.85	11.82	11.79	0.13
7	11.76	11.73	11.70	11.67	11.64	11.61	11.58	11.55	11.52	11.50	0.12
8	11.47	11.44	11.41	11.38	11.36	11.33	11.30	11.27	11.25	11.22	0.12
9	11.19	11.16	11.14	11.11	11.08	11.06	11.03	11.00	10.98	10.95	0.12
10	10.92	10.90	10.87	10.85	10.82	10.80	10.77	10.75	10.72	10.70	0.11
11	10.67	10.65	10.62	10.60	10.57	10.55	10.53	10.50	10.48	10.45	0.11
12	10.43	10.40	10.38	10.36	10.34	10.31	10.29	10.27	10.24	10.22	0.11
13	10.20	10.17	10.15	10.13	10.11	10.09	10.06	10.04	10.02	10.00	0.10
14	9.98	9.95	9.93	9.91	9.89	9.87	9.85	9.83	9.81	9.78	0.10
15	9.76	9.74	9.72	9.70	9.68	9.66	9.64	9.62	9.60	9.58	0.10
16	9.56	9.54	9.52	9.50	9.48	9.46	9.45	9.43	9.41	9.39	0.10
17	9.37	9.35	9.33	9.31	9.30	9.28	9.26	9.24	9.22	9.20	0.09
18	9.18	9.17	9.15	9.13	9.12	9.10	9.08	9.06	9.04	9.03	0.09
19	9.01	8.99	8.98	8.96	8.94	8.93	8.91	8.89	8.88	8.86	0.09
20	8.84	8.83	8.81	8.79	8.78	8.76	8.75	8.73	8.71	8.70	0.09
21	8.68	8.67	8.65	8.64	8.62	8.61	8.59	8.58	8.56	8.55	0.09
22	8.53	8.52	8.50	8.49	8.47	8.46	8.44	8.43	8.41	8.40	0.08
23	8.38	8.37	8.36	8.34	8.33	8.32	8.30	8.29	8.27	8.26	0.08
24	8.25	8.23	8.22	8.21	8.19	8.18	8.17	8.15	8.14	8.13	0.08
25	8.11	8.10	8.09	8.07	8.06	8.05	8.04	8.02	8.01	8.00	0.08
26	7.99	7.97	7.96	7.95	7.94	7.92	7.91	7.90	7.89	7.88	0.08
27	7.86	7.85	7.84	7.83	7.82	7.81	7.79	7.78	7.77	7.76	0.08
28	7.75	7.74	7.72	7.71	7.70	7.69	7.68	7.67	7.66	7.65	0.08
29	7.64	7.62	7.61	7.60	7.59	7.58	7.57	7.56	7.55	7.54	0.08
30	7.53	7.52	7.51	7.50	7.48	7.47	7.46	7.45	7.44	7.43	0.08
31	7.42	7.41	7.40	7.39	7.38	7.37	7.36	7.35	7.34	7.33	0.08
32	7.32	7.31	7.30	7.29	7.28	7.27	7.26	7.25	7.24	7.23	0.07
33	7.22	7.21	7.20	7.20	7.19	7.18	7.17	7.16	7.15	7.14	0.07
34	7.13	7.12	7.11	7.10	7.09	7.08	7.07	7.06	7.05	7.05	0.07
35	7.04	7.03	7.02	7.01	7.00	6.99	6.98	6.97	6.96	6.95	0.07
36	6.94	6.94	6.93	6.92	6.91	6.90	6.89	6.88	6.87	6.86	0.07
37	6.86	6.85	6.84	6.83	6.82	6.81	6.80	6.79	6.78	6.77	0.07
38	6.76	6.76	6.75	6.74	6.73	6.72	6.71	6.70	6.70	6.69	0.07
39	6.68	6.67	6.66	6.65	6.64	6.63	6.63	6.62	6.61	6.60	0.07
40	6.59	6.58	6.57	6.56	6.56	6.55	6.54	6.53	6.52	6.51	0.07

⑥滴定の際に加えるデンプン溶液の量は正確でなくてもよいが,終点を確認しやすいように決まった量を滴定のたびに加える.

⑦懸濁物を多く含む試水の場合,チオ硫酸ナトリウム溶液を滴下していくと,滴定の終点近くでいったん青色が消えても,すぐに青色に戻ることがあり,終点を判定するのが難しいことがある.この場合,チオ硫酸ナトリウム溶液を滴下していく速度をゆっくりとかつ一定に保ち,終点を確認するとよい.

⑧富栄養湖や部分循環湖の深水層には種々の酸化還元物質が存在し,ウィンクラー法に測定誤差を与えることがある.このため,アジ化ナトリウム変法が考案されている.

　アジ化ナトリウム変法は,試水に前述の試薬の塩化マンガン溶液0.5 mLと,アジ化ナトリウム[危][害]を含むヨウ化カリウム–水酸化ナトリウム溶液(水酸化ナトリウム90 gを蒸留水250 mLに溶かし放冷したのち,これにヨウ化カリウム25 gとアジ化ナトリウム5 gを加えて溶かす)0.5 mLを加え,試水の溶存酸素を固定する.他の試薬と操作は前述にしたがい測定する.

⑨飽和溶存酸素量は水温により変化するため,試水の水温における溶存酸素量に補正して溶存酸素飽和量DO_S(%)を求める必要がある.水温 T ℃における溶存酸素量(DO_T)は,試水の塩化物イオン濃度をC g·L^{-1}とすると,次式から求めることができる.

$$DO_T \text{ (mg O}_2\cdot\text{L}^{-1}) = 14.161 - 0.3943\ T + 0.007714\ T^2 - 0.0000646\ T^3$$
$$- C\ (0.1519 - 0.00462\ T + 0.0000676\ T^2)$$

⑩山地の湖沼の溶存酸素飽和量は,湖面における気圧の補正が必要である.湖面の海抜高度の気圧から飽和量を計算する.高度による補正係数,すなわち,海抜高度の気圧と標準大気圧との比(f)は,湖面の海抜高度をH(m)とすると,次式から近似できる.

$$f = 1 - (1.185\times10^{-4})H + (5.63\times10^{-9})H^2 - (1.21\times10^{-13})H^3$$

⑪採水現場でおよその値を知りたいときは,市販の携帯用溶存酸素計を用いて測定できる.

B. 全炭酸（ΣCO_2）

〈赤外線ガス分析法〉

試薬
①1 M硫酸：脱イオン蒸留水170 mLに濃硫酸［劇］10 mLを加える．
②アスカライト：20〜30メッシュを用意する．
③ヨウ化カリウム溶液：蒸留水45 mLに濃硫酸5 mLを加える．これにヨウ化カリウム20 gを加えて溶かす．
④過塩素酸マグネシウム：粉末の過塩素酸マグネシウム無水物［危］を用意する．

標準溶液

全炭酸標準溶液：炭酸水素ナトリウム0.954 gと500〜600℃で30分乾燥させた炭酸ナトリウム無水物1.204 gを，煮沸して二酸化炭素を追い出した脱イオン水に溶かして1 Lにする（1 mLは1 mg CO_2，0.273 mg CO_2-C，または22.7 µmol C）．分析には二酸化炭素を含まない脱イオン蒸留水で希釈して用いる．

操作

```
赤外線二酸化炭素ガス分析計システムを用意する
    ↓
窒素ガス（約200 mL/min）を流す
    ↓   ← 少量の1 M硫酸
    ↓   ← 一定量の試水
標準溶液のピークの高さと比較して全炭酸現存量を求める
```

注意点
①試水は採水器から密栓ができるガラスビンに，空気にふれないように静かにあふれさせながら入れ，中性ホルマリンを試水100 mLにつき1 mL程度加える．中性ホルマリンは，市販の濃ホルマリン［劇］に水酸化ナトリウムを加えてpH 7に調整する．
②塩分が高くない調和型の湖沼では，50 µg $CO_2 \cdot mL^{-1}$の標準溶液を作製しておくとよい．

15.6 栄養塩

A. アンモニア態窒素（NH_4^+-N）

インドフェノール法

試薬
① フェノール溶液：フェノール［劇］10 g を 95% エタノール［危］100 mL に溶かす．
② ニトロプルシッドナトリウム溶液：ペンタシアノニトロシル鉄（Ⅲ）酸ナトリウム二水和物［毒］（ニトロプルシッドナトリウム二水和物）1 g を脱アンモニア水 200 mL に溶かす．
③ アルカリ溶液：クエン酸ナトリウム二水和物 100 g と水酸化ナトリウム［劇］5 g を脱アンモニア水 500 mL に溶かす．
④ 次亜塩素酸ナトリウム溶液［害］（活性塩素 3〜5%）
⑤ 酸化試薬：アルカリ溶液 100 mL に次亜塩素酸ナトリウム溶液 25 mL を加える．試薬は使用直前に調製する．

標準溶液

アンモニア態窒素標準溶液：硫酸アンモニウム 660.7 mg を脱アンモニア水に溶かして 1 L にする（1 mL は 10 μmol N，または 140 μg N）．分析にはこれを希釈して用いる．

操作

```
試水  50 mL
  │  ← 2 mL  フェノール溶液
  │  ← 2 mL  ニトロプルシッドナトリウム溶液
  │  ← 5 mL  酸化試薬
  ↓
十分に混合して室温で1時間放置する
  ↓
波長630 nmで吸光度を測定する
  ↓
標準溶液の検量線から現存量を求める
```

注意点

① アンモニア態窒素は，微生物によって変化を受けやすく，試水を採取したらできるだけ敏速に分析することが望まれる．分析まで時間を要する場合はろ液を −20℃

以下で凍結保存する．なお，ろ液を得るためのろ紙は420℃で3時間ほど熱処理したガラス繊維ろ紙を用いる．あらかじめろ紙を純水でろ過洗浄しておくと，ろ紙に含まれる不純物の流出を無視できるため熱処理をしなくてもよい．

②気温が低いときは発色のために放置する時間を長くする．この呈色は24時間は安定である．

③インドフェノール法は，アルカリ性の下で反応させて比色測定するため，塩湖や汽水湖の試水は吸光度が低くなることがある．塩分を含む試水のアンモニア態窒素の測定の際には，検量線の作製にイオン成分濃度を考慮して測定しなければならない．

④フェノールの秤量は面倒である．筆者は，次のようにフェノールを保存している．純度の高いフェノールを温めて溶かし，その5 gに相当する容量4.7 mLをアンプルに詰め，気相を窒素ガスで満たし，これを封じて冷蔵庫で保存する．分析試薬のフェノール溶液は，アンプルの外壁を洗浄したのち，試薬ビンに入れ，衝撃を加えてアンプルを割る．これに95％アルコールを加えて作製している．

⑤大気中には，普通アンモニアが存在するため，混入・汚染を避けるように注意する必要がある．試水の採取や分析のとき，測定者の汗から汚染されることがあるため，手を十分洗ってから操作する．

⑥アンモニアは至るところからガラス容器などに混入・付着する．ろ過に際しては少量の試水でろ過器とろ紙をろ過洗浄する．ガラス容器は実験室での保存中にアンモニアが付着していることがある．ブランク試験で吸光度がばらつくときは，0.01％程度の水酸化ナトリウム溶液でガラス容器を洗浄し，約150℃で乾熱乾燥し，温度が下がったらすぐに用いるとよい．

⑦採水現場でおよその値を知りたいときは，例えば，インドフェノール法やサリチル酸法（共立理化学研究所，セントラル科学）による簡易分析で測定できるが，測定精度は低い．

B. 亜硝酸態窒素（NO_2^--N）

BR法

試薬

①スルファニルアミド溶液：脱イオン水500 mLに濃塩酸［劇］50 mLを加え，これにスルファニルアミド5 gを加えて溶かす．

②エチレンジアミン溶液：N-1-ナフチルエチレンジアミン二塩酸塩0.5 gを脱イオン

水500 mLに溶かす．褐色ガラスビンに保存する．

🧪 標準溶液

亜硝酸態窒素標準溶液：110℃で2時間乾燥させた亜硝酸ナトリウム［劇］690.0 mgを脱イオン水に溶かして1 Lにする（1 mLは10 μmol N，または140 μg N）．分析にはこれを希釈して用いる．

👆 操作

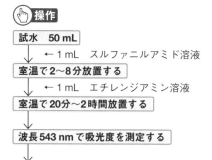

❗ 注意点

①試水を採取したら，できるだけ敏速に分析する．分析まで時間を要する場合は，ろ過してろ液を−20℃以下で凍結保存する．
②亜硝酸態窒素を分析するときは都市ガスからの汚染に注意する．
③採水現場で市販の簡易分析（共立理化学研究所，セントラル科学）でおよその値を知ることができるが，測定精度は低い．

C. 硝酸態窒素（NO_3^--N）

カドミウム−銅カラム法

🧪 試薬

①粒状金属カドミウム：市販の硝酸塩分析用金属カドミウム［害］を用意する．
②2 M塩酸：脱イオン水250 mLに濃塩酸［劇］50 mLを加える．
③0.3 M硝酸：脱イオン水250 mLに濃硝酸［劇］5 mLを加える．
④2％硫酸銅溶液：硫酸銅（Ⅱ）五水和物［劇］2 gを脱イオン水100 mLに溶かす．
⑤濃塩化アンモニウム溶液：塩化アンモニウム125 gを脱イオン水500 mLに溶かす．

⑥希塩化アンモニウム溶液：脱イオン水1 Lに濃塩化アンモニウム溶液25 mLを加える．
⑦スルファニルアミド溶液：脱イオン水500 mLに濃塩酸50 mLを加え，スルファニルアミド5 gを溶かす．
⑧エチレンジアミン溶液：N–1–ナフチルエチレンジアミン二塩酸塩0.5 gを脱イオン水500 mLに溶かす．褐色ガラスビンに保存する．

🧪 標準溶液

硝酸態窒素標準溶液：110℃で2時間乾燥させた硝酸カリウム［危］1.011 gを脱イオン水に溶かして1 Lにする（1 mLは10 μmol N，または140 μg N）．分析にはこれを希釈して用いる．

▶カドミウム–銅カラムの調整

```
ビーカーに粒状金属カドミウム50 gをとる
   ↓  ← 50 mL　2 M塩酸（カドミウムの表面を洗浄する）
塩酸が検出しなくなるまで脱イオン水で洗浄する（pH試験紙を利用）
   ↓  ← 50 mL　0.3 M硝酸（カドミウムの表面を洗浄する）
脱イオン水で洗浄する（これらの操作を2～3回くり返す）
   ↓
洗浄したカドミウムをガラス容器の底に均一に置く
   ↓  ← 250 mL　2％硫酸銅
溶液の青色が消えるまで室温で放置する
   ↓
上澄み液をとり除き，希塩化アンモニウム溶液で2～3回洗浄する
   ↓
硝酸態窒素測定用カラムを用意し，下端部にガラスウールを詰める（図15-9）
   ↓
カラムの中を希塩化アンモニウム溶液で満たしておく
   ↓
カドミウム–銅をカラムに詰める（約20 cmにする）
   ↓
希塩化アンモニウム溶液がカラムを通過する速度を8～12 mL/minに調整する
   ↓
カラムの上端部に銅片を入れる
   ↓
希塩化アンモニウム溶液1 L以上を通す（還元率が95％以上になるまで）
   ↓
硝酸態窒素標準溶液（50対1で塩化アンモニウムを含む）で還元率を測定する
```

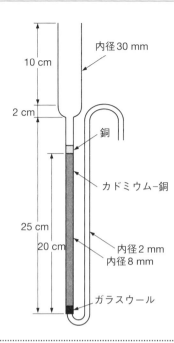

［図15-9］カドミニウム-銅カラム

操作

試水　50 mL
　↓　← 1 mL　濃塩化アンモニウム溶液
試水約5 mLをカラムに移し，流出した5 mLを捨てる
　↓
試水45 mLをカラムに移し，はじめの15 mLを捨て，次の流出液25 mLをメスシリンダーに採取する（残りの5 mLは捨てる）
　↓
流出液　25 mL
　↓　← 0.5 mL　スルファニルアミド溶液
室温で2～8分放置する
　↓　← 0.5 mL　エチレンジアミン溶液
室温で20分～2時間放置する
　↓
波長543 nmで吸光度を測定する
　↓
標準溶液の検量線から試水の亜硝酸態窒素現存量と硝酸態窒素現存量の合計量を求める
　↓
別に測定した亜硝酸態窒素現存量を差し引いて硝酸態窒素現存量を求める

注意点

① 一般に湖沼水の硝酸態窒素を測定するときは，アンモニア態窒素の測定も行うことが多い．本法は，高い濃度の塩化アンモニウム溶液を使用するため，測定時には汚染に注意する．

② 還元率が低下したら，カラムに詰めてあるカドミウム–銅をビーカーにとり出してからカラムを再生するが，サイズが0.5 mm以下になった粒状カドミウムは除去する．

③ 試水分析の直前に，硝酸態窒素標準溶液（10 μmol N·L^{-1}，140 μg N·L^{-1}）50 mL に濃塩化アンモニウム1 mLを加えてカラムに通し，1分間当たり8～12 mLの流速と高い還元率が維持されていることを確認する．

④ 本法は，重金属汚染に注意しなくてはならない．特にカドミウム–銅カラムの調製のときは，カドミウムを酸で洗浄するため，その廃液の処理に注意を要する．

硫酸ヒドラジニウム法

試薬

① 硫酸銅溶液：硫酸銅（Ⅱ）五水和物［劇］0.03 gを脱イオン水1 Lに溶かす．
② 硫酸亜鉛溶液：硫酸亜鉛七水和物［劇］1.2 gを脱イオン水1 Lに溶かす．
③ 銅–亜鉛溶液：硫酸銅溶液と硫酸亜鉛溶液を1：1に混合する．
④ 水酸化ナトリウム溶液：水酸化ナトリウム［劇］40 gを脱イオン水1 Lに溶かす．
⑤ 硫酸ヒドラジニウム溶液：硫酸ヒドラジニウム［害］［危］2.1 gを脱イオン水1 Lに溶かす．使用のたびに調製する．
⑥ スルファニルアミド溶液：脱イオン水200 mLに濃塩酸［劇］100 mLを加え，スルファニルアミド3 gを溶かす．
⑦ エチレンジアミン溶液：N-1-ナフチルエチレンジアミン二塩酸塩2 gを脱イオン1 Lに溶かす．褐色ガラスビンに保存する．

標準溶液

硝酸態窒素標準溶液：110℃で2時間乾燥させた硝酸カリウム［危］1.011 gを脱イオン水に溶かして1 Lにする（1 mLは10 μmol N，または140 μg N）．分析にはこれを希釈して用いる．

操作

```
試水　20 mL
 ← 1 mL　銅-亜鉛溶液
 ← 1 mL　水酸化ナトリウム溶液
 ← 1 mL　硫酸ヒドラジニウム溶液
35℃で1時間放置する
 ← 1 mL　スルファニルアミド溶液
室温で2～8分放置する
 ← 1 mL　エチレンジアミン溶液
室温で20分～2時間放置する
波長543 nmで吸光度を測定する
標準溶液の検量線から試水の亜硝酸態窒素現存量と硝酸態窒素現存量の合計量を求める
別に測定した亜硝酸態窒素現存量を差し引いて硝酸態窒素現存量を求める
```

注意点

① 本法は測定精度ではカドミウム-銅カラム法に劣る.
② 標準直線の低い部分は直線にならないことがある. そのときは0～2 μmol N·L^{-1}の吸光度を密に測定して曲線を描き, これに近似させた標準曲線から硝酸態窒素現存量を求める.
③ 本法は操作が簡単であることと, カドミウムを使わないため環境汚染が小さくてすむ利点がある.
④ 採水現場で市販の簡易分析(共立理化学研究所, セントラル科学)でおよその値を知ることができるが, 測定精度は低い. なお, イオンクロマトグラフィーを用いて測定することもできる.

D. 尿素

ジアセチル-尿素法

試薬

① 塩化ナトリウム：乾燥したもの
② リン酸ナトリウム溶液：リン酸二水素ナトリウム二水和物17.7 gを濃硫酸 [劇] 200 mLにマグネチックスターラーで完全に溶かす. 使用ごとに調製する.

③ジアセチルモノオキシム溶液：2,3-ブタンジオンオキシム（ジアセチルモノオキシム）5 gを再蒸留水100 mLに温めて溶かす．放冷したのち，セミカルバジド塩酸塩0.06 gを加える．使用のたびに調製する．

④塩化マンガン-硝酸カリウム溶液：塩化マンガン（Ⅱ）四水和物［害］50 gと硝酸カリウム［危］1 gを再蒸留水100 mLに溶かす．使用のたびに調製する．

⑤混合試薬：ジアセチルモノオキシム溶液1容と塩化マンガン-硝酸カリウム溶液1容を混合する．試薬は使用直前に混合する．

標準溶液

尿素標準溶液：尿素300.3 mgを再蒸留水に溶かして1 Lにする（1 mLは10 µmol N，140 µg N，または5 µmol尿素）．分析にはこれを希釈して用いる．

操作

```
比色管に塩化ナトリウム5.5 gをとる
    ← 試水　30 mLで溶かす
    ← 4 mL　リン酸ナトリウム溶液
    ← 1 mL　混合試薬
↓
十分に混合して70℃の水浴中で90分間暗条件の下で加熱する
↓
水道水で冷却する
↓
波長520 nmで吸光度を測定する
↓
標準溶液の検量線から現存量を求める
```

注意点

①試水を採取したら，できるだけ敏速に分析する．分析まで時間を要する場合は，ろ過したろ液を分析まで−20℃以下で凍結保存する．

②ろ液を得るためのろ紙は420℃で3時間ほど熱処理したガラス繊維ろ紙を用いる．あらかじめろ紙を純水でろ過洗浄しておくと，ろ紙に含まれる不純物の流出を無視できるため熱処理をしなくてもよい．メンブランフィルターを用いる場合は，ろ紙が汚染されていないことを確かめて使用する．

③リン酸ナトリウム溶液は粘性があるため，この試薬を加えるときは，ピペットの先を切り落とし内径を大きくしたもの，マクロピペット，ビュレットなどを用いる．試薬を加えるとき，濃硫酸によって試水が突沸することがあるので注意する．

④試薬の比重が異なるため混ざりにくいときは，容量の大きい比色管を用いるとよい．
⑤天然湖沼の尿素現存量の測定には50～100 mm幅の吸収セルを用いるが，尿素現存量が低い試水の測定には，試水を60℃以下で減圧濃縮したのち，同様の操作で測定すると，測定精度を上げることができる．

E. リン酸態リン（PO_4^{3-}-P）

アスコルビン酸還元法

試薬
① 2.5 M硫酸：脱イオン水900 mLに濃硫酸［劇］140 mLを加える．
② モリブデン酸アンモニウム溶液：モリブデン酸アンモニウム四水和物15 gを脱イオン水500 mLに溶かす．
③ アスコルビン酸溶液：L-アスコルビン酸27 gを脱イオン水500 mLに溶かす．使用のたびに調製する．
④ 酒石酸アンチモニルカリウム溶液：酒石酸アンチモニル（Ⅲ）カリウム半水和物［劇］0.34 gを脱イオン水250 mLに溶かす．
⑤ 混合試薬：2.5 M硫酸，モリブデン酸アンモニウム溶液，アスコルビン酸溶液，酒石酸アンチモニルカリウム溶液を，順にそれぞれ5:2:2:1の割合で混合する．試薬は使用直前に混合する．

標準溶液
リン酸態リン標準溶液：110℃で2時間以上乾燥させたリン酸二水素カリウム1.361 gを脱イオン水に溶かして1 L（濃硫酸約0.1 mLを含む）にする（1 mLは10 µmol P，または310 µg P）．分析にはこれを希釈して用いる．

操作

試水　50 mL
　↓　← 5 mL　混合試薬
室温で5分～2時間放置する
　↓
波長885 nmで吸光度を測定する
　↓
標準溶液の検量線から現存量を求める

注意点

① 試水を採取したら,敏速に分析する.分析まで時間を要する場合は,ろ液を-20℃以下で凍結保存する.
② リン酸態リン濃度が低いときは,50〜100 mm幅の吸収セルを用いて吸光度を測定する.
③ 採水現場でおよその値を知りたいときは,モリブデン青法などによる簡易分析(例えば共立理化学研究所,セントラル科学)で測定できるが,測定精度は低い.

F. ケイ酸態ケイ素

モリブデン黄法

試薬

① モリブリン酸アンモニウム溶液:モリブデン酸アンモニウム四水和物10 gを脱イオン蒸留水100 mLに溶かす.
② 2.4 M塩酸:脱イオン蒸留水400 mLに濃塩酸[劇]100 mLを加える.

標準溶液

ケイ酸態ケイ素標準溶液:十分乾燥させたヘキサフルオロケイ酸ナトリウム[劇]1.881 gをプラスチックビーカーに入れ,脱イオン蒸留水100〜300 mLを加え,テフロン製回転子を用いたマグネチックスターラーにより温めながら溶かしたのち,全量を1 Lにする(1 mLは10 μmol Si,281 μg Si,または601 μg SiO_2).分析にはこれを希釈して標準溶液として用いる.

操作

```
試水  20 mL
  │  ← 1 mL  モリブデン酸アンモニウム溶液
  │  ← 1 mL  2.4 M塩酸
  ↓
室温で15分間放置する
  ↓
波長430 nmで吸光度を測定する
  ↓
標準溶液の検量線から現存量を求める
```

⚠ 注意点

① 試水はメンブランフィルターか定量ろ紙でろ過する．ガラス繊維ろ紙からケイ酸が溶出することがあるので注意を要する．

② 試水はろ液を冷蔵庫に保存する．試水を凍結保存すると，溶存ケイ酸が形態変化して比色可能ケイ酸でなくなることが知られている．凍結保存してはならない．

③ 試水に鉄（Ⅱ）が存在するときは，ケイ酸が共同沈殿することがある．この場合は，空気にふれないように保存し，できるだけ敏速に測定する．

④ 腐植物質を含む試水や鉄イオンを含む試水は，黄色に着色していることがあり，本法を妨害する．また，試水に亜硫酸イオン，硫化物イオン，鉄（Ⅱ）イオンなどが多量に存在するときは，黄色のケイモリブデン錯体を還元してケイモリブデリン青錯体に変化させ妨害する．

⑤ 本法は，現存量がおよそ $100\ \mu mol\ Si \cdot L^{-1}$（$3\ mg\ Si \cdot L^{-1}$）以上の場合に用いる．低濃度の試水の測定は，次のモリブデン青法にしたがう．

⑥ 脱イオン水は，ケイ酸を含む場合がある．ケイ酸態ケイ素測定用の純水は，金属製の蒸留器で精製した蒸留水を，さらにイオン交換樹脂を用いて脱イオン化した水を用いる．また，標準溶液や試薬はプラスチック製の容器に入れて保存する．

⑦ 採水現場で，例えば，モリブデン黄法やモリブデン青法（共立理化学研究所，セントラル科学）による簡易分析でおよその値を知ることができるが，測定精度は低い．

モリブデン青法

🧪 試薬

① モリブデン酸アンモニウム溶液：モリブデン酸アンモニウム四水和物 4 g を脱イオン蒸留水 300 mL に溶かして，濃塩酸［劇］12 mL を加える．これに脱イオン蒸留水を加え，全量を 500 mL にする．

② 9 M 硫酸：脱イオン蒸留水 100 mL に濃硫酸［劇］100 mL を加える．

③ シュウ酸溶液：シュウ酸二水和物［劇］50 g を脱イオン蒸留水 500 mL に溶かす．

④ メトール–亜硫酸溶液：亜硫酸ナトリウム無水物 6 g を脱イオン蒸留水 500 mL に溶かし，これに p–メチルアミノフェノール硫酸塩 10 g を加えて溶かす．冷暗所保管できるが，1 か月以上保存しないこと．

⑤ 還元試薬：脱イオン蒸留水，9 M 硫酸，シュウ酸溶液，メトール–亜硫酸溶液を 4：3：3：5 の割合で混合する．試薬は使用直前に混合する．

🧪 標準溶液

ケイ酸態ケイ素標準溶液：モリブデン黄法と同様の操作で，ヘキサフルオロケイ酸ナトリウム［劇］1.881 g を脱イオン蒸留水で溶かして 1 L にする（1 mL は 10 μmol Si，281 μg Si，または 601 μg SiO_2）．分析にはこれを希釈して標準溶液として用いる．

👉 操作

❗ 注意点

①前述のモリブデン黄法の注意点にしたがう．
②本法は，試水のケイ酸態ケイ素の現存量がおよそ 200 μmol Si·L^{-1}（5 mg Si·L^{-1}）以下の場合に用いる．それより高濃度の試水の測定はモリブデン黄法にしたがう．

15.7 有機物

A. 溶存有機炭素（DOC）

赤外線ガス分析法

✏️ 試薬

①粉末のペルオキソ二硫酸カリウム（過硫酸カリウム）
②リン酸：リン酸［害］3 mL を再蒸留水 100 mL に溶かす．
③20〜30 メッシュのアスカライト［劇］
④ヨウ化カリウム溶液：蒸留水 45 mL に濃硫酸［劇］5 mL を加え，これにヨウ化カリウム 20 g を加える．
⑤粉末の過塩素酸マグネシウム無水物［危］

標準溶液

溶存有機炭素標準溶液：デシケーター中で24時間以上乾燥させたグルコース5.000 gを再蒸留水に溶かして1 Lにする（1 mLは2 mg C，または0.167 mmol C）．この標準溶液は，−20℃以下で凍結保存するか，少量の塩化水銀（Ⅱ）［毒］を加えて冷蔵保存する．分析にはこれを希釈して用いる．

操作

```
アンプル（10 mL容量）
    ├ 約0.1 g   ペルオキソ二硫酸カリウム
    ├ 試水 5 mL
    ├ 0.25 mL   リン酸
    ↓
アンプル内の溶液に窒素ガスを約5分間通気する
    ↓
アンプル内に窒素ガスを充満させながらアンプルを封じる
    ↓
オートクレーブを用いて130℃で1時間加熱分解する
    ↓
溶存有機炭素測定システム内でアンプルを開ける
    ↓
生じた二酸化炭素を赤外線二酸化炭素ガス分析計で測定する
    ↓
標準溶液のピークの高さと比較して現存量を求める
```

注意点

① アンプルはあらかじめ450℃で数時間加熱し，有機物を除去する．
② 試水は，−20℃以下で凍結保存するか，少量の塩化水銀（Ⅱ）［毒］を入れて冷蔵庫で保存する．
③ 試水のろ過は，ガラス繊維ろ紙（例えば，ワットマンGF/C，GF/Fなど）を用いる．420℃で3時間熱処理して有機物を除去させたガラス繊維ろ紙でろ過することが好ましいが，あらかじめ再蒸留水でろ紙をろ過洗浄すると，ろ紙に含まれる有機物量を無視して熱処理をしなくてもよい．メンブランフィルターでろ過するときは，再蒸留水で十分ろ過洗浄したろ紙を用いる．
④ アンプル内に流す窒素ガスの流量は，1分間当たり約200 mLがよい．
⑤ ろ過操作を行わない試水を用いると，全有機炭素（TOC）を測定することができる．

比色法

試薬

① 二クロム酸カリウム–硫酸原液：二クロム酸カリウム［劇］［危］（重クロム酸カリウム）4.84 g を 20 mL の再蒸留水に溶かす．これに濃硫酸［劇］を加えて 1 L にする．
② 二クロム酸カリウム–硫酸希釈液：減圧濃縮した試料の有機炭素量に応じて，二クロム酸カリウム–硫酸原液の濃度を変える．
  (1) 10～100 μg C：二クロム酸カリウム–硫酸原液 1 容に濃硫酸 2 容を加える．
  (2) 100～200 μg C：二クロム酸カリウム–硫酸原液 1 容に濃硫酸 1 容を加える．
  (3) 200～300 μg C：二クロム酸カリウム–硫酸原液をそのまま用いる．
③ リン酸：再蒸留水 50 mL にリン酸［害］50 mL を加える．

標準溶液

溶存有機炭素標準溶液：デシケーター中で 24 時間乾燥させたグルコース 5.000 g を再蒸留水に溶かして 1 L にする（1 mL は 2 mg C，または 0.167 mmol C）．−20℃以下で凍結保存するか，少量の塩化水銀（II）を加えて冷蔵保存する．分析にはこれを希釈して用いる．

操作

試水を 50℃以下で減圧濃縮する
  ↓ ←1 mL　再蒸留水
濃縮させた有機物を温めて溶かす
  ↓ ←1 mL　リン酸
105℃で 30 分間加熱（シリコンオイルバスを使用）したのち，室温まで放冷する
  ↓ ←2 mL　二クロム酸カリウム–硫酸希釈液
105℃で 60 分間加熱する
  ↓
室温まで放冷する
  ↓ ←5 mL　再蒸留水
流水で冷却する
  ↓
波長 440 nm でブランク試験の吸光度を 0.600 に合わせ，これを対照にして試水の吸光度を測定する
  ↓
標準溶液の検量線から現存量を求める

注意点

① 試水を採取したのち,速やかに溶存有機炭素の測定をすることが望ましい.保存するときは−20℃以下で凍結保存する.
② 試水のろ過は,ガラス繊維ろ紙(例えば,ワットマン GF/C,GF/F など)を用いる.420℃で3時間熱処理して有機物を除去させたガラス繊維ろ紙でろ過することが好ましいが,あらかじめ再蒸留水でろ紙をろ過洗浄すると,ろ紙に含まれる有機物量を無視して熱処理をしなくてもよい.メンブランフィルターでろ過するときは,再蒸留水で十分ろ過洗浄したろ紙を用いる.
③ 本法は,有機炭素として 10 μg C が測定限界である.一般の湖沼水の溶存有機炭素現存量から判断すると,試水 10〜30 mL を濃縮するとよい.
④ 試水の減圧濃縮乾固は,試験管に入れた水を濃縮することができる蒸発装置(例えば,**図15-10**に示す試験管エバポレーター)が便利である.ロータリーエバポレーターを用いてもよい.
⑤ 波長 440 nm におけるブランク試験の吸光度は,0.600,0.500 あるいは 0.400 のいずれでもよいが,試料の吸光度の値がマイナスにならないようにする.

　なお,ブランク試験の吸光度を対照にして試水の吸光度を測定するため,ブランク試験の値のばらつきが測定誤差を与える.そこで,複数のブランク試験を行い,その平均値と対照としたブランク試験の吸光度との差で試水の吸光度を補正する.

B. 溶存有機窒素(DON)

ケルダール法

試薬

① 0.2 M 水酸化ナトリウム溶液:水酸化ナトリウム[劇]8 g を再蒸留水 1 L に溶かす.
② 分解溶液:二酸化セレン[毒]0.5 g を再蒸留水 5 mL に溶かし,濃硫酸[劇]500 mL を加える.密栓したガラスビンで保存する.
③ 緩衝溶液:リン酸水素二ナトリウム十二水和物 43.0 g と水酸化ナトリウム 3.2 g を脱アンモニア水に溶かして 1 L にする.
④ フェノールフタレイン溶液:フェノールフタレイン 1 g をエタノール[危]100 mL に溶かし,脱アンモニア水 100 mL を加える.
⑤ 6 M 水酸化ナトリウム溶液:水酸化ナトリウム 240 g を脱アンモニア水 1 L に溶かす.
⑥ 3 M 硫酸:脱アンモニア水 500 mL に濃硫酸 100 mL を加える.

⑦1 M水酸化ナトリウム溶液：水酸化ナトリウム40 gを脱アンモニア水1 Lに溶かす．
⑧0.5 M硫酸：脱アンモニア水700 mLに濃硫酸20 mLを加える．
⑨フェノール溶液：フェノール［劇］6 gを脱アンモニア水200 mLに溶かし，ペンタシアノニトロシル鉄（Ⅲ）酸ナトリウム二水和物［毒］（ニトロプルシッドナトリウム二水和物）30 mgを加える．密栓した褐色ガラスビンに保存する．
⑩次亜塩素酸ナトリウム溶液：水酸化ナトリウム4.9 gを脱アンモニア水に溶かす．活性塩素約5%を含む市販の次亜塩素酸ナトリウム［害］（アンチホルミン）5 mLを加えてから，全量を脱アンモニア水で200 mLにする．

標準溶液

溶存有機窒素標準溶液：尿素300.3 mgを再蒸留水に溶かして1 Lにする（1 mLは10 μmol N，または140 μg N）．分析にはこれを希釈して用いる．

操作

```
共栓つき分解試験管
   ← 一定量のろ過した試水（有機窒素として0.1〜0.5 μmol N）
   ← 1滴　0.2 M水酸化ナトリウム溶液
エバポレーターを用いて60℃以下で蒸発乾固する（例えば図15-10）
   ← 0.5 mL　分解溶液
分解試験管に冷却管をつなぐ（図15-11）
約200℃で3時間加熱分解する（冷却管の上部を静かに吸引する）
分解溶液が黄みを帯びていたら，透明になるまで加熱分解を続ける
分解試験管を共栓で密閉して室温まで放冷する
   ← 1 mL　緩衝溶液
   ← 1滴　フェノールフタレイン溶液
回転子を分解試験管に入れ，マグネチックスターラーで撹拌しながら6 M水酸化ナトリウム溶液を溶液が赤色になるまで滴下する
0.5 M硫酸と1 M水酸化ナトリウムで薄いピンク色になるようすばやく中和する
緩衝溶液で液量を15 mLにする
   ← 0.5 mL　フェノール溶液
   ← 0.5 mL　次亜塩素酸ナトリウム溶液
試験管の口を共栓で密栓して約40℃で2〜3時間放置する
```

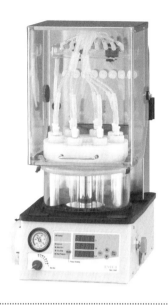

［図15-10］**試験管エバポレーター**
〔東京理化器械株式会社 提供〕

［図15-11］**溶存有機窒素分解装置**

↓
波長640 nmで吸光度を測定する
↓
標準溶液の検量線から現存量を求める

❗注意点

① 試水のろ過は，ガラス繊維ろ紙（例えば，ワットマンGF/C, GF/Fなど）を用いる．420℃で3時間熱処理して有機物を除去させたガラス繊維ろ紙でろ過することが好ましいが，あらかじめ再蒸留水でろ紙をろ過洗浄すると，ろ紙に含まれる有機物量を無視して熱処理をしなくてもよい．メンブランフィルターでろ過するときは，再蒸留水で十分ろ過洗浄したろ紙を用いる．

② 普通の調和型湖沼では，濃縮する試水の量は5〜15 mLでよい．

③ 分解試験管と冷却管は，高さが180 mmで外径が18 mmのもの（**図15-11**）が使いやすい．

④ ケルダール分解試験管をはじめ，測定に用いるガラス器具はすべて約0.005 Mの水酸化ナトリウム溶液で洗浄し，約150℃で30分間ほど乾燥させて，ガラス壁に付着しているアンモニアを除去する．その他の注意点はアンモニア態窒素の測定項目

（183ページ）を参照のこと．

⑤未ろ過の試水，あるいはろ紙上の試料を同様の操作で分析すれば，全有機窒素（TON），あるいは懸濁有機窒素（PON）をそれぞれ測定することができる．

⑥溶存有機窒素標準溶液，0.2 M水酸化ナトリウム溶液，および分解溶液の試薬を調製するときは，再蒸留水を用いる．これら以外の試薬の調製は，すべて脱アンモニア水を用いる．なお，アンモニアが混入している可能性のある濃硫酸の使用は避ける．

⑦試験管に入れた水を濃縮することができるエバポレーターとして，例えば，図15-10に示す試験管用のエバポレーターが便利である．

⑧試水をアルカリ性にして減圧濃縮すると，試水に現存するアンモニアは，ほぼ完全に除去することができる．減圧濃縮する際の温度は，一部の溶存有機窒素化合物がこの操作で分解する可能性があるので，低温で濃縮することが望ましい．60℃以下であれば，一般の湖沼水で測定される全溶存有機窒素の現存量の値にほとんど影響を与えない．

⑨分解溶液は，0.5 mLを正確にすばやく加えるようにする．マクロピペットのような分注器を用いるとよい．

⑩分解試験管をアルミブロックに入れ，ホットプレート上で加熱分解すると便利である．分解用アルミブロックは，分解試験管がぴったりおさまるように作製する．分解温度は，白色の硫酸ガスが分解試験管の上部を超えて，空冷の冷却管まで届かないように調節する．

⑪中和操作が終了するまでの間は，空気からのアンモニアの汚染を防ぐため，操作の間は常に分解試験管の口を密栓しておく．特に溶液が強酸性の状態のときは注意を要する．

⑫中和滴定の操作の間，部分的にアルカリ性にならないように溶液を回転子で撹拌する．また，アンモニアが分解試験管から逃げないように密閉系を保つ．このため，ビュレットのコックの下部に分解試験管の内径に合わせたシリコンゴム栓をつけ，分解試験管の底近くまで届く，細いテフロン管をビュレットにつなぐようにするか，足長ビュレットを用いる．空気抜きは注射針を用いるとよい．

滴定は，分解試験管を氷水が入ったビーカーで冷却しながら操作する．溶液がアルカリ性に大きく傾かないように，中和滴定は，きわめて注意深く操作しなければならない．駒込ピペットを用いて0.5 M硫酸と1 M水酸化ナトリウムで中和する際には，分解試験管の上部から洗い流すようにして，溶液が薄いピンク色を示すようにする．

⑬溶存有機窒素の検量線は，試水と同様の操作で作製するが，減圧蒸発乾固させる溶存有機窒素標準溶液の液量を少なくする．これは再蒸留水中に含まれる溶存有機窒素の影響をできるだけ少なくするためである．

なお，アンモニア態窒素標準溶液（183ページを参照）を用いて，前述の操作手順のフェノール試薬を加える操作から吸光度の測定まで，溶存有機窒素と同じ操作を行ってアンモニア態窒素の検量線を別に作製し，尿素を用いた溶存有機窒素の検量線と比較して分解率を確認しておく．

⑭ペルオキソ二硫酸カリウムを用いて溶存有機窒素または全窒素を測定できるが，本法に比べて精度は低い．ペルオキソ二硫酸カリウムによる湿式酸化法の概略は次のとおりである．試水50 mLを分解用の容器にとり，これにペルオキソ二硫酸カリウム溶液（再蒸留水1 Lを水酸化ナトリウム［劇］36 gとペルオキソ二硫酸カリウム40 gを溶かす）10 mLを加え，オートクレーブを用いて120～130℃で30分間加熱する．加熱酸化分解後の水中の硝酸態窒素（亜硝酸態窒素を含む）の量（全窒素量）から，未処理の試水中のアンモニア態窒素，亜硝酸態窒素，硝酸態窒素の合計を差し引いた値が溶存有機窒素量になる．

C. 溶存有機リン（DOP）

ペルオキソ二硫酸カリウム分解法

試薬

①ペルオキソ二硫酸カリウム溶液：ペルオキソ二硫酸カリウム（過硫酸カリウム）5 gを脱イオン蒸留水100 mLに溶かす．

②2.5 M硫酸：脱イオン水900 mLに濃硫酸［劇］140 mLを加える．

③モリブデン酸アンモニウム溶液：モリブデン酸アンモニウム四水和物15 gを脱イオン水500 mLに溶かす．

④アスコルビン酸溶液：L-アスコルビン酸27 gを脱イオン水500 mLに溶かす．使用のたびに調製する．

⑤酒石酸アンチモニルカリウム溶液：酒石酸アンチモニル(Ⅲ)カリウム半水和物［劇］0.34 gを脱イオン水250 mLに溶かす．

⑥混合試薬：2.5 M硫酸，モリブデン酸アンモニウム溶液，アスコルビン酸溶液，および酒石酸アンチモニルカリウム溶液を，順にそれぞれ5：2：2：1の割合で混合する．試薬は使用直前に混合する．

標準溶液

溶存有機リン標準溶液：110℃で2時間以上乾燥させたリン酸二水素カリウム1.361 gを脱イオン蒸留水に溶かして1 L（濃硫酸約0.1 mLを含む）にする（1 mLは10 μmol P，または310 μg P）．分析にはこれを希釈して用いる．

操作

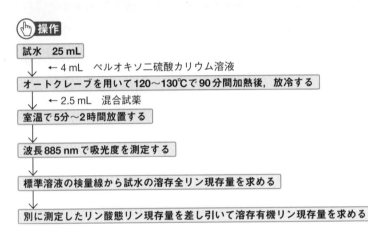

注意点

① ろ過した試水は−20℃以下で凍結保存する．ろ紙は，あらかじめ420℃で3時間熱処理したガラス繊維ろ紙（ワットマンGF/CやGF/Fなど）を，ろ紙からリン酸態リンが流出しなくなるまで脱イオン水でろ過洗浄したものを用いる．
② 溶存有機リン現存量が低いときは50〜100 mm幅のセルで吸光度を測定する．
③ ペルオキソ二硫酸カリウムによる湿式酸化法は酸化力が高くないといわれているが，普通の湖沼水に現存する溶存有機リンのほとんどはこの方法で酸化分解することができる．

D. 懸濁炭素（PC）と懸濁窒素（PN）

CHNコーダーによる方法

試薬

① アセトアニリド，またはアンチピリン（標準試薬）
② 酸化銅（II）（線状で0.6 mm×2〜5 mm）
③ 銀（粒状）

④サルフィックス（8～20メッシュ）
⑤過塩素酸マグネシウム無水物［危］（10～24メッシュ）
⑥ソーダアスベスト（粒状：水酸化ナトリウム70％含有）

操作

①ガラス繊維ろ紙で試水をろ過する．
②ろ紙を白金ボートか円筒型石英管に入れ，石英導入棒を速やかに試料分解炉のなかに入れる．
③試料は高温分解され，さらに酸化銅（Ⅱ）と接触して完全に酸化される．
④別に標準試薬を用いて測定した値と比較して，試水中の懸濁炭素と窒素を同時測定する．

注意点

①CHNコーダー使用に際しては本機のとり扱いマニュアルを参照する．
②試水のろ過は，ガラス繊維ろ紙（例えば，ワットマンGF/C，GF/Fなど）を用いる．420℃で3時間熱処理して有機物を除去させたガラス繊維ろ紙でろ過することが好ましいが，熱処理の際にガラス繊維を融解させてろ過効率を下げないよう注意する．なお，ろ紙上の試料が多いときは，ろ紙に含まれる有機物量を無視して熱処理をしなくてもよい．
③CHNコーダーで測定するときは，0.5 mg C（50 µmol C）ほどの懸濁炭素がろ別されるように試水をろ過する．ろ過したろ紙は60℃で十分乾燥させてから分析する．
④CHNコーダーでは懸濁有機物中の水素量も測定されるが，ろ紙上の試料の水分を完全に除去することが困難なため，測定された水素の値の信頼性は低い．
　　CHNコーダーは柳本製作所などで買い求めることができる．なお，いくつかのメーカーから市販されている酸素循環燃焼やガスクロマトグラフィーなどによる全窒素と全炭素自動測定装置を用いて同程度の精度で測定が可能である．
⑤懸濁有機炭素は溶存有機炭素の測定方法の比色法（196ページを参照）に準じて測定することができる．分解後に残ったろ紙と粒子は遠心分離でとり除き比色測定する．
⑥懸濁有機窒素は溶存有機窒素の測定方法のケルダール法（197ページを参照）で分解させ，生じたアンモニア態窒素を測定することが可能である．この場合，手順は試水の濃縮の次の操作からはじめるが，アンモニア態窒素の測定試薬を加える前に，中和した溶液を遠心分離するか定量ろ紙などでろ過し，溶液に残っているろ紙と懸

濁粒子をとり除く．

⑦CHNコーダーを用いて測定した炭素と窒素の量は，普通の湖沼ではそのほとんどを懸濁有機炭素量あるいは懸濁有機窒素量として測定していると考えてよい．しかし，懸濁物質のなかには無機態の炭素と窒素も含まれるため，厳密には懸濁炭素（PC）と懸濁窒素（PN）が測定されることになる．

⑧湖底堆積物やセジメントトラップの試料の炭素と窒素の量も同様に測定することができる．

E. 懸濁リン（PP）

過塩素酸と硝酸による酸化分解法

試薬

①過塩素酸：過塩素酸［危］（約60％）

②硝酸：濃硝酸［劇］

③ペルオキソ二硫酸カリウム溶液：ペルオキソ二硫酸カリウム（過硫酸カリウム）5 gを脱イオン蒸留水100 mLに溶かす．

④2.5 M硫酸：脱イオン水900 mLに濃硫酸［劇］140 mLを加える．

⑤モリブデン酸アンモニウム溶液：モリブデン酸アンモニウム四水和物15 gを脱イオン水500 mLに溶かす．

⑥アスコルビン酸溶液：L-アスコルビン酸27 gを脱イオン水500 mLに溶かす．使用のたびに調製する．

⑦酒石酸アンチモニルカリウム溶液：酒石酸アンチモニル（Ⅲ）カリウム半水和物［劇］0.34 gを脱イオン水250 mLに溶かす．

⑧混合試薬：2.5 M硫酸，モリブデン酸アンモニウム溶液，アスコルビン酸溶液，および酒石酸アンチモニルカリウム溶液を，順にそれぞれ5：2：2：1の割合で混合する．試薬は使用直前に混合する．

標準溶液

懸濁リン標準溶液：110℃で2時間乾燥させたリン酸二水素カリウム1.361 gを脱イオン蒸留水に溶かして1 L（濃硫酸約0.1 mLを含む）にする（1 mLは10 μmol P，または310 μg P）．分析にはこれを希釈して用いる．

👆 操作

```
ろ過した試料をろ紙とともに細かく切って共栓つき試験管に入れる
  ↓ ← 1 mL　過塩素酸
  　 ← 3滴　硝酸
ホットプレートを用いて200℃で90分間加熱し,蒸発乾固する
  ↓
脱イオン蒸留水で液量を25 mLにする
  ↓ ← 4 mL　ペルオキソ二硫酸カリウム溶液
オートクレーブを用いて120〜130℃で90分間加熱する
  ↓
放冷後,遠心分離して上澄み液を採取
  ↓ ← 2.5 mL　混合試薬
室温で5分〜2時間放置する
  ↓
波長885 nmで吸光度を測定する
  ↓
標準溶液の検量線から現存量を求める
```

⚠️ 注意点

① 試水のろ過は,ガラス繊維ろ紙(例えば,ワットマンGF/C,GF/Fなど)を用いる.420℃で3時間熱処理して有機物を除去させたガラス繊維ろ紙でろ過することが好ましいが,熱処理の際にガラス繊維を融解させてろ過効率を下げないよう注意すること.なお,ろ紙上の試料が多いときは,ろ紙に含まれる有機物量を無視して熱処理をしなくてもよい.

② 測定上のその他の注意点は溶存有機リンの測定項目(202ページ)を参照のこと.

③ 試水のろ過量は,懸濁リンとして0.1〜0.5 μmol P(3〜15 μg P)を含むようにろ過する.

④ 加熱分解はアルミブロック(199ページを参照)を用いるとよい.加熱するとき,過塩素酸と硫酸のガスが発生するので,ドラフト内で操作する.

⑤ ペルオキソ二硫酸カリウムを用いて試水の全リンと溶存態の全リン(リン酸態リンと溶存有機リンの合計)を測定し,その差から懸濁リンを求めることができる.湿式酸化法は,酸化分解力が大きくないが,プランクトンを主体とする懸濁物では,有機リンのほとんどを湿式酸化分解することができる.

F. 化学的酸素消費量（COD）

酸性過マンガン酸カリウム法：COD$_{Mn}$

試薬

①硝酸銀溶液：硝酸銀［劇］［危］20 gを再蒸留水100 mLに溶かす．褐色ビンに保存．
②6 M硫酸：再蒸留水200 mLに濃硫酸［劇］100 mLを加える．この溶液に，0.005 M過マンガン酸カリウム溶液を薄いピンク色を示すまで加える．
③0.005 M過マンガン酸カリウム溶液：過マンガン酸カリウム［危］約0.75 gを1 Lの再蒸留水に溶かして1時間ほど煮沸し，1日放置する．この上澄み液をガラスフィルターでろ過して，褐色ビンに保存する．溶液のファクターを標定する．
④0.0125 Mシュウ酸ナトリウム溶液：150〜200℃で1時間乾燥させたシュウ酸ナトリウム［劇］1.675 gを再蒸留水に溶かして1 Lにする．

▶ 0.005 M過マンガン酸カリウム溶液の標定

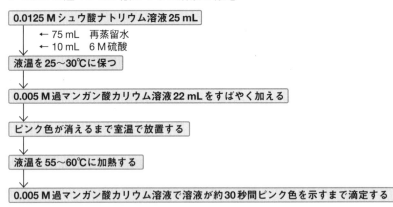

滴定に要した0.005 M過マンガン酸カリウム溶液の全量をa mLとすると，0.005 M過マンガン酸カリウム溶液のファクター（f）は，

$$f = \frac{25}{a}$$

例えば，滴定に27.0 mLを要したら，このときの0.005 M過マンガン酸カリウム溶液のファクターは0.926なので，濃度は0.00462 Mとなる．

操作

```
試水  100 mL
    ← 5 mL   硝酸銀溶液（ふり混ぜながら）
    ← 10 mL  6 M 硫酸（ふり混ぜながら）
    ← 10 mL  0.005 M 過マンガン酸カリウム溶液
沸騰水浴中に入れて30分間加熱する
    ← 10 mL  0.0125 M シュウ酸ナトリウム溶液
約60℃に保つ
0.005 M 過マンガン酸カリウム溶液で溶液が約30秒間ピンク色を示すまで滴定する
```

計算

0.005 M 過マンガン酸カリウム溶液の滴定量を a mL，ブランク試験の過マンガン酸カリウム溶液の滴定量を b mL，0.005 M 過マンガン酸カリウム溶液のファクターを f，試水の量を V mL とすると，過マンガン酸カリウムによる酸素消費量は，

$$\mathrm{COD_{Mn}(meq \cdot L^{-1})} = (a-b) \times \frac{1000}{V} \times 0.025 \times f$$

$$\mathrm{COD_{Mn}(mg\ O_2 \cdot L^{-1})} = (a-b) \times \frac{1000}{V} \times 0.025 \times 8 \times f$$

$$\mathrm{COD_{Mn}(mg\ KMnO_4 \cdot L^{-1})} = (a-b) \times \frac{1000}{V} \times 0.025 \times 31.6 \times f$$

注意点

① 試水は変質しやすいので，CODの測定は試水の採取後，ただちに行う．やむをえない場合は冷蔵庫（暗条件）で短時間保存する．

② 試水の量は，加熱後に残留する過マンガン酸カリウム溶液が加えた量の約1/2がよい．残留する過マンガン酸カリウムの量がこれより多いとCODの値は高く，これより少ないと低いCODになるといわれている．予備分析を行ってから試水の量を決めるとよい．

③ 試水に塩化物イオンが含まれているときは本法を妨害する．そこで，試水が白濁するまで硝酸銀溶液を加え，さらに硝酸銀溶液5 mLを加える．試水が汽水湖や塩湖のように塩化物イオンを多く含むときは，試水50 mLに硝酸銀溶液25 mLを加え，さらに再蒸留水を加えて約105 mLにする．これに6 M 硫酸10 mLを加え，前述の操作と同様の操作で滴定する．なお，ブランク試験も試水と同程度の塩化物イオンを含む溶液を作製して行う．

④有機物濃度が高い試水を測定するとき，煮沸している間に過マンガン酸カリウムが使い果たされてピンク色が消えてしまう場合がある．このときは分析に供する試水の量を少なくする．COD_{Mn} が 10 mg O_2·L^{-1} 以上の場合は試水の量を少なくし，再蒸留水を加えて 100 mL にするとよい．

⑤本法では，煮沸水浴中で有機物を分解するが，ガスバーナーや電熱器を用いて 5 分間直火下で煮沸して分解させてもよい．この方法は測定値にややばらつきが大きいが，敏速に測定できる利点がある．

⑥塩化物イオンが多量に含まれているときは，硝酸銀を加えても測定が困難なため，アルカリ性の下で測定する．

⑦アルカリ性過マンガン酸カリウムによる化学的酸素消費量（COD_{OH}）法の概略は，次のとおりである．試水 50 mL に 10％水酸化ナトリウム溶液 1 mL と 0.002 M 過マンガン酸カリウム溶液 10 mL を加え，沸騰水浴中で 20 分間加熱する．水浴からとり出し，10％ヨウ化カリウム溶液 1 mL と 4％アジ化ナトリウム溶液 1 滴を加え混合する．放冷ののち，(2＋1) 硫酸 0.5 mL を加えて 5 分間放置する．この操作で遊離したヨウ素を指示薬としてデンプン溶液を用いて 0.01 M チオ硫酸ナトリウム溶液で滴定する．

滴定に要した 0.01 M チオ硫酸ナトリウム溶液の量を a mL，再蒸留水を用いたブランク試験に要した 0.01 M チオ硫酸ナトリウム溶液の量を b mL，0.01 M チオ硫酸ナトリウム溶液のファクターを f，試水の量を V mL とすると，

$$COD_{OH} (\text{mg } O_2 \cdot L^{-1}) = (b-a) \times \frac{1000}{V} \times 0.08 \times f$$

なお，アルカリ法と酸性法とは値が一致しない場合があるので，得られた結果の扱いに注意しなければならない．

⑧例えば，過マンガン酸カリウム法によるパックテスト（共立理化学研究所）や吸光光度法（セントラル科学）法を用いて，採水現場のおよその COD 値を知ることができるが，試水の有機物現存量が低い場合は測定が困難である．

二クロム酸カリウム法：COD_{Cr}

試薬

①硫酸銀－硫酸溶液：硫酸銀［劇］11 g を濃硫酸［劇］1 L に温めて溶かす．
②硫酸水銀（Ⅱ）［毒］
③0.025/6 M 二クロム酸カリウム溶液：100～110℃で数時間乾燥させた二クロム酸カリウム［劇］［危］（重クロム酸カリウム）1.226 g を再蒸留水に溶かして 1 L にする．

④ フェナントロリニウム-鉄溶液：1,10-フェナントロリニウム一水和物1.48 gと硫酸鉄（Ⅱ）七水和物0.70 gを再蒸留水100 mLに溶かす．
⑤ 0.025 M硫酸鉄アンモニウム溶液：硫酸鉄（Ⅱ）アンモニウム六水和物（モール塩）10 gを再蒸留水約500 mLに溶かす．濃硫酸20 mLを加え，再蒸留水で1 Lにする．これは使用のたびに標定する．

▶ 0.025 M硫酸鉄アンモニウム溶液の標定

```
0.025/6 M二クロム酸カリウム溶液20 mL
    ← 80 mL    再蒸留水
    ← 30 mL    濃硫酸
冷却する
    ← 2〜3滴   フェナントロリニウム-鉄溶液
0.025 M硫酸アンモニウム溶液で，溶液が赤褐色に変わるまで滴定する
```

滴定に要した0.025 M硫酸鉄アンモニウム溶液の容量をa mLとすると，0.025 M硫酸鉄アンモニウム溶液のファクター（f）は，

$$f = \frac{20}{a}$$

操作

```
250 mLのフラスコ（還流冷却管と共通すり合わせのもの）
    ← 0.4 g    硫酸水銀（Ⅱ）
    ← 20 mL    試水
    ← 10 mL    0.025/6 M二クロム酸カリウム溶液
    ← 30 mL    硫酸銀-硫酸溶液
沸騰石を入れ，フラスコに還流冷却管をつけて2時間加熱する
冷却する
再蒸留水約10 mLで冷却管を十分洗い，洗液をフラスコに流し入れる
フラスコ内の溶液を140 mLに薄める
    ← 2〜3滴   フェナントロリニウム-鉄溶液
0.025 M硫酸鉄アンモニウム溶液で溶液が青緑から赤褐色に変わるまで滴定する
```

計算

0.025 M硫酸鉄アンモニウム溶液の滴定量をa mL，ブランク試験の滴定量をb mL，0.025 M硫酸鉄アンモニウム溶液のファクターをf，試水の量をV mLとすると，二ク

ロム酸カリウムによる酸素消費量は，

$$\text{COD}_{\text{Cr}}(\text{meq}\cdot\text{L}^{-1}) = (b-a) \times \frac{1000}{V} \times 0.025 \times f$$

$$\text{COD}_{\text{Cr}}(\text{mg O}_2\cdot\text{L}^{-1}) = (b-a) \times \frac{1000}{V} \times 0.025 \times 8 \times f$$

注意点

①試水の量は2時間煮沸したのちに，0.025/6 M二クロム酸カリウム溶液の約1/2が残っているようにする．

②試水の塩化物イオンは，約40 mgまでマスキングすることができるが，それより多量の塩化物イオンが現存するときは，塩化物イオンの10倍量の硫酸水銀（Ⅱ）をさらに加える．

③沸騰石は有機物が混入していないガラスなどで作製し，さらにこれを塩酸で洗浄したものを用いる．

④本法は，硫酸水銀，硫酸銀，二クロム酸カリウムを使用するので，分析後の廃液の処理に注意する．

G. 生物化学的酸素消費量（BOD）

試薬

①緩衝液（A液）：リン酸水素二カリウム21.75 g，リン酸二水素カリウム8.5 g，リン酸水素二ナトリウム十二水和物44.6 g，塩化アンモニウム1.7 gを再蒸留水に溶かして1 Lにする（pH 7.2）．

②硫酸マグネシウム溶液（B液）：硫酸マグネシウム七水和物22.5 gを再蒸留水に溶かして1 Lにする．

③塩化カルシウム溶液（C液）：塩化カルシウム無水物27.5 gを再蒸留水に溶かして1 Lにする．

④塩化鉄溶液（D液）：塩化鉄（Ⅲ）六水和物0.25 gを再蒸留水に溶かして1 Lにする．

⑤希釈水：約20℃保った蒸留水1 Lに，緩衝液（A液），硫酸マグネシウム溶液（B液），塩化カルシウム溶液（C液），塩化鉄溶液（D液）をそれぞれ1 mLずつ加え，ばっ気して酸素を飽和させる（pH 7.2）．pH 7.2とならないときは1 M塩酸か1 M水酸化ナトリウム溶液で調製する．

⑥塩化マンガン溶液：塩化マンガン（Ⅱ）四水和物［害］100 gを蒸留水250 mLに溶

かす．1 mLの濃塩酸［劇］を加える．
⑦ヨウ化カリウム-水酸化ナトリウム溶液：水酸化ナトリウム［劇］90 gを蒸留水250 mLに溶かす．放冷後，ヨウ化カリウム25 gとアジ化ナトリウム［危］［害］5 gを加える．褐色プラスチックビンで保存する．
⑧6 M塩酸：蒸留水100 mLに濃塩酸100 mLを加える．
⑨ デンプン溶液：可溶性デンプン1 gを蒸留水100 mLに温めながら溶かす．1〜2分煮沸してから上澄み液をプラスチックビンに移す．防腐のため，数滴のクロロホルム［劇］を入れる．
⑩0.02 Mチオ硫酸ナトリウム溶液：チオ硫酸ナトリウム五水和物約5 gを煮沸した蒸留水に溶かして1 Lにする．保存のときはソーダ石灰管をとりつける．
⑪0.1/6 Mヨウ素酸カリウム標準溶液：120〜140℃で2時間乾燥させたヨウ素酸カリウム［危］3.567 gを蒸留水に溶かして1 Lにする．この標準溶液はチオ硫酸ナトリウム溶液の標定に用いる．
⑫ヨウ化カリウム：固体を用意する．
（⑥〜⑫は溶存酸素の測定用である．）

操作

試水をばっ気して酸素を飽和させる

↓

試水の適量に希釈水を加えて1 Lにする（試水の予測BOD値により希釈倍率を変える）

↓

希釈検水をBODビンに詰める

↓

20 ± 1℃の恒温器に入れ，暗条件で5日間培養する

↓

培養前の溶存酸素量と5日間の培養後の溶存酸素量を測定する

計算

培養前の希釈検水の溶存酸素量をDO_1（mg $O_2 \cdot L^{-1}$），20℃，5日間の培養後の溶存酸素量をDO_2（mg $O_2 \cdot L^{-1}$），試水の希釈倍率（希釈試料水/試料水）をd倍とすると，生物化学的酸素消費量（BOD）は，

$$\text{BOD (mg } O_2 \cdot L^{-1}) = (DO_1 - DO_2) \times d$$

ただし，5日間の培養後の溶存酸素の値の用いる希釈検水は，培養前後の溶存酸素量の差（$DO_1 - DO_2$）が2〜7 mg $O_2 \cdot L^{-1}$になる希釈検水で測定したものを使用する．試水のBODが2 mg $O_2 \cdot L^{-1}$以下であれば，その差がこれより低くてもよい．

注意点

① 試水は変質しやすいので，BODの測定は試水の採取後，ただちに行う．

② 試水が酸性あるいはアルカリ性を示すときは，1 M塩酸と1 M水酸化ナトリウム溶液で中和する．試水に残留塩素など酸化物質が含まれているときは，それに当量の亜硫酸ナトリウム溶液を加え，これらを還元する前処理を行う．

③ 試水に好気性微生物がきわめて少ないときは，家庭から排出される下水の上澄み液，河川水，土壌抽出液などの植種液を用いる．これらについての詳細はJIS K 0102を参照のこと．

④ 20℃，1気圧における溶存酸素の飽和量は8.8 mg $O_2 \cdot L^{-1}$であるため，正常なBOD値を得るための希釈検水の酸素消費量（$DO_1 - DO_2$）は2〜7 mg $O_2 \cdot L^{-1}$が望ましい．ただし，試水のBODが2 mg $O_2 \cdot L^{-1}$以下であれば，希釈率の低い検水を調製する．測定する試水のBOD値に予測がつけば，希釈率を決定することができるが，見当がつかなければ，例えば，化学的酸素消費量（COD）のおよその値をパックテスト（共立理化学研究所）などの簡易分析で測定して，BOD値はCOD値と同程度であるとして希釈検水を調製するとよい．

⑤ 測定に用いるBODビンは市販されているが，密閉度のよい酸素ビンや香料ビンで代用できる．培養する5日間の間に栓から空気が入り込まないように，ビンを水槽に浸けてそれを恒温器に入れるとよい．

⑥ 希釈検水1種類につきBODビン4本以上で測定する．このうち2本は培養前の，そして残りの2本以上は20℃，5日間の培養後の溶存酸素の測定のために用いる．BODビンへの希釈検水の注入は，サイホンを用いてビンの底から静かに入れ，十分あふれさせてからBODビンの栓をする．

⑦ 5日以上培養すると，アンモニア態窒素化合物などの酸化に伴って溶存酸素が消費され，BOD値に影響を与えるので注意する．

⑧ 溶存酸素の測定はアジ化ナトリウム変法を用いる．なお，チオ硫酸ナトリウム溶液の標定，溶存酸素測定の操作手順，測定の注意点は溶存酸素の測定項目（177ページ）を参照のこと．

Chapter 16 湖沼の生物調査

16.1 植物プランクトン

　植物プランクトンの現存量は，植物プランクトンの種組成を顕微鏡で同定し，それぞれの細胞数で表したり，乾重量や沈殿量として測定する方法と，基礎生産者としての機能面からクロロフィル量として測定する方法がある．

A．植物プランクトンの種組成
(a) 試料の採取

　植物プランクトンの種組成の調査のための試料は，プランクトンネットによる方法と採水器による方法によって採取される．

　プランクトンネット（図16-1）は，さまざまな網目の大きさのものがあり，使用するプランクトンネットの網目の大きさにより採取される植物プランクトンの種構成は異なる．植物プランクトンの現存量の測定には，できるだけ網目の小さいプランクトンネットを用いることが望ましいが，プランクトンネットを湖水中でひいて採取するとき，小さい網目のネットは，湖水をこすときに水があふれてしまい定量的にプランクトンを採取できない．したがって，ある程度以上の網目の大きさをもったプランクトンネットが必要になる．このことは，網目をすり抜ける微小な植物プランクトンの現存量が高い湖沼では，ネット法では現存量を正確に把握できないことになる．一般に，湖沼の植物プランクトンを定量的に採取するための定量プランクトンネットは，口径約30 cmでネット地がナイロン製のNXX25（網目の長さが58 μm）あるいはNXX17（69 μm）のものが用いられる．なお，網目の大小にもよるが，プランクトンネットは1秒間に約1 mの速度でひくと，ろ過効率（プランクトンネットを水中で一定距離をひいた際に，口径から計算される理論的な水のろ過量と，現実にプランクトンネットがろ過した水の量との比）がよい．

　微小な植物プランクトンを採取したいときや植物プランクトンの種組成を定量的に把握するときは，ネット法より採水法が優れている．しかし，採水法は，植物プラン

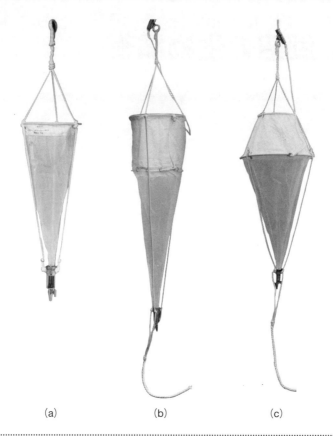

(a)　　　　　　　　　(b)　　　　　　　　　(c)

[図16-1] 最湖沼で用いられるプランクトンネット
(a) は定性用ネット，(b) (c) は定量用ネット　　　　　　〔株式会社離合社 提供〕

クトンの現存量が低い湖沼では，試料の濃縮操作が煩雑であり，また，ネット法に比べて連続的に鉛直あるいは水平的に採取できない欠点がある．なお，濃縮は遠心分離（3,000 rpmで20～30分間）によるのが一般的であるが，ホルマリンあるいはルゴール固定液を試水に加えたのち，1日以上放置してその沈殿物を集めてもよい．あるいは，採取した水を数μmの網目の細かいネット布でろ別して微小なプランクトンを集める方法もある．

(b) 試料の保存

採取した植物プランクトンを長期間保存するときは防腐剤を加えて固定する．固定液によって植物プランクトンの形態が変形することがあるため，可能であれば，試料の採取後すばやく顕微鏡下で固定するようにしたい．

固定液は，ホルマリンが一般に用いられる．プランクトンを含む試料100 mL当たり，市販の濃ホルマリン［劇］（37％ホルムアルデヒド溶液）を1～3 mL加え（0.4～1.2％ホルムアルデヒド濃度に相当する）冷暗所で保存する．したがって，例えば約0.4％ホルマリン濃度で固定したプランクトン試料を，濃ホルマリンを100倍に希釈して1％ホルマリン濃度で固定した試料と表現してはならない．なお，市販のホルマリンは，ホルムアルデヒドが酸化されてギ酸が生じ，pHが低くなっていることが多いので，炭酸水素ナトリウムを加えてpHを7より少し高めに調整しておいたものを用いる．中性ホルマリンは，このほかに市販の濃ホルマリン100 mLに四ホウ酸ナトリウム＋水和物（硼砂）約5 gを加え，10日以上撹拌しながら放置した後の上澄み液として作製する．

　微小な植物プランクトンを固定するときは，ホルマリンは細胞が破損したり収縮するため，ルゴール液をプランクトン試料水100 mLに対して5 mL程度加える．ルゴール液はヨウ素［劇］10 g，ヨウ化カリウム20 g，酢酸ナトリウム無水物10 gを蒸留水100 mLに溶かして作製する．そのほかに，ピクリン酸とホルマリンによる固定液やクロム酸による固定液などが用いられている．

(c) 種の同定

　植物プランクトンの種の同定方法は，各種の図鑑を参考にするとよい．ただし，試料のプランクトンの形態と図鑑との間の絵合わせだけで種の同定をしてはならない．必ず解説文を読み，特徴が合致することを確かめて同定するようにする．同定のための検索方法は，検索図鑑を使用するか，できるかぎり専門家の指導を受け熟練する必要がある．

　顕微鏡下で同定・計数した植物プランクトンを，それぞれの属，種にグループ分けして記載し，試水の容積（プランクトンネットを用いて採取した試料は，プランクトンネットの口径とひいた長さから，ろ過した水の量を計算する）当たりの細胞数の計数，あるいは試料中の植物プランクトン群集中で占める割合（頻度）として表現する．細胞数の計数は，植物プランクトン試料の適量を市販の計数板（**図16-2**）に入れて行う．1 mL容量のプランクトン計数板は，目盛の入ったスライドグラスの上に，深さ1 mm，幅20 mm，長さ50 mmのプラスチックを貼りつけて自作することができ，これにカバーグラスをかけて顕微鏡の下で種類ごとに計数する．頻度は，**表16-1**のように記号で記載されることがある．なお，ここで示した出現種の占める割合の数値は，定められたものでない．また，＋＋＋，＋＋，－－などプラスとマイナスの記号の数の多少によって表現することもある．

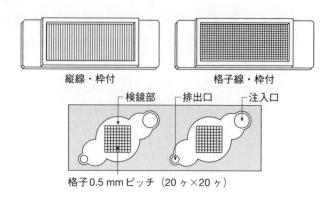

[図16-2] プランクトン計数板　〔松浪硝子工業株式会社 提供〕

[表16-1] プランクトンの出現種の頻度の表示例

ccc	ほとんどを占める	出現種の80％以上
cc	きわめて多い	出現種の45〜80％
c	多い	出現種の30〜45％
＋	ふつう	出現種の15〜30％
r	少ない	出現種の8〜15％
rr	まれ	出現種の2〜8％
rrr	きわめて少ない	出現種の2％以下

B. クロロフィル

ユネスコ法とロレンツェン法を紹介する．ユネスコ法は，全クロロフィルaを測定する方法である．この方法は，活性をもたない植物プランクトン（死んで間がない植物プランクトン）の色素も測定される．活性のあるクロロフィルaと，その分解産物のフェオ色素に分けて測定するロレンツェン法が使われる場合がある．

ユネスコ法

試薬

90％アセトン：アセトン［危］900 mLに蒸留水100 mLを加える．

試薬

ろ過した試料をガラス繊維ろ紙とともにガラス製の乳鉢に入れる

90％アセトンを加えながらろ紙を摩砕し，乳液状にする

計算

試水のろ過量を V L，上澄み液のアセトンの全量を a mL，分光光度計の吸収セルの長さを L cm とすると，クロロフィル a，クロロフィル b，クロロフィル c 量は，

$$\text{Chl. } a\,(\text{mg chl. }a\cdot\text{m}^{-3}) = (11.64\,E_{663} - 2.16\,E_{645} + 0.10\,E_{630}) \times \frac{a}{V \times L}$$

$$\text{Chl. } b\,(\text{mg chl. }b\cdot\text{m}^{-3}) = (20.97\,E_{645} - 3.94\,E_{663} - 3.66\,E_{630}) \times \frac{a}{V \times L}$$

$$\text{Chl. } c\,(\text{mg chl. }c\cdot\text{m}^{-3}) = (54.22\,E_{630} - 14.81\,E_{645} - 5.53\,E_{663}) \times \frac{a}{V \times L}$$

E_{663}，E_{645}，E_{630} は，波長 663 nm，645 nm，630 nm における吸光度から波長 750 nm の吸光度をそれぞれ差し引いた値である．

注意点

① 試水のろ過量は，懸濁物量（SS）として数 mg を含む程度にする．あるいは，透明度の値（m）と同程度の試水の量を目安にするとよい．

② ろ紙は孔径が 1 μm 程度のガラス繊維ろ紙を用いる．ガラス繊維ろ紙が研磨剤の役割を果たし，植物プランクトンの細胞がよく破壊されてクロロフィルの抽出が容易になる．ろ紙上の試料は，水分をできるだけ少なくして，ただちにアセトンで抽出するが，保存するときは，低温で乾燥させ（密閉容器にシリカゲルを入れたものでよい），−20℃以下で暗所保存する．ドライアイスは，クロロフィルがフェオ色素化することがあるため使用してはならない．なお，クロロフィルは光によって分解するため，ろ過や溶剤抽出などの操作は直射日光を避けて行う．

③ 試料を摩砕するときは，直径が 5 cm 程度のガラス製乳鉢が使いやすい．

④ 磨砕後のクロロフィル試料は，すべてを遠沈管に移さなければならない．そこで，

磨砕したろ紙のアセトン乳液を駒込ピペットで遠沈管に移し，続いて，乳棒と乳鉢を90％アセトンで数回ゆすぎながら，すべてを遠沈管に移す．このとき，アセトン乳液の全量が使用する遠沈管の容量よりも多くならないようにする．操作の途中のアセトンの揮発を防ぐために蓋つきの遠沈管を用いる．

⑤波長663 nm（ロレンツェン法の場合は波長665 nm）における吸光度が低いときは，10 mm幅の吸収セルの代わりに50 mmか100 mm幅の吸収セルを用いる．試水のろ過量を多くしてもよい．

⑥分光光度計のスリット幅が1 nm以下のものを用いると，クロロフィルの測定精度が上がるが，それ以上の幅のものでも測定できる．

⑦エタノールは，アセトンよりもクロロフィルの抽出力が大きいため，ろ紙を磨砕しないでクロロフィルの抽出ができる．近年は，アセトン抽出に代わってエタノールで抽出する方法が用いられる場合がある．

　　エタノール抽出法の概略は，ろ紙をそのまま100％エタノールに浸けて冷暗条件で数時間以上放置した後，ユネスコ法，ロレンツェン法，蛍光法に準じて行われる．

⑧クロロフィルの測定にしばしば蛍光法が用いられる．また，試水を直接測定する蛍光光度計や，蛍光光度計を水中に沈めて測定する方法も開発されている．蛍光光度法は『陸水学雑誌』の36巻，103～109ページ（1975）を参照のこと．

⑨採水現場で市販の簡易測定器を用いてクロロフィル量のおよその値を知ることができる．

ロレンツェン法

試薬

①90％アセトン：アセトン［危］900 mLに蒸留水100 mLを加える．
②2 M塩酸：蒸留水100 mLに濃塩酸［劇］20 mLを加える．

操作

ろ過した試料をガラス繊維ろ紙とともにガラス製の乳鉢に入れる
↓
90％アセトンを加えながらろ紙を磨砕し，乳液状にする
↓
90％アセトンでゆすぎながら全量を遠沈管に移す
↓
2時間ほど低温・暗条件の下に放置する

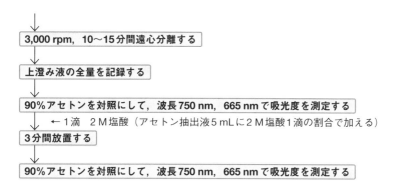

計算

ろ過した試水の量を V L，上澄み液のアセトンの全量を a mL，分光光度計の吸収セルの長さを L cm とすると，クロロフィル a とフェオ色素の現存量は，

$$\text{Chl. } a\,(\text{mg chl. } a\cdot\text{m}^{-3}) = 26.7(E_{665} - E_{665a}) \times \frac{a}{V \times L}$$

$$\text{フェオ色素}(\text{mg phaeo}\cdot\text{m}^{-3}) = 26.7(1.7\,E_{665a} - E_{665}) \times \frac{a}{V \times L}$$

E_{665} は波長 665 nm における吸光度から波長 750 nm の吸光度を差し引いた値，E_{665a} は 2 M 塩酸を加えた後の波長 665 nm における吸光度から波長 750 nm の吸光度をそれぞれ差し引いた値である．

注意点

① 測定の注意点はユネスコ法（217 ページ）を参照のこと．
② 750 nm と 665 nm の吸光度を測定したのち，吸収セルに塩酸を滴下して同じ波長で測定してもよいが，いくつかの試料を続けて測定するときは，酸の影響が次の試料に影響しないように，吸収セルを 90% アセトンで十分洗浄して操作する．

16.2 大型水生植物

A. 水生植物の採取

大型水生植物は，群落帯に近づくことが可能であれば，次の方法で比較的簡単に採取することができる．(1) 群落帯に入り込んで，手で直接採取する．(2) 錨でひっかける（錨は針金で簡単に自作することができる）．(3) 棒で引き抜く（細長い棒の

先に針金でつくった熊手を固定したもので採取すればよい）．

B. 水生植物の分布

植生図は空中写真から読みとることもできるが，沈水植物のそれは難しい．普通は50～100 mの幅で，湖岸線から直角に沖に向かう帯状の沿岸部水域に出現するすべての水生植物の種と群落内の被度を調べる．また可能なかぎり群落の面積を推定するようにする．なお，岸から沖帯に向かって目盛のついたロープを張り，1 m間隔でロープに最も近い植物を記載していくと，定性的な植生図を作成することができる．現場での植物の同定が難しいときは，持ち帰って調べる．大型水生植物の種の同定には，各種の図鑑類などを参考にする．

これらの調査と並行して，調査地点の水深，水温と水中照度の鉛直分布，底質の状況（粒度組成，強熱減量，有機物量など）を測定しておくことが望まれる．それぞれの測定方法は，各分析法・測定法を参照のこと．

C. 現存量

水生植物の現存量は，面積当たりの水生植物の乾重量や有機物量として表現する．現存量を推定するために，方形枠（コドラート）を群落内に設置し，そのなかの水生植物をすべて採取して，種ごとにその量を測定する．この坪刈りを群落内でいくつか行い，方形枠当たりの現存量と，植生図で得た植物の被度と群落面積から群落全体の現存量を推定する．

単位面積当たりの現存量は，方形枠内から採取したそれぞれの植物の，本数，密度，高さ，茎の径，葉面積，乾重量，有機物量（炭素量や窒素量など）を測定して計算する．

16.3 動物プランクトン

A. 試料の採取

動物プランクトンの種組成あるいはその現存量のための試料は，プランクトンネットによって採取されることが多い．一般に湖沼では，NXX13（網目の長さが94 μm）の定量プランクトンネットが用いられる．小型の動物プランクトンは網目から逃げてしまうため，NXX17（69 μm），NXX25（58 μm）を用いることがある．プランクトンネットをひく速さは1秒間におよそ1 mがよいとされているが，遅すぎると動物プ

ランクトンのある種が逃げてしまうことがある．

動物プランクトンは，採水法によっても採取できるが，いくつかの問題点がある．

B．試料の保存

動物プランクトンの固定液は，普通，中性ホルマリン（215ページを参照）が用いられる．試料100 mL当たり5 mL程度加え，約2%ホルムアルデヒド濃度にして固定するのが一般的である．ホルマリンによる固定は，動物プランクトンのある種（原生動物など）の細胞を破損したり収縮することが知られている．このために，ルゴール液，グルタルアルデヒド液，シュガー・ホルマリン固定液が用いられることがある．

C．種の同定と現存量

動物プランクトンの種の同定には各種の図鑑類などを参考にするが，前述した植物プランクトンの種の同定と同様に検索図鑑を使用するか，できるかぎり専門家の指導を受け，熟練する必要がある．

個体数の計測は，試料の適量をプランクトン計数板（図16-2）に入れて個体数を計測する．

動物プランクトンの現存量は，試水容積当たりのそれぞれの種の個体数，あるいは乾重量（110℃で恒量になるまで乾燥させる）として一般に表現される．また，動物プランクトンを集めて，その炭素量や窒素量として現存量を測定することもある．

16.4 底生動物

A．試料の採取

深底部に生息する底生動物は，普通，湖底堆積物とともにエクマン・バージ採泥器（図16-3）によって採取する．採取方法は次章を参照のこと．

採取した湖底堆積物は，ネット（河川の底生動物を採取するためのサーバーネットが便利である），あるいはふるい（水中に落とさないために木枠のものがよい．ふるいは二重の構造にし，粗い網を上に細かい網を下にし，粗い網を引き出せる構造にする．網目は2 mmと0.5 mmが用いられるがこれを通り抜ける底生動物もある）に移し，湖底堆積物を水とともにゆすって洗い流す．ネット，またはふるいに残った試料をビンに入れ，ホルマリンで固定（試料100 mL当たり5 mLの濃ホルマリン［劇］を加えて約2%ホルムアルデヒド濃度にする）したのち，実験室に持ち帰る．底生動物の

ある種は，操作中に壊れることがあるため，採取直後にピンセットで拾い出しておくようにしたい．なお，貝類は別のサンプルビンに入れ，約70％のエタノール［危］で固定する．

採取した地点の水深，泥温，底質の物理・化学的状態（酸化還元電位，粒度，有機物量など）を測定しておくことが望まれる．これらの測定方法についても次章を参照のこと．

［図16-3］エクマン・バージ採泥器
〔株式会社離合社 提供〕

B. 種の同定

採取した底生動物は，実体顕微鏡下で種の同定を行うが，ユスリカ幼虫の同定は，専門研究者でも困難である．同定には種の検索が可能な各種の図鑑を参考にするが，できるかぎり専門家の指導を受け熟練する必要がある．

C. 現存量

実験室へ持ち帰った試料は，小型のプラスチック製バットに移し，種類別に先の細いピンセットで選別する．このときバット内に少量の水を加えると選別操作しやすい．それぞれの底生動物ごとに個体数，湿重量（底生動物をろ紙上に集めて水分を除去した後，秤量する），乾重量（60℃で恒量になるまで乾燥する）を測定する．これらの結果を単位面積当たりに換算して現存量とする．

Chapter 17 湖底堆積物の調査

17.1 堆積物

A. 試料の採取

(a) 簡易採泥器

湖底の表面堆積物を採取するための簡単な採泥器である（図17-1）．これは，湖底を引きずって採取するために堆積物が乱され，得た試料はもとの状態を反映していない．また，湖底から引き上げるときに湖水と混ざって変化を受ける．

(b) つかみどり式採泥器

つかみどり式の採泥器には，エクマン・バージ採泥器，レンツ採泥器，スミス・マッキンタイヤー採泥器がある．このうち，一般によく使用される採泥器は操作の簡単なエクマン・バージ採泥器である．

エクマン・バージ採泥器（図16-3）による堆積物の採取手順は，採泥器の下部の開閉部を開き，採泥器に丈夫なロープをつけて，湖底近くまで静かに沈めていく．そして湖底から1 m近くのところからすばやく湖底に落下させる．ロープを鉛直にまっすぐ張り，メッセンジャーを落として下部の開閉部分が閉じたことを確認したのち，採泥器を引き上げる．この操作で，湖底が泥質（およそシルトから粘度の粒子径の堆積物）のように細かい粒子の場合は堆積物の約20 cmが採取できる．

採取した湖底堆積物は，採泥器に入れた状態を保ち，堆積物表面にある直上水を静かに流れ出させる．次に，採泥器より広いバットに移したのち，開閉部分を開けて湖底堆積物を採取する．なお，泥温（水銀棒状温度計を用いる），酸化還元電位，pHは，時間とともに変化するのですばやく測定

[図17-1] 簡易型採泥器
〔株式会社離合社 提供〕

する.

　湖底堆積物の採取はなれるまで難しい．採泥器が湖底から離れるまではゆっくりと引き上げ，堆積物をつかみとるようにかみ合わさせると，堆積物が採泥器にとどまることが多い．

　エクマン・バージ採泥器には，採取範囲（底の広さ）が15 cm×15 cmのものと20 cm×20 cmのものがあるが，普通，とり扱いが簡単な前者が用いられる．深い湖や底質が硬い場合は，湖底堆積物に入り込まないことがある．このときは，採泥器の両側面に鉛板を貼りつけて重くした採泥器を用いるとよい．底質が礫や砂質などの湖底では，開閉部分にこれらが狭まり，堆積物の採取が困難な場合がある．採取できても，採泥器の引き上げの操作の間に湖底堆積物の細かい粒子は水中に流れ出してしまっていることがあるので注意する．

　エクマン・バージ採泥器をとり扱うときは，採泥器の開閉部分が強力なスプリングで開閉する構造になっているので，開閉操作に十分注意を払うようにする．また，開閉部分を開けた状態で保管しないようにする．

(c) 柱状採泥器

　つかみどり式の採泥器でも，堆積構造を壊さずに湖底堆積物を採取することが可能であるが，長めの堆積物試料を得たいときは，柱状採泥器（コアサンプラー）を用いる．湖底堆積物の上層数十cmの試料を採取したいときは，重力式の柱状採泥器が便利である．例えば，KK式柱状採泥器（図17-2）は，ワンタッチでとり外しできるプラスチック製の透明採泥管を本体にとりつけ，静かに湖底に着底させる．湖底堆積物中に自重で入り込むまで数分間鉛直に保持したのち，採泥器をゆっくりと抜きとる．湖底堆積物から離れたら，振動を与えないように静かにすばやく水面近くまで採泥器を引き上げる．採泥器の下端が湖面近くに達したら，水中で採泥管の下端にゴム栓をして試料が抜け落ちないようにしてから本体からとり外す．

　採泥管の内径に等しいゴム栓を用いて，下端から採取した柱状堆積物試料を押し出すと，目的の厚さごとに堆積物を採取することができる．

　水深の浅い場所では，プラスチック製のパイプを押し込むと簡単に柱状堆積物が得られる．

　さらに長い柱状堆積物を得たいときは，打ち込み式の柱状採泥器を用いる．例えば，打ち込み式ピストン柱状採泥器（図17-3）は，柱状採泥器の本体にとりつけた採泥管が湖底に着地したら，ピストンにつながっているロープを固定し，ハンマー用の分銅につながったロープをゆっくりとゆるめる．自重で採泥管がある程度堆積物中に入

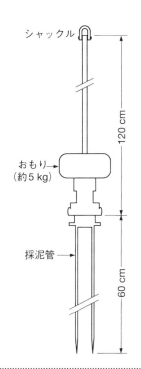

[図17-2] **KK式柱状採泥器**
〔木俣正夫ら, 日水誌, 26（1960）を河合　章（1988）が改良〕

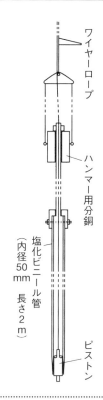

[図17-3] **ピストン柱状採泥器**

り込んだのち，ハンマー用の分銅を上下させて採泥管を堆積物中に打ち込んでいく．目的の深さに達したら，ピストン用とハンマー用のロープをいっしょに引き上げる．この方法により1〜2 mまでの湖底堆積物を採取することが可能である．

　打ち込み式柱状採泥器にピストンのついていないものは，湖底堆積物に打ち込んでいく際に摩擦が生じて実際の湖底にある状態より短くなることがあるので注意する．

B. 試料の保存

　物理・地学的測定の試料は，乾燥させて保存することが多い．化学分析のための試料は，冷凍保存する方法と乾燥保存する方法がある．酸化還元物質を測定するときは空気にふれないように特に注意する．

　採取した湖底堆積物は，プラスチック製のビン（市販の軟膏ビンやろ紙入れが便利

である）に空気が残らないように詰め，テープでシールして密栓する．これをできるだけ低温に保ち，実験室に持ち帰る．試料を実験に用いるまで，測定目的に応じて，これを乾燥保存あるいは低温保存（0〜5℃または凍結保存）する．

　微生物の現存量や微生物活性により変化しやすい成分を測定するときは，湖底堆積物を分取するときに用いるナイフ（あるいはさじ）や保存ビンは，滅菌されたものを使用する．

　底生動物などの生物試料は，ふるいやネットで堆積物を洗い流したのち，残った生物を低温で実験室へ持ち帰るか，ホルマリンなどで固定して保存する方法がとられる．

C. 粒度

ふるいによる測定

操作

① 上にメッシュの粗いふるい，下に細かいメッシュのものをそれぞれいくつか重ね，湖底堆積物を上のふるいに入れる．
② ふるいを振とうしながら試料を水で洗い，順次ふるいのメッシュをくぐらせる．
③ それぞれのふるいに残った粒子を集め，110℃で乾燥し，デシケーター中で放冷する．
④ 恒量になるまで乾燥をくり返し，その乾燥重量を測定し，それぞれの重量の百分率から粒子組成を求める．

注意点

① 湖底堆積物の粒度分析のためには，2，1/2，1/4，1/8，1/16 mm（タイラーの標準ふるいでは，9，32，60，115，250メッシュ）のふるいを準備すればよいであろう．
② 堆積物の粒度の指標 ϕ は，粒径（mm）を d とするとき，$\phi = -\log_2 d$ として計算することができる．粒径1/16 mm以下（$\phi=4$以上）を泥，粒径1/16〜2 mm（$\phi=4$〜-1）を砂，粒径2 mm以上（$\phi=-1$以下）を礫とする．さらに泥は，粒径1/256 mm以下（$\phi=8$以上）を粘土，粒径1/256〜1/16 mm（$\phi=8$〜4）をシルトとし，礫は粒径2〜4 mm（$\phi=-1$〜-2）を細礫，粒径4〜64 mm（$\phi=-2$〜-6）を中礫などと細分する．

D. 含水量

　湖底堆積物の間隙水(かんげきすい)に含まれる水分を表す方法として，乾燥重量に対する水重量の比（含水比）と，湿潤重量に対するを水重量の比（含水率）がある．普通，堆積物の含水量とは含水比のことをいう．

操作
① 湖底堆積物試料に含まれる湖底直上水や間隙水を3,000〜5,000 rpmで10〜20分間ほど遠心分離し，その上澄み液をとり除く．
② この試料約5 gを正確に秤量する．
③ 市販の乾燥器で2〜3時間110℃で乾燥し，デジケーター中で放冷する．
④ 恒量になるまでこの操作をくり返し，その乾燥重量を求める．

計算
　試料に用いた堆積物試料の湿重量をa g，乾燥後の試料の乾重量をb gとすると，湖底堆積物の含水量は次式で求められる．

$$含水量（\%）= \frac{a-b}{a} \times 100$$

E. 強熱減量

　湖底堆積物の乾燥試料を高温で熱すると，堆積物中の有機物は加熱分解され，二酸化炭素などとして大気中に放出されて重量が減少する．この減少の割合を強熱減量（または灼熱減量）という．

操作
① 湖底堆積物の乾燥試料をメノウの乳鉢など粉砕面が微細な有機物を含まない乳鉢で細粉し，これの数gをあらかじめ秤量したるつぼに入れ，るつぼの重量（試料を含む）を測定する．
② るつぼを三角架にのせ，ガスバーナーで下からるつぼが灼熱色になるようにガス量を調整して加熱する．
③ 試料がレンガ色に変色したら，るつぼをデジケーター中で放冷し，その重量を測定する．なお，この操作は，恒量になるまでくり返す．

計算

るつぼの重量を a g，乾燥試料を入れたるつぼの重量を b g，加熱操作後のるつぼ（強熱された試料が入っている）の重量を c g とすると，湖底堆積物の強熱減量は次式で求められる．

$$強熱減量（\%）= \frac{b-c}{b-a} \times 100$$

注意点

① 110℃で恒量になるまで，乾燥させたものを乾燥試料とする．
② 堆積物を細粉するときは，普通メノウ製の乳鉢を用いるが，ガラス製の乳鉢などで代用できる．この場合は，指で触ってもざらざらしなくなるまで十分時間をかけて細粉する．
③ るつぼは，白金製が好ましいが大変高価である．磁性のるつぼで代用することができる．磁性のるつぼを使用するときは，るつぼを堆積物試料と同様に110℃で十分乾燥して秤量する．
④ 酸化分解が容易になるように，るつぼに試料を多く入れないようにする．
⑤ ガスの炎が強すぎると，粉末試料が飛び去ることがあるため，炎を大きくしすぎないようにする．
⑥ ガスバーナーの代わりに電気炉を用いるときは，加熱温度を約600℃に調整する．電気炉で加熱するときは，堆積物試料を多量に炉のなかに入れないようにする．炉のなかが還元状態になり，正確な値が得られないことがある．電気炉では，約2～3時間の加熱で恒量に達する．
⑦ ここで得られた強熱減量の値は，堆積物中の有機物のおよその量である．厳密には，加熱操作によって重量の変化するさまざまな過程を含んでいる．例えば，還元環境下にある堆積物試料では，加熱により鉄やマンガンは酸化され，かえって重量が増加する．また，結晶水が失われることによっても重量が減少するため，得られた値の意味は複雑である．

F．有機炭素と窒素

① 1 M塩酸：蒸留水110 mLに濃塩酸［劇］10 mLを加える．
② そのほかにCHNコーダーに用いる試薬（202ページを参照）が必要である．

🖐 操作

- 堆積物を乳鉢で細粉する
- 試料約0.5 gを10 mLのガラス製遠沈管に入れる
- 110℃で十分乾燥させたのち,秤量する
- ← 5 mL　1 M塩酸（炭酸塩の除去）
- 撹拌して約1日室温で放置する
- 3,000 rpmで10〜20分間遠心分離して上澄み液を除去する
- 蒸留水を加え懸濁させたのち,再び遠心分離する
- この操作を2〜3回くり返して沈殿物を洗う
- 110℃で乾燥させたのち,秤量する
- 堆積物試料が塩酸処理により減少する割合を求める
- CHNコーダーにより塩酸処理した試料の炭素と窒素量を求める

🧮 計算

CHNコーダーにより測定された炭素量と窒素量は,塩酸処理した試料の値である.塩酸処理によって重量が減少した割合をa%,CHNコーダーにより求まった炭素量をc%,窒素量をn%とすると,もとの堆積物試料中の有機炭素量（C%）と窒素量（N%）は,

$$C(\%) = \frac{c}{1 - \frac{a}{100}}$$

$$N(\%) = \frac{n}{1 - \frac{a}{100}}$$

⚠ 注意点

①有機物を測定するための試料の乾燥は,高温で乾燥すると有機化合物の一部が揮発されるため,一般には60℃で乾燥させる.しかし,全有機炭素と全有機窒素を測定するときは,110℃で乾燥してもこの量はほとんど無視することができる.

②遠心分離の代わりにろ過によって堆積物試料を集めてもよい．あらかじめ重量を測定してある有機物を除去したガラス繊維ろ紙を用意し，塩酸処理した堆積物試料を蒸留水で洗い流すようにろ過分離する．ろ紙上の試料をろ紙から外して乾燥させる．試料とろ紙の乾燥重量を測定し（ろ紙から試料を完全に外すことが困難なため，ろ紙の重さも測定する），塩酸処理によって減少した割合を求める．

③CHNコーダーの操作手順の詳細と測定の際の注意点は，懸濁炭素と懸濁窒素の測定項目（202ページ）を参照のこと．

④もとの堆積物中には1 M塩酸に溶け出す有機物が存在するため，厳密には，堆積物から洗い出された遠沈管の上澄み塩酸と蒸留水中の有機物を測定し，これを加えなければならないが，この量は，普通，堆積物中の有機物量に比べて多くない．

⑤湖底堆積物に炭酸塩の状態で存在する炭素量は，塩酸処理しない堆積物試料の炭素量をCHNコーダーで測定し，前述の操作で求めた塩酸処理した試料中の炭素量を差し引いて求めることができる．

⑥堆積物中の窒素量は，ケルダール法によっても測定することができる．ケルダール法は溶存有機窒素の測定方法（197ページ）を参照のこと．

⑦炭素および窒素の測定のための分析装置は，CHNコーダーのほかに炭素と窒素をそれぞれ単独に測定する装置を含め，種々の名称で市販されている．目的に応じて使用するとよい．

G. リン

試薬

①硝酸–過塩素酸混液：濃硝酸［劇］100 mLに過塩素酸［危］（約60％）20 mLを加える．

②フッ化水素酸［毒］

③濃塩酸［劇］

④0.5 M塩酸：脱イオン水110 mLに濃塩酸5 mLを加える．

⑤2.5 M硫酸：脱イオン水900 mLに濃硫酸［劇］140 mLを加える．

⑥モリブデン酸アンモニウム溶液：モリブデン酸アンモニウム四水和物15 gを脱イオン水500 mLに溶かす．

⑦アスコルビン酸溶液：L–アスコルビン酸27 gを脱イオン水500 mLに溶かす．使用のたびに調製する．

⑧酒石酸アンチモニルカリウム溶液：酒石酸アンチモニル(Ⅲ)カリウム半水和物[劇] 0.34 g を脱イオン水 250 mL に溶かす．
⑨混合試薬：上記の 2.5 M 硫酸，モリブデン酸アンモニウム溶液，アスコルビン酸溶液，酒石酸アンチモニルカリウム溶液を，順にそれぞれ 5：2：2：1 の割合で混合する．この試薬は使用直前に混合する．

標準溶液

リン標準溶液：110℃で 2 時間乾燥させたリン酸二水素カリウム 1.361 g を脱イオン蒸留水に溶かして 1 L（濃硫酸約 0.1 mL を含む）にする（1 mL は 10 μmol P，または 310 μg P）．分析にはこれを希釈して用いる．

操作

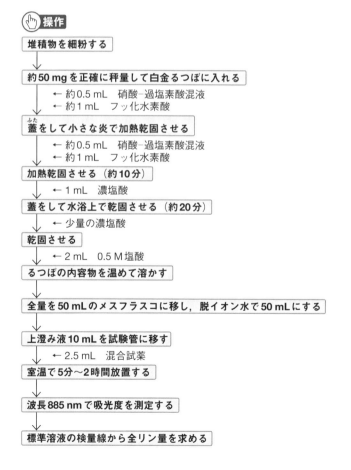

> **注意点**
> ①フッ化水素酸のとり扱いには十分注意すること．るつぼへはプラスチック製の駒込ピペットを用いてフッ化水素酸を直接加える．
> ②加熱するとき，過塩素酸と硝酸のガスおよびフッ化水素が発生するので，ドラフト内で操作する．
> ③ここで得たリンの濃度が検量線の範囲におさまらないときは，メスフラスコの容量を変えるか，試料に用いる堆積物の量を増減させる．
> ④測定の注意点はリン酸態リンの測定項目（191 ページ）を参照のこと．

17.2 間隙水

A. 間隙水の採取

(a) 遠心分離法
①湖底堆積物を容量の大きい遠沈管に気泡が残らないように詰めて密栓する．
②3,000～5,000 rpm で 10～20 分間遠心分離する．
③上澄み液を空気にふれないようにすばやく別の容器に移し，これを間隙水試料とする．

(b) 加圧ろ過法
①あらかじめ洗浄したプラスチック製注射器（50 mL 容量が使いやすい）に気泡が入り込まないように堆積物を詰め，これに加圧して押し出された間隙水を受けるためのプラスチック製注射器を厚手のシリコン管でつなぐ．
②注射器と注射器の間にろ過装置を組み込んで，堆積物が入った注射器を加圧すると，空気にふれないで間隙水を採取することができる．

押し出す装置は，小型の万力を少し改良するとよい．また，ろ過装置は，市販の小型のプラスチック製ろ過器を使用するとよいが，堆積物を入れる前に注射器の先端に脱脂綿を固く詰めておき，代用することもできる．なお，脱脂綿やろ紙は，十分洗浄したものを用いる．また，ろ紙の材質は，後に測定する化学成分を考慮して選択する．温度制御できる恒温槽あるいは水槽に入れて操作する．

B. 化学成分

間隙水中の栄養塩化合物の分析や，無機・有機物質の測定は，基本的に湖水の化学成分の測定方法を適用する．しかし，間隙水中には，鉄やマンガンなどの還元性金属

が多量に存在することがあるので,測定項目によっては分析方法を改良する必要がある.

例えば,間隙水中のアンモニア態窒素濃度は,インドフェノール法の呈色反応を間隙水中の金属が妨害することがあるので,水蒸気蒸留して間隙水からアンモニアを分離して,これをインドフェノール法で測定するか,間隙水に既知濃度の標準アンモニア溶液を添加して,そのインドフェノール吸光度を測定して妨害の程度を補正する.間隙水中のアンモニア態窒素濃度が高いときは,脱イオン水で希釈して測定すると妨害が小さくなる.

リン酸態リンを測定するときも注意を要する.分離採取した間隙水は,ただちに塩酸でpH 2～pH 3にし,これを試水としてモリブデン青法で測定する.なお,鉄イオン濃度が高いとき(約10 mg Fe・L^{-1}以上)は,これを強酸性陽イオン交換樹脂で除去したのち測定する.

Chapter 18 生産と分解

18.1 一次生産量

現場法

操作

① 酸素法による現場法は，図18-1に示すように，生産層のいくつかの深度から採取した試水を，1層につき約100 mLの酸素ビン6本に詰める．

② 2本はそのまま（明ビン：Lビン），2本は黒布で包み（暗ビン：Dビン），残りの2本（対照ビン：Cビン）は溶存酸素を固定する．

③ 明ビンと暗ビンは，ただちに採取したもとの深度に吊るす．

④ 日の出から正中時，あるいは正中時から日没まで培養する．

⑤ 培養の後，試料を引き上げ，ただちにそれぞれのビンの溶存酸素を固定する．

⑥ 明ビン・暗ビンおよび対照ビンの溶存酸素量をウィンクラー法で測定する．

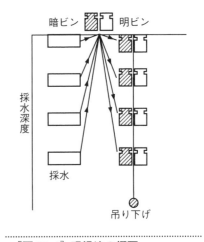

[図18-1] 現場法の概要

計算

明ビン，暗ビンおよび対照ビンの溶存酸素量を，それぞれ L(mg $O_2 \cdot L^{-1}$)，D(mg $O_2 \cdot L^{-1}$)，および C(mg $O_2 \cdot L^{-1}$)とすると，培養時間（t）のそれぞれの深度の試水の純光合成量（P_n），呼吸量（R），および総光合成量（P_g：純光合成量と呼吸量の合計）は，

$$P_\text{n}\,(\text{mg O}_2\cdot\text{L}^{-1}\cdot t^{-1}) = \frac{L-C}{t}$$

$$R\,(\text{mg O}_2\cdot\text{L}^{-1}\cdot t^{-1}) = \frac{C-D}{t}$$

$$P_\text{g}\,(\text{mg O}_2\cdot\text{L}^{-1}\cdot t^{-1}) = \frac{L-D}{t}$$

- 例えば，日の出から正中時（あるいは正中時から日没）まで試水を現場に吊るしたとき，1日当たりの純生産量は，上記の値を2倍して夜間の呼吸量（時間当たりの呼吸量から計算する）を差し引けばよい．
- 単位時間当たりの呼吸量を24倍すると，1日の呼吸量となる．
- 各深度の生産量を積算すると，単位面積当たりの一次生産量がわかる．
- 一次生産量は，g $\text{O}_2\cdot\text{m}^{-2}\cdot\text{day}^{-1}$ あるいは光合成商を1と仮定して，この値を3/8倍して g $\text{C}\cdot\text{m}^{-2}\cdot\text{day}^{-1}$ と表現する．

注意点

① 採取する深度は，相対照度が表面光の100%，50%，25%，10%，5%，1%程度の深度にするとよい．現場で水中照度を測定しないときは，透明度の深度から推定するとよい．透明度の深度の0.3倍，0.6倍，1倍，1.3倍，および2倍より少し深めの層の試水を採取する．
② 光合成測定のためのすべての操作は，直射日光を避け，比較的暗い場所で行う．特に船上で操作するときに注意する．
③ 暗ビンはアルミホイルで包んでもよいが，ホイルに穴や破れていると入り込んだ光が散乱するため注意する．
④ 溶存酸素に関する分析操作は溶存酸素の測定項目（177ページ）を参照のこと．
⑤ 現場における培養は，植物プランクトンの現存量と太陽照度の変化を考えて，吊るす時間を考える．貧栄養湖では光合成量が低いため，容量の大きい酸素ビンを用いる．日の出から日没まで吊るして測定することも可能であるが，ビンへの閉じ込めによって生物活性が変化する．培養時間は，6時間程度までが望ましいとされている．富栄養湖では，生産層上層のビンでは溶存酸素が過飽和になることもある．このときは，例えば，正中時から日没時の間に数回に分けて培養を行う．なお，測定日の湖沼の日の出，日没，および正中時は，理科年表などから読みとるとよい．
⑥ 培養の間の溶存酸素の変化量が小さいときは，注意点⑤の改良とともに，滴定に用

いるチオ硫酸ナトリウム溶液の規定度を低くするなどの工夫をする．
⑦光合成測定のための酸素ビンは，十分洗浄されたものを用いる必要がある．わずかでも前回使った溶存酸素の固定液が残っていると，正確な値が得られない．普通の操作で洗浄したのち，0.01〜0.1 M程度の塩酸に酸素ビンを数日間浸け，さらに洗浄すると，洗浄効果が上がる．
⑧光合成量は，太陽照度の変化によって大きく左右されるため，測定した日の天気によって変動する．したがって，ここで得られた一次生産量は，あくまで測定した日の値である．なお，午前と午後で天気が大きく変化したときなどは，前述の計算方法では誤差が大きくなりすぎる．日の出から正中時と正中時から日没までの2回，現場実験し，その値を合計するようにしなければならない．
⑨安定同位体の^{13}C，あるいは放射性同位体の^{14}Cを用いて光合成を測定することもできる．試水に同位体で標識された炭酸水素ナトリウム溶液の適量を加え，植物プランクトン細胞内にとり込まれた同位体炭素の量から光合成を測定する．^{14}C法は測定感度がよいが，現場では許可された者でないと使用できない．同位体法の具体的な操作手順は成書に譲る．

擬似現場法

操作

①あらかじめフィルターの減光率が100％，50％，25％，10％，5％，1％程度になるように培養容器を作製しておく（図18-2）．
②水中照度の鉛直分布を測定し，前述の相対照度に相当する深度から試水を採取する．
③採取した試水を明ビン・暗ビンおよび対照ビンにそれぞれ詰め，明ビンは採取した深度の相対照度（減光率）の下で培養する．暗ビンはいくつかまとめて黒布に包み，培養容器の適当なところで培養する．対照ビンの溶存酸素をただちに固定する．
④これらの酸素ビンを日の出から正中時

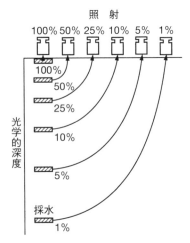

［図18-2］擬似現場法の概要

まで，あるいは正中時から日没まで太陽光の下で培養容器で培養する．
⑤培養後，ただちにそれぞれのビンの溶存酸素を固定する．
⑥明ビン・暗ビンおよび対照ビンの溶存酸素量をウィンクラー法で測定する．

⚠️ 注意点

①植物プランクトンが光合成に利用する波長は400〜700 nm程度なので，用いる減光フィルターは，この範囲で等しく減光するものを使用する．
②減光フィルターの代わりに透明なプラスチックパイプに白色ビニールシート（減光の適当なものを選ぶ）を巻きつけ，その巻き数と減光率をあらかじめ測定しておいたものをいくつか用意してもよい．
③水中照度の測定は，水中照度の測定項目（142ページ）を参照のこと．
④一般には，船上あるいは実験室の水槽で培養水温を表面水温と同じにして測定することが多い．培養容器の温度調節は，表面水をポンプで流すと簡単である．
⑤擬似現場法で得た値は，生産層において水温の鉛直分布が変化しないと仮定したものである．
⑥その他の注意点は，一次生産量の測定方法の現場法（234ページ）を参照のこと．

18.2 呼吸量と分解量

👆 操作

①それぞれの深度から採取した試水を暗ビンおよび対照ビンにそれぞれ詰める．
②対照ビンの溶存酸素をただちに固定し，暗ビンを黒布に包み，採取したもとの深度に吊るす．
③一定時間培養したのち，ただちにそれぞれのビンの溶存酸素を固定する．
④暗ビンおよび対照ビンの溶存酸素量をウィンクラー法で測定する．

⚠️ 注意点

①試水の深度は，プランクトン現存量の鉛直分布を考慮して，生産層で密に，分解層で疎にする．生産層で試水を密に採取するのは，呼吸量のかなりが植物プランクトンによるためである．
②呼吸・分解量は暗条件で測定するため，水温の鉛直分布の変化が小さい層の試水をいくつかまとめて吊るしてもよい．

③呼吸量は，光合成量に比べて一般にかなり低い．測定精度を上げるために，酸素ビンの容量を大きくする，同一試料で測定回数を増やす，光合成をさせないように操作は暗い場所で行う，溶存酸素の分析感度を上げるなどの工夫が必要である．培養時間を長くすることもできるが，1日以上にはならないようにする．

④呼吸・分解は，培養中に減少した溶存酸素量を，一定時間当たり（例えば，1時間当たり，あるいは1日当たり）の単位容積当たり，または単位面積当たりとして表現する．

⑤その他の注意点は，溶存酸素の測定項目（179ページ），および一次生産量の測定方法の現場法（234ページ）を参照のこと．

Chapter 19 粒子の沈降

19.1 沈降物の採取

A. 捕集容器

　水中を速い速度で沈降する，サイズが大きく比重の大きい粒子の捕集は，捕集装置の形状が捕集効率に影響を与えることはあまりないが，密度が1に近い小さな粒子は，湖水の水平・鉛直的な流れによる移動が無視できず，捕集装置の形状が問題になる．

　さまざまな捕集装置（円筒型，ロート型，口細形，皿型など）が考案されているが，例えば，ロート型の捕集装置は捕集率が小さく，逆ロート型（細口ビン型）の捕集装置は捕集効率が大きくなる．口径に対して3倍以上の深さをもつ円筒型の捕集装置が，現場の沈降物質の粒子束に近い値を示すとされている．

B. セジメントトラップの設置深度

　湖内で生産された有機物質の沈降過程での変化を調べるための調査では，次の2層以上にセジメントトラップ（沈降粒子捕集装置）を設置することが多い（図19-1）．

　一次生産物を捕集するためには，生産層より下層にセジメントトラップを設置する必要がある．また，水温躍層より上層の表水層は混合層でもあるので，水温躍層下部に設置することになる．したがって，生産層の深さ（補償深度）と水温躍層下部の深さの両者のより深いほうの深度の下層にセジメントトラップを設置する．なお，生産層は，透明度の2〜2.5倍の深さを目安

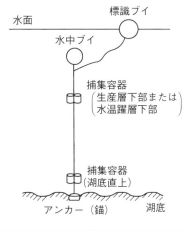

［図19-1］セジメントトラップ

にすればよい．ここで捕集された粒子は，湖底に沈降していく粒子の早い段階（分解率が小さい段階）の沈降物である．

もうひとつの設置深度は，湖底の直上である．このセジメントトラップに捕集されるものは，沈降する間にかなりの分解を受けた沈降粒子で，湖底に堆積する直前に捕集されることになる．これら2層のほかに，可能であればさらにいくつかの層で設置することが望まれる．

なお，アンカー（錨(いかり)）などを打ったときは，湖底堆積物が巻き上がるので巻き上がりがおさまるまで待たなければならない．また，底層流に濁りが認められるときは，湖底から1m程度は離して設置する必要がある．

河川から運ばれる粒子を調べるときは，河川水の水温と湖沼の表層水あるいは深層水の水温から，河川水の湖沼での広がりを予測して，セジメントトラップの設置深度を決めることになる．

循環期にある湖沼や浅い湖沼では，水の鉛直混合のために，ときには湖底堆積物の巻き上げを伴いながら，粒子は上下運動する．したがって，捕集深度にかかわらず，捕集された粒子の意味が複雑になる．

セジメントトラップを設置するときに，容器に冷やした蒸留水やろ過水を満たして目的の深さに沈めることが望まれるが，湖水に鉛直密度差があれば，容器内の水は設置深度の水と完全に入れ替わるため，ロート型の容器や水の交換が小さい細長い捕集容器を使用しないかぎり，この影響はほとんど無視できる．

容器を回収するときは，懸濁物の多い生産層の水が容器に入り込まないようにできるだけ静かに，しかもすばやく操作する．設置深度の水温と生産層の水温の差が小さいとき，捕集した粒子の量が少ないとき，設置深度が深くて回収に時間がかかるとき，生産層の懸濁物現存量が高いとき，あるいは雨の後に観測されるように水温躍層付近に懸濁粒子の高密度層が認められるときなどは，現場の設置深度でセジメントトラップに蓋をしてから回収することが必要になる．

C. 沈降物の分解と捕食

セジメントトラップには，かなりの量の有機物が捕集されるため，容器内でバクテリアの活動が活発になり，沈降有機物は時間とともに分解が進む．そのため，設置時間をできるだけ短くする（1日以内がよい）．また，捕集された有機物を餌にする小動物が容器内に入り込み，有機物の捕食とその結果としての小動物からの排出物が，もとの状態を乱してしまう．例えば，琵琶湖ではヨコエビが容器内に侵入するため，

よい試料を得ることが難しいことを経験している．これを防ぐために，塩化水銀（Ⅱ）［毒］やチモールなどの防腐剤を容器に入れておくことがあるが，粒子の化学分析の測定項目によっては防腐剤が妨害することがあるので注意する．

19.2 沈降量と沈降物の化学成分

A．沈降量

操作

① セジメントトラップを引き上げたら，容器の上澄み（湖水）のある程度を静かにデカンテーションで除く．
② このなかの一部（数mg以上の沈降物を含む）をあらかじめ秤量してあるガラス繊維ろ紙でろ過し，ろ紙とろ紙上の沈降物を，110℃で乾燥させ，デシケーター中で放冷する．
③ 恒量になるまで，この操作をくり返し，これを秤量する．ろ過前後のろ紙の重量差を求め，回収した沈降物の全重量を計算する．

計算

沈降物粒子の量を a mg，セジメントトラップの上端の面積を S m^2，設置した時間を d 日とすると，沈降量は次式で求められる．

$$沈降量（mg \cdot m^{-2} \cdot day^{-1}）= \frac{a}{S \times d}$$

B．化学成分

ガラス繊維ろ紙上に集められた乾燥沈降物を用い，沈降物中の有機炭素，窒素，リンならびに強熱減量を測定する．

これらの化学分析の操作の詳細は，懸濁炭素と懸濁窒素（202ページ），懸濁リン（204ページ），あるいは堆積物の強熱減量（227ページ）の測定項目を参照のこと．

Chapter 20 湖底堆積物からの回帰

20.1 擬似現場法

　湖底から柱状堆積物を採取し，できるだけ現場に近い条件を保ちながら，実験室で柱状堆積物の直上水中の栄養塩濃度の変化を測定する方法である．

　湖底の柱状試料は，柱状採泥器（例えば，**図17-2** KK式柱状採泥器（225ページ））で採取したものを用いる．内径が小さくて栄養塩の変化を測定しにくいときは，市販のエクマン・バージ採泥器（**図16-3**（222ページ））や不撹乱採泥器にプラスチック製の円筒パイプを組み込むと，より広い面積の柱状試料を得ることができる．

　採取した柱状試料は現場水温に近い状態を保ち，暗所で**図20-1**に示す装置の直上水中の栄養塩濃度の変化を測定する．なお，通気により水中に回帰したアンモニアが揮散するので，0.05 M硫酸でこれが逃げないようにしてある．したがって，このな

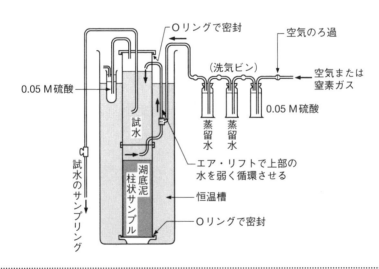

[図20-1] 湖底泥からの溶出実験の装置の例　　〔福原晴夫・田中哲次郎（1979）より〕

かのアンモニア態窒素量も加えて測定する必要がある．回帰速度は，単位時間，単位面積当たりの量として表す．

20.2 ふりだし法

採取した湖底堆積物を脱イオン水に懸濁させて，水中に溶出する栄養塩を測定する方法である．

実験は，温度条件を一定に保って暗条件の下で栄養塩をふりださせる．できれば，好気的条件と嫌気的条件（窒素ガスなどを通気する）で，いくつかの温度条件（現場泥温の季節変化の範囲）の下で実験する．なお，脱イオン水の代わりに，塩化カリウム溶液でふりださせることもある．

測定結果は，試料に用いた湖底堆積物の湿潤重量1g当たり，単位時間当たりとして回帰速度を表現する．

この操作で，湖底堆積物粒子に吸着している栄養塩や，間隙水中の栄養塩がふりだされるため，堆積物から回帰する最大量（可能回帰量）を見積もるのに都合がよい．

付録

〈目次〉
1. 主な元素の原子量表
2. 重量と当量の換算表
3. 各種指示薬の調製法
4. 市販の酸・塩基溶液の調製法
5. 試料の前処理と保存方法
6. 度量衡換算表（SI単位と非SI単位）
7. SI単位の換算表
8. 湖沼図刊行一覧
9. 日本の湖沼一覧

1. 主な元素の原子量表(2015)　相対原子質量：$Ar(^{12}C)=12$

元素名	元素記号	原子番号	原子量	元素名	元素記号	原子番号	原子量
亜鉛	Zn	30	65.38(2)	チタン	Ti	22	47.867(1)
アルゴン	Ar	18	39.948(1)	窒素	N	7	14.00643〜14.00728
アルミニウム	Al	13	26.9815385(7)	鉄	Fe	26	55.845(2)
硫黄	S	16	32.059〜32.076	銅	Cu	29	63.546(3)
塩素	Cl	17	35.446〜35.457	ナトリウム	Na	11	22.98976928(2)
カドミウム	Cd	48	112.414(4)	鉛	Pb	82	207.2(1)
カリウム	K	19	39.0983(1)	ネオン	Ne	10	20.1797(6)
カルシウム	Ca	20	40.078(4)	白金	Pt	78	195.084(9)
金	Au	79	196.966569(5)	バナジウム	V	23	50.9415(1)
銀	Ag	47	107.8682(2)	バリウム	Ba	56	137.327(7)
クロム	Cr	24	51.9961(6)	ヒ素	As	33	74.921595(6)
ケイ素	Si	14	28.084〜28.086	フッ素	F	9	18.998403163(6)
コバルト	Co	27	58.933194(4)	ヘリウム	He	2	4.002602(2)
酸素	O	8	15.99903〜15.99977	ベリリウム	Be	4	9.0121831(5)
臭素	Br	35	79.901〜79.907	ホウ素	B	5	10.806〜10.821
水銀	Hg	80	200.592(3)	マグネシウム	Mg	12	24.304〜24.307
水素	H	1	1.00784〜1.00811	マンガン	Mn	25	54.938044(3)
スズ	Sn	50	118.710(7)	モリブデン	Mo	42	95.95(1)
ストロンチウム	Sr	38	87.62(1)	ヨウ素	I	53	126.90447(3)
セレン	Se	34	78.971(8)	リチウム	Li	3	6.938〜6.997
炭素	C	6	12.0096〜12.0116	リン	P	15	30.973761998(5)

〔日本化学会，原子量専門委員会（2015）より一部改変〕

2. 重量と当量の換算表

	式量	mg→meq	mg←meq		式量	mg→meq	mg←meq
H^+	1.008	0.9921	1.008	SO_4^{2-}	96.05	0.02082	48.03
Na^+	22.989	0.04350	22.99	Fe^{2+}	55.847	0.03582	27.92
K^+	39.10	0.02558	39.10	Fe^{3+}	55.847	0.05373	18.61
Ca^{2+}	40.08	0.04990	20.04	Mn^{2+}	54.938	0.03641	27.46
Mg^{2+}	24.305	0.08224	12.16	NH_4^+	18.039	0.05543	18.04
OH^-	17.007	0.05879	17.01	NO_2^-	46.005	0.02174	46.01
Cl^-	35.453	0.02821	35.45	NO_3^-	62.005	0.01613	62.01
HCO_3^-	61.017	0.01639	61.02				

	式量	mg→mmol	mg←mmol		式量	mg→mmol	mg←mmol
SiO_2	60.085	0.01664	60.09	NO_3^-	62.005	0.01613	62.01
Si	28.086	0.03560	28.09	N	14.007	0.07139	14.01
NH_4^+	18.039	0.05543	18.04	Fe	55.847	0.01791	55.85
NO_2^-	46.005	0.02173	46.01	O_2	31.999	0.3125	32.00

3. 各種指示薬の調製法

指示薬	pH 範囲	溶液の調製方法
チモールブルー （酸性側）（TB）	紅色 1.2 ～ 2.8 黄	0.10 g に M/50 水酸化ナトリウム溶液 10.75 mL を加えて溶かし，脱イオン水で 250 mL にする
ブロモフェノールブルー （BPB）	黄 3.0 ～ 4.6 青紫	0.10 g に M/50 水酸化ナトリウム溶液 7.45 mL を加えて溶かし，脱イオン水で 250 mL にする
ブロモクレゾールグリーン （BCG）	黄 3.8 ～ 5.4 青	0.10 g に M/50 水酸化ナトリウム溶液 7.15 mL を加えて溶かし，脱イオン水で 250 mL にする
ブロモクレゾールパープル （BCP）	黄 5.2 ～ 6.8 青紫	0.10 g に M/50 水酸化ナトリウム溶液 9.25 mL を加えて溶かし，脱イオン水で 250 mL にする
ブロモチモールブルー （BTB）	黄 6.0 ～ 7.6 青	0.10 g に M/50 水酸化ナトリウム溶液 8.00 mL を加えて溶かし，脱イオン水で 250 mL にする
フェノールレッド （PR）	黄 6.8 ～ 8.4 赤	0.10 g に M/50 水酸化ナトリウム溶液 14.20 mL を加えて溶かし，脱イオン水で 500 mL にする
クレゾールレッド （CR）	黄 7.2 ～ 8.8 紅色	0.10 g に M/50 水酸化ナトリウム溶液 13.10 mL を加えて溶かし，脱イオン水で 250 mL にする
チモールブルー （アルカリ性側）（TB）	黄 8.0 ～ 9.6 青	0.10 g に M/50 水酸化ナトリウム溶液 10.75 mL を加えて溶かし，脱イオン水で 250 mL にする

4. 市販の酸・塩基溶液の調製法

名称	化学式	調製法
塩酸	12M(12N)HCl	濃塩酸(濃度35％，密度1.19 g·cm^{-3})を用いる (11.4 M)
	6M(6N)HCl	水100 mLに濃塩酸100 mLを加える
	2M(2N)HCl	水500 mLに濃塩酸100 mLを加える
硫酸	18M(36N)H$_2$SO$_4$	濃硫酸(濃度95％，密度1.84 g·cm^{-3})を用いる (17.8 M)
	9M(18N)H$_2$SO$_4$	水100 mLに濃硫酸100 mLを加える
	3M(6N)H$_2$SO$_4$	水500 mLに濃硫酸100 mLを加える
	1M(2N)H$_2$SO$_4$	水1,700 mLに濃硫酸100 mLを加える
硝酸	16M(16N)HNO$_3$	濃硝酸(濃度71％，密度1.42 g·cm^{-3})を用いる (16.0 M)
	6M(6N)HNO$_3$	水170 mLに濃硝酸100 mLを加える
	2M(2N)HNO$_3$	水700 mLに濃硝酸100 mLを加える
酢酸	17M(17N)HC$_2$H$_3$O$_2$	氷酢酸(濃度99％，密度1.05 g·cm^{-3})を用いる (17.3 M)
	6M(6N)HC$_2$H$_3$O$_2$	水180 mLに氷酢酸100 mLを加える
	2M(2N)HC$_2$H$_3$O$_2$	水750 mLに氷酢酸100 mLを加える
過塩素酸	9M(9N)HClO$_4$	過塩素酸(濃度60％，密度1.54 g·cm^{-3})を用いる (9.2 M)
	6M(6N)HClO$_4$	水50 mLに過塩素酸100 mLを加える
	2M(2N)HClO$_4$	水350 mLに過塩素酸100 mLを加える
アンモニア水	15M(15N)NH$_4$OH	濃アンモニア水(濃度28％，密度0.90 g·cm^{-3})を用いる (14.8 M)
	6M(6N)NH$_4$OH	水150 mLに濃アンモニア水100 mLを加える
	2M(2N)NH$_4$OH	水650 mLに濃アンモニア水100 mLを加える
水酸化ナトリウム	6M(6N)NaOH	水酸化ナトリウム240 gを水に溶かして1 Lにする
	2M(2N)NaOH	水酸化ナトリウム80 gを水に溶かして1 Lにする
水酸化カリウム	2M(2N)KOH	水酸化カリウム112 gを水に溶かして1 Lにする

5. 試料の前処理と保存方法

	測定項目	試料の前処理・保存方法
一般項目	水温, pH, 外観	現場でただちに測定する
	電気伝導度	常温で試水を持ち帰って測定してもよいが, 還元試水のときは現場でただちに測定する
	蒸発残留物	冷暗所で保存し, できるだけ速やかに測定する
	懸濁物質	できるだけ速やかにガラス繊維ろ紙(あるいはメンブランろ紙)でろ過した後, 乾燥保存する
無機成分	Na^+, K^+, Ca^{2+}, Mg^{2+}, SO_4^{2-}	冷暗所で保存する. 懸濁物があるときはメンブランろ紙でろ過する
	Cl^-	冷暗所で保存する. 比色法で測定するときは懸濁物をメンブランろ紙でろ別する
	S^{2-}	空気にふれないように試水を採取し,冷やして持ち帰り,ただちに測定する
	Fe	鉄(II)を測定するときは, 試薬を入れた容器を準備し, 現場で空気にふれないように試水を加える. これを持ち帰り, 吸光度を測定する
	Mn	マンガン(II)を測定するときは, 空気にふれないように試水を採取し, 冷やして持ち帰り, ただちに測定する
	アルカリ度	冷暗所で保存する. 試水が懸濁しているときは定量ろ紙でろ過する
溶存ガス	溶存酸素	現場で固定した後, 水をはった容器に入れて暗条件で持ち帰る. 1日以内に測定する
	全炭酸	容器に気泡が残らないように試水を入れ, 中性ホルマリンを加えて持ち帰る. できるだけ速やかに測定する
栄養塩	アンモニア態窒素, 亜硝酸窒素	ただちにガラス繊維ろ紙でろ過した後, 測定する. やむをえないときは, ろ液を凍結保存し, 解凍後ただちに測定する
	硝酸態窒素, 尿素, リン酸態リン	ただちにガラス繊維ろ紙でろ過した後, 測定する. やむをえないときは, ろ液を凍結保存し, 解凍後, できるだけ速やかに測定する
	ケイ酸態ケイ素	定量紙ろ紙でろ過し測定する. 保存するときは, 約4℃(暗所)で保存する. 凍結保存してはならない
有機物	溶存有機炭素,溶存有機窒素,溶存有機リン	現場でただちにガラス繊維ろ紙でろ過し, 凍結保存する
	懸濁有機炭素,懸濁有機窒素,懸濁有機リン, クロロフィル	現場でただちにガラス繊維ろ紙でろ過し, 簡易デシケーターに入れて凍結保存する
	BOD, COD	ただちに測定する. やむをえないときは, 約4℃で保存し, 速やかに測定する

6. 度量衡換算表（SI単位と非SI単位）

1オングストローム（Å）	10^{-10} m	1アール（a）	100 m^2
1ミクロン（μm）	10^{-6} m	1ヘクタール（ha）	10,000 m^2
1海里（n mile）	1,652 m	1エーカー（ac）	4,067 m^2
1インチ（in）	2.540 cm	1ガロン（米）（gal）	3.785 L
1フィート（ft）	30.48 cm	1升	1.804 L
1ヤード（yd）	91.44 cm	1オンス（oz）	28.35 g
1マイル（mile）	1,609 m	1ポンド（lb）	453.6 g
1ひろ	1.829 m		

7. SI単位の換算表

SI基本単位

量	名称	記号	量	名称	記号
長さ	メートル	m	熱力学温度	ケルビン	K
質量	キログラム	kg	光度	カンデラ	cd
時間	秒	s	物質の量	モル	mol
電流	アンペア	A			

SI基本単位換算表

量	SI単位	重量単位（従来使用されていた単位）	重力単位→SI単位	SI単位→重力単位
質量	kg	t（トン）	1 t = 10^3 kg	1 kg = 10^{-3} t
力	N（ニュートン）[kg·m/s^2]	kgf（重量キログラム）dyn（ダイン）	1 kgf = 9.806 65 N 1 dyn = 10^{-5} N	1 N = 0.101 972 kgf 1 N = 10^5 dyn
トルク	N·m（ニュートンメートル）	kgf·m	1 kgf·m = 9.806 65 N·m	1 N·m = 0.101 972 kgf·m
圧力	Pa（パスカル）[N/m^2]	kgf/cm^2 mmAq（mmH_2O） mmHg（Torr） bar（バール）	1 kgf/cm^2 = 9.806 65 × 10^4 Pa 1 mm Aq = 9.806 65 Pa 1 mm Hg = 133.322 Pa 1 bar = 10^5 Pa	1 Pa = 1.019 72 × 10^{-5} kgf/cm^2 1 Pa = 0.101 972 mmAq 1 Pa = 7.500 6 × 10^{-3} mmHg 1 Pa = 10^{-5} bar
応力	Pa（パスカル）[N/m^2]	kgf/mm^2	1 kgf/mm^2 = 9.806 65 × 10^6 Pa	1 Pa = 1.019 72 × 10^{-7} kgf/mm^2
仕事，熱エネルギー，熱量，エンタルピ，電力量	J（ジュール）[N·m]	kcal kgf·m kW·h	1 kcal = 4.186 05 kJ 1 kgf·m = 9.806 65 J 1 kW·h = 3.6 × 10^6 J	1 kJ = 0.239 kcal 1 J = 0.101 972 × kgf·m 1 J = (1/3.6) × 10^{-6} kW·h
熱流量，動力，電力	W（ワット）[J/s]	kcal/h kgf·m/s Ps（仏馬力，メートル馬力）	1 kcal/h = 1.163 W 1 kgf·m/s = 9.806 65 W 1 PS = 7.355 × 10^2 W	1 W = 0.859 8 kcal/h 1 W = 0.101 972 kgf·m/s 1 W = 1.359 6 × 10^{-3} PS
熱流密度	W/m^2	kcal/h·m^2	1 kcal/h·m^2 = 1.163 W/m^2	1 W/m^2 = 0.859 8 kcal/h·m^2
熱容量	J/K	kcal/℃	1 kcal/℃ = 4.186 05 kJ/K	1 kJ/k = 0.239 kcal/℃
比熱	J/(kg·K)	kcal/kg·℃	1 kcal/kg·℃ = 4.186 05 kJ/(kg·℃)	1 kJ/(kg·K) = 0.239 kcal/kg·℃
比エンタルピ	J/kg	kcal/kg	1 kcal/kg = 4.186 05 kJ/kg	1 kJ/kg = 0.239 kcal/kg
熱伝導率	W/(m·K)	kcal/m·h·℃	1 kcal/m·h·℃ = 1.163 W/(m·K)	1 W/(m·K) = 0.859 8 kcal/m·h·℃
熱通過率 熱伝達率	W/(m^2·K)	kcal/m^2·h·℃	1 kcal/m^2·h·℃ = 1.163 W/(m^2·K)	1 W/(m^2·K) = 0.859 8 kcal/m^2·h·℃
温度	K（ケルビン）	℃（セルシウス度）	T[K] = t[℃] + 273.15	t[℃] = T[K] − 273.15

8. 湖沼図刊行一覧 (2010年3月現在)(国土地理院)

湖沼名	基準水面 (m)	都道府県	測量年	図名
クッチャロ湖(大沼)	0.0	北海道	1985	大沼
クッチャロ湖(小沼)	0.0	北海道	1987	ポロ沼/小沼 (*1)
ポロ沼(→クッチャロ湖(小沼))	0.2	北海道	1987	(ポロ沼/小沼) (*1)
ペンケ沼	0.0	北海道	2005	ペンケ沼・パンケ沼
パンケ沼(→ペンケ沼)	0.0	北海道	2005	ペンケ沼・パンケ沼
サロマ湖	0.0	北海道	1971〜1974	登栄床ほか
能取湖	0.0	北海道	1977	能取湖北部, 能取湖南部
網走湖	0.0	北海道	1969〜1970	網走湖北部, 網走湖南部
コムケ湖	0.8	北海道	1978	コムケ湖
涛沸湖	0.6	北海道	1991	涛沸湖・藻琴湖
藻琴湖(→涛沸湖)	0.3	北海道	1991	(涛沸湖・藻琴湖)
風蓮湖	0.0	北海道	1979, 1981	風蓮川河口ほか
温根沼	0.0	北海道	2009	温根沼
屈斜路湖	121.0	北海道	1970〜1971	中島ほか
厚岸湖	0.0	北海道	1975	厚岸湖, 厚岸湖東部
摩周湖	351.3	北海道	1986	摩周湖
阿寒湖	420.0	北海道	1978	阿寒湖
塘路湖	6.0	北海道	1992	塘路湖・達古武湖
達古武湖(→塘路湖)	3.8	北海道	1992	(塘路湖・達古武湖)
シラルトロ沼	8.1	北海道	2000	シラルトロ沼
火散布沼	0.0	北海道	2004	火散布沼
然別湖	804.5	北海道	2006	然別湖
支笏湖	248.0	北海道	1967〜1968	奥潭ほか
洞爺湖	83.9	北海道	1968〜1969	洞爺ほか
倶多楽湖	258.0	北海道	1978	倶多楽湖
ウトナイ湖	2.1	北海道	1999	ウトナイ湖
大沼駒ヶ岳麓	129.0	北海道	1983	大沼・小沼
小沼駒ヶ岳麓(→大沼駒ヶ岳麓)	129.0	北海道	1983	(大沼・小沼)
小川原湖	0.0	青森	1964	小川原湖1ほか
姉沼(→小川原湖)	0.0	青森	1964	(小川原湖3)
十和田湖	400.0	青森・秋田	1963〜1964	十和田湖1, 2
十三湖	0.0	青森	1980	十三湖1, 2
万石浦	0.0	宮城	2012	万石浦
伊豆沼	5.3	宮城	1997	伊豆沼・内沼
内沼(→伊豆沼)	5.3	宮城	1997	(伊豆沼・内沼)
井土浦	0.0	宮城	1983	井土浦・鳥の海
鳥の海(→井土浦)	0.0	宮城	1983	(井土浦・鳥の海)
八郎潟調整池	0.7	秋田	1988	八郎潟調整池西部, 八郎潟調整池東部
田沢湖	249.0	秋田	1966	田沢湖
猪苗代湖	514.0	福島	1966〜1967	猪苗代湖1ほか
桧原湖	822.0	福島	1967	桧原湖
秋元湖	736.0	福島	(1967), 1991	小野川湖・秋元湖
小野川湖(→秋元湖)	797.0	福島	(1967), 1991	(小野川湖・秋元湖)
霞ヶ浦	0.2	茨城	(1958〜1960), 1988〜1991	高浜入1ほか
北浦	0.2	茨城	(1960), 1996	鉾田ほか

8-つづき

湖沼名	基準水面 (m)	都道府県	測量年	図名
外浪逆浦（→北浦）	0.2	茨城・千葉	(1960), 1996	(外浪逆浦)
牛久沼	2.9	茨城	1995	牛久沼
中禅寺湖	1269.0	栃木	1970	中禅寺湖
印旛沼［西印旛沼・北印旛沼］	1.5	千葉	1992, 1993	西印旛沼, 北印旛沼
芦ノ湖	724.5	神奈川	1971	芦ノ湖
河北潟	0.3	石川	1989	河北潟
柴山潟	0.5	石川	2008	柴山潟
木場潟	0.5	石川	2008	木場潟
北潟湖	0.3（上流側）／0.4（下流側）	石川・福井	2007	北潟湖
水月湖	0.0	福井	1980	三方五湖
三方湖（→水月湖）	0.0	福井	1980	(三方五湖)
久々子湖（→水月湖）	0.0	福井	1980	(三方五湖)
日向湖（→水月湖）	0.0	福井	1980	(三方五湖)
菅湖（→水月湖）	0.0	福井	1980	(三方五湖)
山中湖	980.5	山梨	1963	山中湖
河口湖	830.5	山梨	1963	河口湖
本栖湖	900.0	山梨	1964	本栖湖
西湖	900.0	山梨	1964	西湖・精進湖
精進湖（→西湖）	900.0	山梨	1964	(西湖・精進湖)
諏訪湖	759.0	長野	1965	諏訪湖
野尻湖	656.8	長野	1998	野尻湖
浜名湖	0.0	静岡	1965〜1966	浜名湖1ほか
猪鼻湖（→浜名湖）	0.0	静岡	1965〜1966	(浜名湖1)
琵琶湖	84.6	滋賀	(1955)〜1962, 1968〜1969, 1973, 1976	海津ほか
余呉湖（→琵琶湖）	132.0	滋賀	1961	(塩津湾2)
久美浜湾	0.0	京都	1984	久美浜湾
阿蘇海	0.0	京都	1984	阿蘇海
湖山池	0.0	鳥取	1982	湖山池
東郷池	0.0	鳥取	1982	東郷池
中海	0.0	鳥取・島根	1962〜1963	大根島ほか
宍道湖	0.0	島根	1962〜1963	宍道ほか
池田湖	66.0	鹿児島	1972	池田湖・鰻池
鰻池（→池田湖）	122.0	鹿児島	1972	(池田湖・鰻池)

(1) 基準水面は国土地理院の湖沼調査による．
(2) 図名を（ ）で囲んだものは，他の湖沼との集合図になっていることを示す．
(*1) ポロ沼／小沼の図は，「ポロ沼・小沼」という図ではなく，「ポロ沼」の図と「小沼」の図を1図葉にレイアウト．

9. 日本の湖沼一覧

湖沼名	都道府県 (北海道支庁)	淡水・汽水	成因	湖沼型	面積 (km²)	最大水深 (m)	平均水深 (m)	容積 (10^6 m³)	湖岸線延長 (km)	湖面標高 (m)
琵琶湖	滋賀	淡	構造	中	674.0	103.6	41.2	27,770	241.2	86
霞ヶ浦	茨城	淡	海跡	富	168.2	7.0	3.4	572	119.5	0
サロマ湖	(網走)	汽	海跡	富	150.3	20.0	8.7	1,301	86.7	0
猪苗代湖	福島	淡	その他	酸	104.8	94.6	51.5	5,400	50.4	514
中海	島根	汽	海跡	富	86.8	8.4	5.4	469	104.6	0
屈斜路湖	(釧路)	淡	カルデラ	酸	79.5	117.0	28.4	2,260	56.8	121
宍道湖	島根	汽	海跡	富	79.2	6.4	4.5	356	47.3	0
支笏湖	(石狩)	淡	カルデラ	貧	78.8	363.0	265.4	20,900	40.4	250
洞爺湖	(胆振)	淡	カルデラ	貧	70.4	180.0	117.0	8,240	49.9	84
浜名湖	静岡	汽	海跡	中	65.0	16.6	4.8	312	113.8	0
小川原湖	青森	汽	海跡	中	62.7	24.0	10.5	658	47.2	0
十和田湖	青森	淡	カルデラ	貧	61.1	327.0	71.0	4,336	46.0	400
能取湖	(網走)	汽	海跡	富	58.5	21.2	8.6	503	33.3	1
風蓮湖	(根室)	汽	海跡	貧	57.5	11.0	1.0	58	93.5	1
北浦	茨城	淡	海跡	富	34.4	10.0	4.5	155	63.5	0
網走湖	(網走)	汽	海跡	富	32.9	16.8	6.1	201	39.2	0
厚岸湖	(釧路)	汽	海跡	中	31.8	7.0	1.5	48	24.8	0
八郎潟	秋田	淡	海跡	富	27.6	12.0	2.7	75	34.6	0
摩周湖	(釧路)	淡	カルデラ	貧	19.1	211.5	137.5	2,630	19.8	355
十三湖	青森	汽	海跡	中	18.1	3.0	—	—	28.4	0
クッチャロ湖	(宗谷)	汽	海跡	富	14.0	2.5	1.0	14	30.1	0
諏訪湖	長野	淡	断層	富	13.3	6.5	4.4	59	17.0	759
阿寒湖	(釧路)	淡	カルデラ	富	13.0	44.8	17.8	231	25.9	420
中禅寺湖	栃木	淡	堰止	貧	11.6	163.6	94.6	1,010	22.4	1,263
印旛沼	千葉	淡	堰止	富	11.6	2.5	1.7	20	43.5	1
池田湖	鹿児島	淡	カルデラ	中	10.9	233.0	125.5	1,370	15.0	66
檜原湖	福島	淡	堰止	中	10.8	31.0	12.0	130	38.0	819
涸沼	茨城	汽	海跡	富	9.4	3.0	2.1	20	1.0	0
涛沸湖	(網走)	汽	海跡	富	9.0	2.5	1.1	9.9	27.3	1
久美浜湾	京都	汽	海跡	中	7.3	20.0	—	—	23.0	0
湖山池	鳥取	汽	海跡	富	7.0	6.3	2.8	20	17.5	0
芦ノ湖	神奈川	淡	堰止	富	6.9	43.5	25.0	172	19.2	724
山中湖	山梨	淡	堰止	中	6.8	13.3	9.4	64	14.1	982
手賀沼	千葉	淡	堰止	富	6.5	3.8	0.9	5.9	36.5	3
塘路湖	(釧路)	淡	海跡	富	6.4	7.0	3.1	20	17.9	8
松川浦	福島	汽	その他	富	6.3	5.5	—	—	22.6	0
外浪逆浦	茨城	汽	海跡	富	6.0	8.9	—	—	11.8	0
河口湖	山梨	淡	堰止	富	5.7	14.6	9.3	53	18.4	832
鷹架沼	青森	汽	海跡	富	5.6	7.0	2.7	15	21.7	0
大沼	(後志)	淡	堰止	富	5.5	13.6	5.9	32	20.9	129
猪鼻湖	静岡	汽	海跡	中	5.4	7.0	4.6	25	14.3	0
阿蘇海	京都	汽	海跡	中	5.0	14.0	8.4	42	16.4	0
加茂湖	新潟	汽	海跡	富	4.9	9.0	5.2	26	17.1	0
声間大沼	(宗谷)	汽	海跡	腐	4.9	2.2	1.6	7.8	10.0	1
本栖湖	山梨	淡	堰止	貧	4.7	121.6	67.9	319	11.3	901
倶多楽湖	(胆振)	淡	カルデラ	貧	4.7	148.0	105.1	494	7.8	258
水月湖	福井	汽	その他	富	4.2	34.0	19.7	82	10.8	0

Appendix | 付録

9 - つづき

湖沼名	都道府県 (北海道支庁)	淡水・ 汽水	成因	湖沼型	面積 (km²)	最大水深 (m)	平均水深 (m)	容積 (10⁶m³)	湖岸線延長 (km)	湖面標高 (m)
河北潟	石川	汽	海跡	富	4.1	6.5	2.0	8.3	24.8	0
小沼	(後志)	淡	堰止	富	4.1	5.0	2.1	8.6	14.8	155
東郷池	鳥取	汽	海跡	富	4.1	4.6	2.1	8.5	12.7	0
秋元湖	福島	淡	堰止	中	3.9	33.2	12.8	50	19.9	725
野尻湖	長野	淡	その他	貧	3.9	37.5	20.8	81	14.3	654
万石浦	宮城	汽	海跡	富	3.7	5.3	—	—	22.2	0
火散布沼	(釧路)	汽	海跡	腐	3.6		0.9	3.2	16.5	1
三方湖	福井	淡	その他	富	3.6	5.8	1.3	4.6	9.6	0
尾駮沼	青森	汽	海跡	中	3.5	4.7	2.1	7.4	13.0	0
パンケ沼	(留萌)	汽	海跡	腐	3.5	3.6	1.0	3.5	7.5	3
然別湖	(十勝)	淡	堰止	貧	3.4	99.0	58.1	200	13.8	810
牛久沼	茨城	淡	その他	富	3.4	2.8	—	—	16.0	1
長沼	宮城	淡	堰止	富	3.2	3.0	1.5	4.8	11.8	8
沼沢沼	福島	淡	カルデラ	貧	3.0		60.4	180	7.5	474
パンケ湖	(釧路)	淡	堰止	貧	2.8	54.0	23.9	68	12.4	450
宇曽利湖	青森	淡	カルデラ	酸	2.7	23.5	—	—	7.1	209
ウトナイ沼	(胆振)	淡	海跡	中	2.3	0.8	0.6	1.4	9.5	3
西湖	山梨	淡	堰止	貧	2.1	73.2	38.5	82	9.6	902
青木湖	長野	淡	堰止	貧	1.9	58.0	29.0	54	6.5	822
尾瀬沼	群馬	淡	堰止	中	1.8	9.5	4.1	7.5	9.0	1,665
柴山潟	石川	淡	海跡	富	1.8	4.9	2.2	3.9	6.3	2
余呉湖	滋賀	淡	構造	富	1.7	13.0	7.4	13	5.7	132
田面木沼	青森	淡	堰止	富	1.6	8.0	3.8	6.0	8.3	0
久々子沼	福井	汽	その他	富	1.4	2.5	1.8	2.5	7.1	0
木崎湖	長野	淡	堰止	中	1.4	29.5	17.9	25	7.0	764
小野川湖	福島	淡	堰止	中	1.4	21.0	—	—	9.8	794
鰻池	鹿児島	淡	火山	中	1.2	56.5	34.8	42	4.2	120
神西湖	島根	汽	堰止	富	1.2	10.0	4.0	4.6	5.5	0
榛名湖	群馬	淡	火山	中	1.2	14.0	8.1	9.3	4.6	1,084
藻琴湖	(網走)	汽	海跡	腐	1.1	5.8	1.8	2.0	5.6	1
木場潟	石川	淡	海跡	富	1.1	6.3	1.6	1.7	6.1	1
左京沼	青森	淡	堰止	富	1.0	6.3	4.0	4.0	1.9	9
チミケップ湖	(網走)	淡	堰止	富	0.96	22.0	12.2	12	7.4	290
内沼	青森	淡	海跡	腐	0.94	5.6	2.4	2.3	8.4	0
日向湖	福井	汽	海跡	貧	0.92	38.5	14.3	13	4.0	0
菅湖	福井	汽	その他	富	0.91	13.0	—	—	4.2	0
大沼(赤城)	群馬	淡	火山	中	0.88	16.5	9.1	8.0	4.4	1,345
多々良湖	群馬	淡	堰止	富	0.83	7.4	—	—	5.8	22
菅沼	群馬	淡	堰止	貧	0.77	75.0	38.1	29	6.5	1731
ジュンサイ沼	(後志)	淡	堰止	富	0.73	5.4	4.5	3.3	5.9	155
御池	宮崎	淡	火山	貧	0.72	93.5	57.7	42	3.9	305
邑知潟	石川	淡	海跡	富	0.69	8.0	4.0	2.8	7.5	1
油ヶ淵	愛知	汽	不明	富	0.64	4.3	3.1	2.0	6.3	−1
蘭牟田池	鹿児島	汽	火山	腐	0.63	2.7	0.8	0.5	3.0	296
内海	鹿児島	汽	海跡	富	0.60	8.0	7.0	4.2	4.4	0
城沼	群馬	淡	堰止	富	0.58	1.6	0.8	0.5	5.4	17
精進湖	山梨	淡	堰止	富	0.51	15.2	7.0	3.6	6.4	901

湖沼名	都道府県 (北海道支庁)	淡水・ 汽水	成因	湖沼型	面積 (km²)	最大水深 (m)	平均水深 (m)	容積 (10^8m³)	湖岸線延長 (km)	湖面標高 (m)
海鼠池	鹿児島	汽	海跡	中	0.50	26.4	9.3	4.7	6.5	0
白石湖	三重	汽	海跡	富	0.50	9.8	—	—	3.8	0
久種湖	(宗谷)	淡	海跡	富	0.49	5.2	3.5	1.7	3.0	5
雄国沼	福島	淡	カルデラ	腐	0.48	8.0	—	—	4.0	1,089
丸沼	群馬	淡	堰止	中	0.45	47.0	31.1	14	3.5	1,428
リャウシ湖	(網走)	淡	海跡	富	0.42	4.9	2.5	1.1	2.5	5
長節湖	(根室)	淡	海跡	富	0.41	7.1	2.6	1.1	4.0	5
大鳥池	山形	淡	堰止	貧	0.41	68.0	30.1	12	3.2	966
オコタンペ湖	(石狩)	淡	堰止	貧	0.40	7.0	4.4	1.8	3.8	599
春採湖	(釧路)	淡	海跡	富	0.37	9.0	3.4	1.3	4.2	5
離湖	京都	淡	海跡	富	0.36	6.8	3.3	1.2	3.6	5
曽原湖	福島	淡	堰止	中	0.35	12.0	5.1	1.8	3.5	830
大池	新潟	淡	堰止	富	0.34	6.8	5.0	1.7	4.8	25
湯ノ湖	栃木	淡	堰止	中	0.32	12.5	5.2	1.7	3.0	1,475
ポロト湖	(胆振)	淡	海跡	貧	0.32	8.6	8.0	2.6	2.8	8
大池	沖縄	汽	その他	富	0.31	1.3	0.7	0.2	5.5	1
茨散沼	(根室)	淡	その他	腐	0.30	10.0	5.0	1.5	3.2	7
ペンケ湖	(釧路)	淡	堰止	貧	0.30	39.4	14.0	4.2	3.9	520
大浪池	鹿児島	淡	火山	貧	0.25	11.6	8.0	2.0	1.9	1,241
一の目潟	秋田	淡	火山	中	0.25	43.0	17.9	4.5	2.0	87
一碧湖	静岡	淡	火山	富	0.23	7.0	2.2	0.5	3.7	185
オンネトー	(釧路)	淡	堰止	酸	0.23	9.8	2.8	0.6	2.5	623
大沼池	長野	淡	堰止	酸	0.23	26.2	13.0	3.0	2.6	1,694
大沼	青森	淡	堰止	貧	0.21	5.8	—	—	3.7	7
畑谷大沼	山形	淡	堰止	貧	0.20	7.8	3.9	0.8	2.9	560
カムイト沼	(宗谷)	淡	海跡	腐	0.19	5.2	3.5	0.7	2.3	5
北竜湖	長野	淡	火山	中	0.19	8.0	4.6	0.9	2.0	500
大尻沼	群馬	淡	堰止	中	0.19	25.0	13.2	2.5	2.6	1,406
海老ヶ池	徳島	汽	海跡	富	0.18	5.5	2.0	0.4	3.3	0
鍬崎池	鹿児島	汽	海跡	富	0.18	5.9	3.3	0.6	1.9	0
多鯰ヶ池	鳥取	淡	堰止	中	0.18	14.0	7.0	1.3	3.1	16
六観音御池	宮崎	淡	火山	酸	0.17	4.7	9.4	1.6	1.5	1,198
琵琶池	長野	淡	堰止	富	0.17	27.9	9.5	1.6	2.3	1,388
西ノ湖	栃木	淡	堰止	貧	0.17	17.1	—	—	1.8	1,035
近藤沼	群馬	淡	堰止	富	0.17	12.0	—	—	2.7	17
沼池	長野	淡	その他	中	0.16	5.8	2.9	0.5	2.3	875
桁倉沼	秋田	淡	不明	腐	0.16	8.1	4.4	0.7	2.3	548
貝池	鹿児島	汽	海跡	富	0.16	11.6	5.0	0.8	2.7	0
小池	新潟	淡	堰止	富	0.16	7.0	5.0	0.8	3.7	3
長峰ノ池	新潟	淡	その他	富	0.15	5.9	2.9	0.4	2.1	8
毘沙門沼	福島	淡	その他	酸	0.15	13.0	3.3	0.5	2.8	770
大平沼	福島	淡	堰止	中	0.15	35.5	13.3	2.0	2.5	458
柴山沼	埼玉	淡	不明	富	0.15	4.8	—	—	2.1	10
中綱湖	長野	淡	堰止	中	0.14	12.0	5.7	0.8	1.5	812
播竜湖	島根	淡	堰止	中	0.13	9.0	5.0	0.7	5.7	17
川原大池	長崎	淡	海跡	富	0.13	9.0	5.4	0.7	2.1	2
荒沼	山形	淡	堰止	貧	0.13	9.5	5.5	0.7	1.7	680

9-つづき

湖沼名	都道府県 (北海道支庁)	淡水・ 汽水	成因	湖沼型	面積 (km²)	最大水深 (m)	平均水深 (m)	容積 (10⁶m³)	湖岸線延長 (km)	湖面標高 (m)
三の目潟	秋田	淡	火山	貧	0.13	31.0	15.4	2.0	1.3	45
住吉池	鹿児島	淡	火山	富	0.13	31.5	23.1	3.0	1.4	38
蛇池	島根	淡	堰止	中	0.13	10.0	—	—	2.3	10
松原湖 (猪名湖)	長野	淡	堰止	中	0.12	7.7	5.0	0.6	2.0	1,123
玉虫沼	山形	淡	堰止	中	0.12	9.0	5.5	0.7	1.7	450
硫黄沼	(十勝)	淡	堰止	貧	0.12	5.0	—	—	1.5	1,325
潟沼	宮城	淡	火山	酸	0.11	16.2	3.0	0.3	1.2	308
シュンクシ タカラ湖	(釧路)	淡	不明	中	0.11	27.0	9.0	1.0	1.8	445
武周ヶ池	福井	淡	堰止	貧	0.11	21.0	—	—	9.7	270
大正池	長野	淡	堰止	貧	0.10	3.4	1.6	0.2	2.3	1,490
中原池 (薩摩湖)	鹿児島	淡	海跡	富	0.10	11.0	6.5	0.7	1.8	25
沼山大沼	山形	淡	堰止	中	0.10	31.7	11.4	1.1	2.0	410
坊ヶ池	新潟	淡	堰止	貧	0.10	33.1	15.0	1.5	1.4	460
大幡池	宮崎	淡	火山	貧	0.10	13.8	—	—	1.5	1,250
羽竜沼	山形	淡	堰止	貧	0.09	6.0	2.0	0.2	1.6	650
風吹大池	長野	淡	堰止	貧	0.09	5.5	2.0	0.2	1.5	1,778
大池	青森	淡	堰止	中	0.09	27.3	12.2	1.1	1.5	232
御釜(蔵王)	宮城	淡	火山	酸	0.09	27.1	15.0	1.4	1.1	1,570
女沼	福島	淡	堰止	富	0.08	8.7	2.0	0.2	1.2	530
イワオヌ プリ大沼	(後志)	淡	火山	貧	0.08	15.0	5.0	0.4	1.2	842
二の目潟	秋田	淡	火山	中	0.08	10.5	5.0	0.4	1.1	40
大路池	東京	淡	火山	富	0.08	9.3	6.3	0.5	1.3	3
田蝶沼	秋田	淡	不明	貧	0.07	20.7	1.1	0.1	1.1	545
イワオヌ プリ長沼	(後志)	淡	カルデラ	貧	0.07	5.3	1.7	0.1	1.5	780
苔沼	山形	淡	堰止	富	0.07	5.5	3.9	0.3	1.4	640
橘湖	(胆振)	淡	火山	貧	0.07	13.8	6.0	0.4	1.2	400
柳久保池	長野	淡	堰止	中	0.07	38.0	19.2	1.3	2.2	630
長沼	青森	淡	堰止	貧	0.07	8.4	—	—	2.4	18
聖湖	長野	淡	堰止	中	0.06	8.0	1.7	0.1	1.1	950
北光沼	(空知)	淡	河跡	富	0.06	5.5	1.9	0.1	1.5	19
高須賀沼	埼玉	淡	その他	富	0.06	9.6	3.6	0.2	0.7	16
鍋越沼	山形	淡	堰止	中	0.06	19.2	6.4	0.4	1.7	440
白馬大池	長野	淡	堰止	貧	0.06	13.5	6.7	0.4	1.4	2,379
八幡沼	岩手	淡	火山	貧	0.06	22.4	7.0	0.4	1.3	1,560
半田沼	福島	淡	堰止	中	0.06	23.2	8.3	0.5	1.3	419
刈込湖	栃木	淡	堰止	貧	0.06	15.2	10.0	0.6	1.1	1,610
蔦沼	青森	淡	堰止	貧	0.06	15.7	10.4	0.6	1.1	475
湯釜	群馬	淡	火山	酸	0.06	35.0	12.5	0.8	0.9	2,033
赤沼	青森	淡	堰止	貧	0.06	18.2	—	—	1.1	685
四尾連湖	山梨	淡	カルデラ	中	0.06	9.5	—	—	1.0	880
五色沼	栃木	淡	火山	貧	0.05	5.2	2.2	0.1	1.0	2,175
奥池	兵庫	淡	その他	中	0.05	7.0	3.0	0.2	0.9	499

湖沼名	都道府県 (北海道支庁)	淡水・ 汽水	成因	湖沼型	面積 (km²)	最大水深 (m)	平均水深 (m)	容積 (10⁶m³)	湖岸線延長 (km)	湖面標高 (m)
古池	長野	淡	その他	貧	0.05	7.0	3.6	0.2	1.0	1,191
無行沼	福島	淡	不明	富	0.05	17.5	8.0	0.4	1.0	430
王池	青森	淡	堰止	中	0.05	24.0	10.7	0.5	1.4	185
板戸沼	秋田	淡	火山	貧	0.05	21.0	11.1	0.6	1.1	450
大沼	岩手	淡	火山	貧	0.05	19.0	—	—	1.0	640
小池	宮崎	淡	火山	貧	0.05	12.3	—	—	1.1	430
男沼	福島	淡	堰止	中	0.05	9.8	—	—	1.2	650
治衛門池	群馬	淡	火山	中	0.05	5.1	—	—	0.7	1,690
知床五湖	(網走)	淡	堰止	貧	0.01 〜0.05	3.0〜4.0	—	—	0.3〜1.1	290
井の頭池	東京	淡	その他	富	0.04	1.3	0.7	0.03	2.1	50
白紫池	宮崎	淡	火山	酸	0.04	2.0	1.5	0.1	0.9	1,272
権現池	岐阜	淡	火山	貧	0.04	3.7	2.5	0.1	1.3	2,810
玉木沼	山形	淡	堰止	貧	0.04	6.9	4.2	0.2	0.8	500
コックリ湖	(後志)	淡	その他	貧	0.04	8.0	4.7	0.2	0.9	570
鶏頭場ノ池	青森	淡	堰止	中	0.04	21.3	10.6	0.4	1.1	235
越口ノ池	青森	淡	堰止	中	0.04	23.3	14.0	0.6	0.8	195
横沼	青森	淡	堰止	腐	0.04	15.5	—	—	0.7	1,114
平ヶ倉沼	岩手	淡	堰止	貧	0.04	8.7	—	—	0.9	770
小沼	群馬	淡	火山	貧	0.04	7.0	—	—	1.1	1,450
細沼	秋田	淡	火山	富	0.03	5.2	2.3	0.1	0.7	320
弥六沼	福島	淡	その他	富	0.03	8.5	2.7	0.1	1.0	830
半月湖	(後志)	淡	火山	貧	0.03	18.2	4.4	0.1	1.0	260
茶屋池	長野	淡	堰止	貧	0.03	8.2	4.5	0.1	1.0	1,075
丸池	長野	淡	堰止	富	0.03	15.4	4.8	0.1	0.6	1,422
桂池	長野	淡	堰止	中	0.03	9.0	5.5	0.2	0.9	745
貝沼	秋田	淡	不明	富	0.03	13.5	5.6	0.2	1.7	305
高浪池	新潟	淡	堰止	中	0.03	12.9	5.8	0.2	0.7	535
金山ノ池	青森	淡	堰止	中	0.03	15.5	6.1	0.2	0.9	235
五色沼	福島	淡	火山	酸	0.03	8.0	6.1	0.2	0.7	1,570
鎌池	長野	淡	堰止	貧	0.03	18.0	7.7	0.2	0.8	1,160
糸畑ノ池	青森	淡	堰止	中	0.03	17.0	7.7	0.2	1.1	245
面子坂ノ池	青森	淡	堰止	中	0.03	15.5	7.7	0.2	0.8	245
ミクリガ池	富山	淡	火山	貧	0.03	15.3	8.8	0.3	0.6	2,404
鏡池	鹿児島	汽	火山	富	0.03	13.5	9.3	0.3	0.6	40
豊似湖	(日高)	淡	堰止	貧	0.03	18.6	10.0	0.3	1.0	260
船形長沼	宮城	淡	堰止	貧	0.03	13.5	—	—	1.3	525
太郎湖	(釧路)	淡	不明	富	0.03	8.7	—	—	0.9	420
弁天沼	福島	淡	その他	酸	0.03	7.9	—	—	1.0	810
長沼	秋田	淡	不明	貧	0.03	5.5	—	—	0.8	1,109
洗足池	東京	淡	その他	富	0.03	2.0	—	—	1.1	20
二の池	長野	淡	火山	酸	0.02	2.4	1.0	0.02	0.6	2,905
鏡ヶ池	新潟	淡	堰止	中	0.02	6.1	1.8	0.04	0.8	242
木戸池	長野	淡	堰止	中	0.02	6.0	2.0	0.04	0.5	1,630
御苗代湖	岩手	淡	火山	貧	0.02	10.3	2.7	0.1	0.8	1,430
雌池	長野	淡	堰止	貧	0.02	5.1	2.7	0.1	0.6	2,050
盃沼	山形	淡	堰止	中	0.02	5.0	2.8	0.1	0.8	861

9- つづき

湖沼名	都道府県 (北海道支庁)	淡水・ 汽水	成因	湖沼型	面積 (km²)	最大水深 (m)	平均水深 (m)	容積 (10^6m³)	湖岸線延長 (km)	湖面標高 (m)
大池	新潟	淡	堰止	中	0.02	13.0	3.3	0.1	0.6	475
今神御池	山形	淡	堰止	貧	0.02	7.3	3.3	0.1	0.6	400
震生湖	神奈川	淡	堰止	富	0.02	10.0	3.8	0.1	0.9	150
雄池	長野	淡	堰止	貧	0.02	7.7	3.8	0.1	0.6	2,050
御浜池	山形	淡	堰止	貧	0.02	9.1	3.9	0.1	0.6	1,020
濁池	青森	淡	堰止	中	0.02	5.6	4.0	0.1	0.6	233
不動池	宮崎	淡	火山	酸	0.02	9.0	4.7	0.1	0.7	1,228
深見池	長野	淡	その他	富	0.02	9.3	5.0	0.1	0.7	484
三の池	長野	淡	火山	貧	0.02	13.1	5.6	0.1	0.7	2,720
雨生池	新潟	淡	堰止	中	0.02	19.7	6.6	0.1	0.8	555
湧池	長野	淡	堰止	富	0.02	10.8	6.7	0.1	0.7	565
切込湖	栃木	淡	堰止	貧	0.02	16.0	8.3	0.2	0.5	1,610
落口ノ池	青森	淡	堰止	中	0.02	20.3	10.0	0.2	0.7	195
大湯沼	(胆振)	淡	火山	酸	0.02	28.0	15.0	0.3	0.8	250
瑠璃沼	福島	淡	その他	酸	0.02	11.0	—	—	0.7	820
鞍掛沼	岩手	淡	堰止	中	0.02	9.0	—	—	0.5	530
ジュンサイ沼	(釧路)	淡	不明	腐	0.02	5.5	—	—	0.5	390
深泥池	京都	淡	堰止	腐	0.02	3.5	—	—	1.6	80
八丁池	静岡	淡	火山	腐	0.02	2.5	—	—	0.6	1,170
亀ヶ池	岐阜	淡	火山	貧	0.01	3.5	1.6	0.02	0.4	2,660
長沼	山形	淡	堰止	中	0.01	5.1	2.0	0.02	0.4	231
川上青沼	福島	淡	堰止	富	0.01	5.9	2.4	0.02	0.4	730
中古池	長野	淡	堰止	中	0.01	5.0	2.8	0.03	0.5	740
多枝原潟	富山	淡	火山	中	0.01	7.3	3.2	0.03	0.6	1,445
龍沼	福島	淡	その他	中	0.01	10.5	3.7	0.04	0.6	790
刈込池	富山	淡	火山	腐	0.01	10.5	3.7	0.04	10.4	1,575
八景ノ池	青森	淡	堰止	中	0.01	12.8	4.2	0.04	0.5	138
白駒池	長野	淡	堰止	腐	0.01	8.6	4.2	0.04	1.4	2,115
長池	青森	淡	堰止	中	0.01	7.5	4.4	0.04	0.4	245
山居池	新潟	淡	堰止	中	0.01	8.6	4.5	0.05	0.5	345
若畑沼	山形	淡	堰止	貧	0.01	11.0	4.6	0.05	0.5	480
中沼	茨城	淡	その他	富	0.01	13.4	6.0	0.1	0.3	3
日暮ノ池	青森	淡	堰止	中	0.01	15.9	6.9	0.1	0.5	195
中ノ池	青森	淡	堰止	中	0.01	14.4	7.7	0.1	0.5	195
男沼	山形	淡	堰止	中	0.01	24.5	9.1	0.1	0.5	234
三角沼	岩手	淡	堰止	中	0.01	10.4	—	—	0.4	780
夜叉ヶ池	福井	淡	その他	貧	0.01	7.7	—	—	0.2	1,006

「日本の湖沼環境Ⅱ」環境庁自然保護局編(1995),「日本湖沼誌」田中正明(1992, 2004),「北海道の湖沼」北海道公害防止研究所(1990),「湖沼の成因と環境・地質」地質学論集(1990, 1993),「World Lakes Database」ILEC・UNEP (2001) より一部改変.

注：淡水・汽水項目の淡は淡水湖,汽は汽水湖を示す．成因は詳細に研究されている湖沼は少なく,また湖盆が形成された原因と湖水が湛えられた原因とが一致しないあるいは複合的なものもある．湖沼型の項目では調和型湖沼に対して富は富栄養湖,中は中栄養湖,貧は貧栄養湖を,非調和型湖沼に対して酸は非調和型湖沼の酸栄養湖,腐は腐植栄養湖をそれぞれ示す．栄養段階もその判定方法により異なる場合や近年の富栄養化の進行・改善により実態と一致しないものもある．

〔日本陸水学会編『陸水の事典』講談社(2006) より〕

索引

【あ】

アオコ ［Aoko, water bloom］▶15
亜酸化窒素 ［nitrous oxide］▶114
亜硝酸酸化細菌 ［nitrite oxidizing bacteria］▶113
亜硝酸態窒素 ［nitrite nitrogen］▶105, 110, 114, 184
亜熱帯湖 ［subtropical lake］▶66
アルカリ栄養湖 ［alkalinetrophic lake］▶29
アルカリ性ホスファターゼ
　［alkaline phosphatase］▶118
アルカリ度 ［alkalinity］▶83, 175
安定同位体 ［stable isotope］▶101, 236
アンテナ色素 ［antenna pigment］▶93
アンモニア化 ［ammonification］▶112
アンモニア酸化細菌
　［ammonia oxidizing bacteria］▶113
アンモニア態窒素 ［ammonium nitrogen］
　▶105, 110, 113, 125, 183

【い】

硫黄 ［sulfur］▶74
硫黄細菌 ［sulfur bacteria］▶74, 99
硫黄の循環 ［sulfur cycle］▶74
イオンバランス ［ion balance］▶71
池 ［pond］▶13
一次生産 ［primary production］▶92, 95, 234
一次生産者 ［primary producer］▶19, 22
イトミミズ類 ［Tubificina］▶18

【う】

ウィンクラー法 ［Winkler method］▶177, 234
ウーレの水色計 ［Ule's color standards］▶59, 143
渦鞭毛藻類 ［Dinophyta, dinoflagellata］▶22, 93

【え】

栄養塩 ［nutrient］▶23, 105, 183, 242
栄養元素 ［nutrient element］▶26, 105
栄養生成層 ［trophogenic layer］▶26
栄養分解層 ［tropholytic layer］▶26
エクマン式転倒採水器
　［Ekman reversing water sampler］▶140, 146
エクマン・バージ採泥器
　［Ekman-Birge bottom sampler］▶221, 223, 242
エネルギーの流れ ［energy flow］▶2, 13, 32
塩化物イオン ［chloride ion］▶73, 166
沿岸部 ［littoral zone］▶13, 121
塩湖 ［salt lake］▶39, 70
鉛直分布（栄養塩の）
　［vertical distribution (nutrient)］▶107, 114
鉛直分布（水温の）
　［vertical distribution (WT)］▶62, 139
鉛直分布（生産の）
　［vertical distribution (production)］▶96
鉛直分布（溶存酸素の）
　［vertical distribution (DO)］▶86
塩分躍層 ［halocline］▶48

【お】

黄金色藻類 ［Chrysophyceae］▶93
大型水生植物 ［aquatic macrophyte］▶13, 92, 219
沖部 ［pelagic zone, limnetic zone］▶13
温帯湖 ［temperate lake］▶63, 66
温暖一回循環湖 ［warm monomictic lake］▶66

【か】

カイアシ類 ［Cyclopoida］▶15
介殻帯 ［shell zone］▶29, 72
回帰（栄養塩の）［nutrient regeneration］▶116, 242
海跡湖 ［lagoon］▶39
骸泥 ［gyttja］▶122
化学合成 ［chemosynthesis］▶99
化学合成細菌 ［chemosynthetic bacteria］▶100
化学成層 ［chemical stratification］▶77, 82
化学的酸素消費量
　［chemical oxygen demand］▶78, 206
夏季停滞期 ［summer stagnation period］▶63, 67
火口湖 ［crater lake］▶35, 43, 134
火山性無機酸性湖 ［volcanic acid lake］▶29, 82
カリウムイオン ［potassium ion］▶72, 163
カルシウムイオン ［calcium ion］▶72, 164
カルデラ湖 ［caldera lake］▶35, 43, 134

257

Index｜索引

環境基準 ［environmental quality standard］ ▶ 77
間隙水 ［interstitial water］ ▶ 124, 227, 232
含水比 ［moisture ratio］ ▶ 227
含水率 ［moisture percentage］ ▶ 227
含水量 ［water content, moisture content］ ▶ 227
寒帯湖 ［polar lake］ ▶ 66
環流 ［gyre］ ▶ 51
寒冷一回循環湖 ［cold monomictic lake］ ▶ 66

【き】

擬似現場法 ［simulated in situ method］ ▶ 236, 242
汽水湖 ［brackish lake］ ▶ 39, 70, 82
季節変化（栄養塩の）
　［seasonal change (nutrient)］ ▶ 105, 117
季節変化（水温の）
　［seasonal change (WT)］ ▶ 62, 66
季節変化（溶存酸素の）
　［seasonal change (DO)］ ▶ 86
基礎生産 ［primary production］ ▶ 95
基礎生産者
　［primary primary producer］ ▶ 19, 32, 213
規定度 ［normality］ ▶ 153
逆成層 ［inverse stratification］ ▶ 63, 88, 102
逆列成層 ［inverse stratification］ ▶ 63, 88
吸光係数 ［extinction coefficient］ ▶ 56, 142
強光阻害 ［photoinhibition］ ▶ 86, 96
共同沈殿 ［coprecipitation］ ▶ 117
強熱減量 ［ignition loss］ ▶ 124, 227
強熱蒸発残留物
　［ignition residue on evaporation］ ▶ 77, 162
極地湖 ［polar lake］ ▶ 66
菌類 ［fungi］ ▶ 23

【く】

食う・食われる ［predator-prey］ ▶ 19, 32
クロロフィル ［chlorophyll］ ▶ 15, 27, 93, 216
クロロフィル極大層
　［chlorophyll maximum layer］ ▶ 97

【け】

ケイ酸態ケイ素 ［silicate silicon］ ▶ 74, 192
珪藻類 ［Bacillariophyceae, diatoms］ ▶ 19, 74, 93
嫌気呼吸 ［anaerobic respiration］ ▶ 129

嫌気層 ［anaerobic layer］ ▶ 99
嫌気的 ［anaerobic］ ▶ 74, 243
現存量（生物の）
　［standing crop, biomass］ ▶ 19, 24, 92, 213
現存量（物質の）［concentration］ ▶ 71, 108
懸濁態 ［particulate］ ▶ 109
懸濁炭素 ［particulate carbon］ ▶ 202
懸濁窒素 ［particulate nitrogen］ ▶ 109, 202
懸濁物質 ［suspended solid］ ▶ 162
懸濁リン ［particulate phosphorus］ ▶ 109, 118, 204
懸濁有機物 ［particulate organic matter］ ▶ 30, 119
現場法 ［in situ method］ ▶ 234
ケンミジンコ類 ［Cyclopoida］ ▶ 15

【こ】

コアサンプル ［core sample］ ▶ 119
甲殻類 ［Crustacea, crustaceans］ ▶ 15
交換速度（湖水の）［exchange rate］ ▶ 45
好気層 ［aerobic layer］ ▶ 99
好気的 ［aerobic］ ▶ 74, 127, 243
光合成硫黄細菌
　［photosynthetic sulfur bacteria］ ▶ 74, 99
光合成活性 ［photosynthetic activity］ ▶ 100
光合成作用 ［photosynthesis］ ▶ 23, 81, 95
光合成-光曲線 ［photosynthesis-light curve］ ▶ 95
光合成有効放射
　［photosynthetically active radiation］ ▶ 55
光合成量 ［photosynthesis］ ▶ 23, 59, 100, 236
硬水 ［hard water］ ▶ 73
構造湖 ［tectonic lake］ ▶ 37
硬度 ［hardness］ ▶ 72
湖岸線 ［shore line］ ▶ 132, 135
呼吸作用 ［respiration］ ▶ 23, 95
呼吸量 ［respiration］ ▶ 59, 100, 103, 234, 237
古湖沼学 ［paleolimnology］ ▶ 119
湖沼型 ［lake type］ ▶ 27, 141
湖沼生態系 ［lake ecosystem］ ▶ 2, 13, 22, 92
固定液 ［fixative］ ▶ 215, 221
湖底堆積物 ［lake sediment］ ▶ 119, 223
湖底直上水
　［contact water, overlying water］ ▶ 90, 128
湖底平原 ［central plain］ ▶ 41
コドラート ［qudrate］ ▶ 220

湖棚 ［littoral shelf］▶ 41
湖棚崖 ［stepoff］▶ 41
湖盆形態 ［lake morphology］▶ 34, 41, 132
湖盆傾度 ［slope］▶ 136
湖盆容積の発達量 ［volume development］▶ 133
古陸水学 ［paleolimnology］▶ 119
湖流 ［lake current］▶ 50
混合深度 ［depth of mixing］▶ 103

【さ】

サーバーネット ［servernet］▶ 221
サーミスター温度計
　　［thermistor thermometer］▶ 140
最高最低温度計
　　［maximum and minimum thermometer］▶ 139
採水器 ［water sampler］▶ 145
最大光合成量 ［photosynthetic maximum］▶ 96
最大水深 ［maximum depth］▶ 133
最大幅 ［maximum width］▶ 133
細胞外生成物 ［extracellular product］▶ 29, 98
砂丘湖 ［sand dune lake］▶ 40
砂嘴 ［spit］▶ 42
酸栄養湖 ［acidtrophic lake］▶ 29
酸化還元電位 ［redox potential］▶ 74, 128
三角州 ［delta］▶ 42
酸性雨 ［acid rain］▶ 29, 81
酸素ビン ［oxygen bottle］▶ 178
酸素法 ［oxygen method］▶ 234

【し】

自生性 ［autochthonous］▶ 25, 119, 122
肢節量 ［shore line development］▶ 135
自然的富栄養化 ［natural eutrophication］▶ 4, 41
灼熱減量 ［ignition loss］▶ 227
車軸藻類 ［Charophyceae］▶ 14, 122, 141
車軸藻帯 ［*Chara* zone］▶ 14
臭気 ［odor］▶ 155
秋季循環期 ［autumnal circulation period］▶ 64, 102
集水域 ［watershed］▶ 4, 43, 134
従属栄養細菌 ［heterotrophic bacteria］▶ 74, 98, 124
従属栄養生物 ［heterotroph］▶ 23
種組成 ［species composition］▶ 213, 220
主要イオン成分 ［major ionic constituent］▶ 77

主要無機成分 ［major inorganic constituent］▶ 72
循環期 ［circulation period］▶ 66, 86, 97
循環速度（物質の） ［circulation velocity］▶ 116
春季循環期 ［vernal circulation period］▶ 63
純光合成 ［net photosynthesis］▶ 234
純生産量 ［net production］▶ 23, 96, 235
硝化細菌 ［nitrifying bacteria］▶ 100, 113
硝化作用 ［nitrification］▶ 113
消散係数 ［extinction coefficient］▶ 56, 143
硝酸態窒素 ［nitrate nitrogen］▶ 105, 110, 113, 185
沼沢 ［swamp, fen］▶ 4
蒸発残留物 ［evaporation residue］▶ 77, 161
消費者 ［consumer］▶ 19, 23, 32
蒸留水 ［distilled water］▶ 151
植食性 ［herbivorous］▶ 18
植物プランクトン ［phytoplankton］▶ 15, 19, 92, 213
食物網 ［food web］▶ 22
食物連鎖 ［food chain］▶ 19, 98
シルト ［silt］▶ 122, 226
人為的富栄養化
　　［artificial eutrophication］▶ 4, 58, 91, 105
深水層 ［hypolimnion］▶ 63, 87, 89, 102
深層水 ［hypolimnion water］▶ 63, 90, 102
深底部 ［profundal zone］▶ 13, 122

【す】

水温 ［water temperature］▶ 61, 138
水温成層 ［thermal stratification］▶ 63, 88
水温躍層 ［thermocline］▶ 48, 63, 88
水銀温度計 ［mercurial thermometer］▶ 138
水質汚濁 ［water pollution］▶ 58, 105
水色 ［water color］▶ 59, 143
水中照度 ［underwater irradiance］▶ 142, 236
水陸移行帯 ［land/inland ecotone］▶ 114, 135
砂 ［sand］▶ 122, 226

【せ】

制限因子 ［limiting factor］▶ 27, 75, 105
生元素 ［bioelement］▶ 105
生産者 ［producer］▶ 23, 92
生産層 ［production layer, trophogenic layer］
　　▶ 26, 108, 234, 239
生産速度 ［production rate］▶ 24

259

Index | 索引

生産量 ［production］ ▶ 19, 24, 235
静振 ［seiche］ ▶ 47
成層期 ［stagnation period］ ▶ 66
生態的ピラミッド ［ecological pyramid］ ▶ 19
成長量 ［growth］ ▶ 23
生物化学的酸素消費量
　［biochemical oxygen demand］ ▶ 77, 210
生物量 ［biomass, standing crop］ ▶ 24
生物量のピラミッド ［pyramid of biomass］ ▶ 22
正列成層 ［direct stratification］ ▶ 63
潟湖 ［lagoon］ ▶ 39
堰塞湖 ［dammed lake］ ▶ 40
堰止湖 ［dammed lake］ ▶ 35, 40
セジメントトラップ ［sediment trap］ ▶ 121, 239
セストン ［seston］ ▶ 57, 141
絶縁採水器 ［insulating water sampler］ ▶ 146
セッキ板 ［Secchi disk］ ▶ 5, 140
遷移過程（湖沼の）［succession of lake］ ▶ 4
全蒸発残留物 ［total evaporation residue］ ▶ 77, 161
全炭酸 ［total carbon dioxide］ ▶ 79, 182

【そ】

総光合成 ［gross photosynthesis］ ▶ 234
総生産量 ［gross production］ ▶ 23, 96
相対照度 ［relative irradiance］ ▶ 59, 235
藻類 ［algae］ ▶ 15, 92
測深 ［sounding］ ▶ 132

【た】

滞留時間（湖水の）［residence time］ ▶ 45
滞留時間（物質の）［residence time］ ▶ 116
濁度 ［turbidity］ ▶ 141
多循環湖 ［polymictic lake］ ▶ 67
他生性 ［allochthonous］ ▶ 25, 119, 122
脱イオン水 ［deionized water］ ▶ 151
脱窒作用 ［denitrification］ ▶ 74, 114, 129
ダム湖 ［reservoir］ ▶ 40, 68
炭酸同化 ［carbon dioxide assimilation］ ▶ 23, 79
淡水赤潮 ［freshwater red tide］ ▶ 15, 60
淡水湖 ［freshwater lake］ ▶ 39, 70
炭素（堆積物の）［carbon (sediment)］ ▶ 228
炭素の循環 ［carbon cycle］ ▶ 29

【ち】

窒素（堆積物の）［nitrogen (sediment)］ ▶ 228
窒素固定 ［nitrogen fixation］ ▶ 110
窒素の循環 ［nitrogen cycle］ ▶ 110
池塘 ［pool］ ▶ 29, 40, 60, 122
中栄養湖 ［mesotrophic lake］ ▶ 27, 87
中央軸 ［length］ ▶ 133
中央粒径 ［median diameter］ ▶ 122
柱状採泥器 ［core sampler］ ▶ 224
柱状堆積物 ［sediment core］ ▶ 119
抽水植物 ［emergent plant］ ▶ 14
長軸 ［length］ ▶ 133
調和型湖沼 ［harmonic lake］ ▶ 27
直達日射 ［direct solar radiation］ ▶ 55
沈降（物質の）
　［sedimentation, precipitation］ ▶ 120, 239
沈降粒子捕集装置 ［sediment trap］ ▶ 239
沈水植物 ［submerged plant］ ▶ 14

【て】

底生動物 ［zoobenthos］ ▶ 18, 119, 221
停滞期 ［stagnation period］ ▶ 50, 97
鉄 ［iron］ ▶ 76, 172
鉄栄養湖 ［siderotrophic lake］ ▶ 29
鉄細菌 ［iron bacteria］ ▶ 29, 100
デトリタス ［detritus］ ▶ 30, 105, 163
電気伝導度 ［electric conductivity］ ▶ 76, 159
天空放射 ［sky radiation］ ▶ 55
転倒温度計 ［reversing thermometer］ ▶ 139
転倒採水器 ［reversing water sampler］ ▶ 146

【と】

同化量 ［assimilation］ ▶ 23
冬季循環期 ［winter circulation period］ ▶ 65
冬季停滞期 ［winter stagnation period］ ▶ 65
同定（生物種の）
　［identification (species)］ ▶ 215, 221, 222
動的平衡 ［dynamic balance］ ▶ 106, 112
動物プランクトン ［zooplankton］ ▶ 15, 220
透明度 ［Secchi disk transparency, transparency］
　▶ 58, 92, 140, 235
透明度板 ［Secchi disk, transparency disk］ ▶ 5, 140

独立栄養細菌［autotrophic bacteria］▶ 100
独立栄養生物［autotroph］▶ 23
トップダウン効果［top down effect］▶ 22
とり込み（窒素の）［uptake］▶ 110
泥［mud］▶ 122, 226

【な】

内部静振［internal seiche］▶ 48
長さ（湖の）［length］▶ 133
ナトリウムイオン［sodium ion］▶ 72, 163
ナノプランクトン［nanoplankton］▶ 18
軟水［soft water］▶ 73

【に】

におい［odor］▶ 155
二回循環湖［dimictic lake］▶ 63, 66
肉食性［carnivorous］▶ 18
尿素［urea］▶ 105, 110, 115, 189

【ぬ】

沼［marsh, pond］▶ 13

【ね】

熱帯湖［tropical lake］▶ 66
粘土［clay］▶ 122, 226

【は】

排出［excretion］▶ 109, 116
バクテリア［bacteria］▶ 18, 23
バクテリオ・クロロフィル
　［bacteriochlorophyll］▶ 99
バンドーン採水器［Van Dorn water sampler］▶ 146

【ひ】

ビーバー湖［beaver lake］▶ 40
ピコプランクトン［picoplankton］▶ 18
微生物ループ［microbial loop］▶ 22, 98
非調和型湖沼［disharmonic lake］▶ 27
比熱（水の）［specific heat］▶ 61
ヒプソグラフ［hypsographic curve］▶ 135
標準温度計［standard thermometer］▶ 138
表水層［epilimnion］▶ 63, 87, 102
表層水［epilimnion water］▶ 63, 102

表面静振［surface seiche］▶ 47
微量金属［trace metal］▶ 76
貧栄養湖［oligotrophic lake］▶ 27, 59, 87, 143
貧酸素化［oxygen depletion］▶ 128
貧酸素層［oxygen deficit layer］▶ 87
貧循環湖［oligomictic lake］▶ 67

【ふ】

風送塩［airborne salt］▶ 71
富栄養化［eutrophication］▶ 4
富栄養湖［eutrophic lake］▶ 27, 59, 87, 143
フェオ色素［pheopigment］▶ 93, 216
フォーレルの水色計［Forel's standards］▶ 59, 143
フサカ類［Chaoborus］▶ 19
腐植栄養湖［dystrophic lake］▶ 28, 124
腐植質［humus］▶ 28, 58, 143
腐植泥［dy］▶ 122
付着藻類［attached algae, periphyton］▶ 14, 92
物質循環［matter cycle］▶ 2, 22, 92, 119
腐泥［sapropel］▶ 122
部分循環湖［meromictic lake］▶ 39, 74, 99
フミン酸［humic acid］▶ 82
浮遊生物［plankton］▶ 15
浮遊藻類［phytoplankton］▶ 92
浮葉植物［floating-leaved plant］▶ 14
プランクトン［plankton］▶ 15
プランクトン計数板
　［plankton counting chamber］▶ 221
プランクトンネット［plankton net］▶ 213
ふるい［sieve］▶ 221, 226
ブルーム［water bloom］▶ 102, 108
分解過程（作用）［decomposition process］▶ 85, 115
分解者［decomposer］▶ 23
分解層［decomposition layer, tropholytic layer］
　▶ 26, 81, 89
分解量［decomposition, degradation］▶ 25, 115, 237
分子状窒素［molecular nitrogen］▶ 110, 114

【へ】

平均水深［mean depth］▶ 133
平均幅［mean width］▶ 133
平均粒径［mean diameter］▶ 122
閉塞湖［closed lake］▶ 44

261

Index | 索引

ヘドロ［Hedoro］▶ 74, 122
変水層［metalimnion］▶ 63, 86
変層水［metalimnion water］▶ 63
ベントス［benthos］▶ 18, 119
鞭毛藻類［Flagellata］▶ 15

【ほ】

方形枠［quadrat］▶ 220
放射エネルギー［radiant energy］▶ 53
放射性同位体［radioactive isotope］▶ 101, 236
棒状温度計［stick thermometer］▶ 138
防腐剤［antiseptic］▶ 148, 214, 241
飽和光［light saturation of photosynthesis］▶ 96
補償深度［compensation depth］▶ 26, 59, 103, 239
補償点［compensation point］▶ 95
ボトムアップ効果［bottom up effect］▶ 22

【ま】

マール［maar］▶ 35
マグネシウムイオン［magnesium ion］▶ 72, 165
マンガン［manganese］▶ 76, 174

【み】

澪［fairway］▶ 42
ミカエリス-メンテン［Michelis-Menten］▶ 110
三日月湖［oxbow lake］▶ 38
ミクロプランクトン［microplankton］▶ 18
ミジンコ類［Cladocera, *Daphnia*］▶ 15
湖［lake］▶ 13
水収支［water balance］▶ 43
水の華［water bloom］▶ 15, 60, 97
密度（水の）［water density］▶ 61, 67
密度流［density current］▶ 50

【む】

無機化［mineralization］▶ 23, 95
無機酸性湖［inorganic acidtrophic lake］▶ 29
無光層［aphotic layer］▶ 26, 81, 89
無酸素状態［anoxic state］▶ 87, 90, 122
無酸素層［anoxic layer］▶ 50, 74, 99
無循環湖［amictic lake］▶ 66

【め】

メソコスム［mesocosm］▶ 31
メタン細菌［methane bacteria］▶ 100
メタン発酵［methane fermentation］▶ 129
面積（湖の）［surface area］▶ 133
面積曲線［depth-area curve］▶ 135

【も】

モル濃度［mol concentration］▶ 153

【や】

躍層水［metalimnion water］▶ 63
野帳［field note］▶ 9, 145

【ゆ】

有光層［photic layer, euphotic layer］▶ 26, 81, 120
ユスリカ類［Chironomidae, chironomid］▶ 18
ユネスコ法［SCOR/Unesco method］▶ 216

【よ】

溶解性蒸発残留物
　［dissolved residual matter on evaporation］▶ 77, 161
溶出（栄養塩の）［release, efflux］▶ 124, 128, 243
容積（湖の）［volume］▶ 135
容積曲線［depth-volume curve］▶ 135
溶存酸素飽和量
　［saturated dissolved oxygen］▶ 86, 179
溶存酸素［dissolved oxygen］▶ 85, 177
溶存態［dissolved］▶ 109
溶存有機炭素［dissolved organic carbon］▶ 29, 194
溶存有機窒素
　［dissolved organic nitrogen］▶ 109, 197
溶存有機物
　［dissolved organic matter］▶ 30, 57, 98, 119
溶存有機リン
　［dissolved organic phosphorus］▶ 109, 116, 201
葉緑素［chlorophyll］▶ 15, 93

【ら】

らん藻類
　［Cyanophyta, blue-green algae］▶ 15, 19, 93
ランベルト・ベール［Lambert-Beer］▶ 56

【り】

リービッヒの最少律
　[Liebig's law of minimum] ▶ 26
硫化水素 [hydrogen sulfide] ▶ 74, 99
硫化鉄 [iron sulfide] ▶ 74, 122
硫化物イオン [sulfide ion] ▶ 74, 170
粒径 [grain diameter, grain size] ▶ 122, 226
硫酸イオン [sulfate ion] ▶ 74, 99, 169
硫酸還元 [sulfate reduction] ▶ 74, 129
硫酸還元細菌 [sulfate reducing bacteria] ▶ 74
粒度 [grain size] ▶ 122, 226
緑藻類 [Chlorophyceae, green algae] ▶ 19, 93
リン（堆積物の）[phosphorus (sediment)] ▶ 230
臨界深度 [critical depth] ▶ 103
リン酸態リン
　[phosphate phosphorus] ▶ 105, 116, 125, 191
リンの循環 [phosphorus cycle] ▶ 116

【れ】

礫 [gravel] ▶ 122, 226
レッドフィールド比 [Redfield ratio] ▶ 26, 93, 105

【ろ】

ロレンツェン法 [Lorenzen method] ▶ 218

【わ】

ワムシ類 [Rotifera, rotifers] ▶ 15, 19

【欧文】

BOD (biochemical oxygen demand)
　[生物化学的酸素消費量] ▶ 77, 210
COD (chemical oxygen demand)
　[化学的酸素消費量] ▶ 78, 206
DOC (dissolved organic carbon)
　[溶存有機炭素] ▶ 194
DON (dissolved organic nitrogen)
　[溶存有機窒素] ▶ 109, 197
DOP (dissolved organic phosphorus)
　[溶存有機リン] ▶ 109, 201
DO (dissolved oxygen) [溶存酸素] ▶ 177
EC (electric conductivity) [電気伝導度] ▶ 159
pH (hydrogen ion exponent)
　[水素イオン指数] ▶ 80, 156
PC (particulate carbon) [懸濁炭素] ▶ 202
PN (particulate nitrogen) [懸濁窒素] ▶ 202
PON (particulate organic nitrogen)
　[懸濁有機窒素] ▶ 109
POP (particulate organic phosphorus)
　[懸濁有機リン] ▶ 109
PP (particulate phosphorus) [懸濁リン] ▶ 204
PAR (photosynthetically active radiation)
　[光合成有効放射] ▶ 55, 143
Q_{10} ▶ 61
RpH (reserved pH) ▶ 83, 156
SS (suspended solid) [懸濁物質] ▶ 162
ΣCO_2 (total carbon dioxide) [全炭酸] ▶ 79, 182
Tr (transparency) [透明度] ▶ 140

著者紹介

西条 八束(さいじょうやつか)　理学博士（故人）
1948年　東京大学理学部地理学科卒業
　　　　名古屋大学名誉教授

三田村緒佐武(みたむらおさむ)　理学博士
1972年　名古屋大学大学院理学研究科博士課程中退
現　在　滋賀県立大学名誉教授

NDC 452　271 p　21 cm

新編 湖沼調査法 第2版(しんぺん こしょうちょうさほう だいにはん)
2016年6月20日　第1刷発行

著　者　西条 八束，三田村緒佐武
発行者　鈴木　哲
発行所　株式会社　講談社
　　　　〒112-8001　東京都文京区音羽2-12-21
　　　　　販　売　(03) 5395-4415
　　　　　業　務　(03) 5395-3615

編　集　株式会社　講談社サイエンティフィク
　　　　代表　矢吹俊吉
　　　　〒162-0825　東京都新宿区神楽坂2-14　ノービィビル
　　　　　編　集　(03) 3235-3701

印刷所　株式会社双文社印刷
製本所　株式会社国宝社

落丁本・乱丁本は、購入書店名を明記のうえ、講談社業務宛にお送り下さい。送料小社負担にてお取替えします。なお、この本の内容についてのお問い合わせは講談社サイエンティフィク宛にお願いいたします。定価はカバーに表示してあります。

© Y. Saijo and O. Mitamura, 2016

本書のコピー、スキャン、デジタル化等の無断複製は著作権法上での例外を除き禁じられています。本書を代行業者等の第三者に依頼してスキャンやデジタル化することはたとえ個人や家庭内の利用でも著作権法違反です。

[JCOPY]〈(社)出版者著作権管理機構 委託出版物〉
複写される場合は、その都度事前に(社)出版者著作権管理機構(電話 03-3513-6969、FAX 03-3513-6979、e-mail: info@jcopy.or.jp)の許諾を得て下さい。

Printed in Japan

ISBN 978-4-06-155241-8